厚德博學

經濟匡時

匡时 大学基础课系列

|第 2 版|

数学建模

杨桂元　主编

上海财经大学出版社

图书在版编目(CIP)数据

数学建模 / 杨桂元主编. —2 版 . —上海：上海财经大学出版社，2019. 10
（匡时 · 大学基础课系列）
ISBN 978-7-5642-3293-1/F · 3293

Ⅰ. ①数… Ⅱ. ①杨… Ⅲ. ①数学模型-高等学校-教材 Ⅳ. ①O141. 4

中国版本图书馆 CIP 数据核字(2019)第 213801 号

责任编辑：石兴凤
封面设计：张克瑶
版式设计：朱静怡

数学建模(第 2 版)

著 作 者：杨桂元 主编
出版发行：上海财经大学出版社有限公司
地　　址：上海市中山北一路 369 号(邮编 200083)
网　　址：http://www.sufep.com
经　　销：全国新华书店
印刷装订：上海华业装璜印刷厂
开　　本：787mm×1092mm 1/16
印　　张：19.75
字　　数：386 千字
版　　次：2019 年 10 月第 2 版
印　　次：2019 年 10 月第 1 次印刷
定　　价：49.00 元

第二版前言

《数学建模》(Mathematical Modeling)2008 年遴选为安徽省高等学校“十一五”规划教材,2008 年 8 月由中国科学技术大学出版社出版,在安徽省部分高校数学建模课程教学和数学建模竞赛培训中使用,反应良好。经过多年的教学实践和指导大学生数学建模竞赛以及对数学建模方法的研究,参考国内外相关文献,申报 2013 年安徽省省级教学质量与教学改革工程项目被确定为安徽省高等学校“十二五”省级规划教材(项目编号:2013ghjc170),2015 年 2 月由上海财经大学出版社出版。

本教材自 2015 年 2 月在上海财经大学出版社出版以来,本教材主编在 2015 年 6 月安徽财经大学承办的 2015 年安徽省数学建模研讨会上对该教材进行了宣传和推广,并用该教材对安徽省数学建模骨干教师(安徽省各高校尤其是高职高专的数学建模指导老师 100 人)进行培训。安徽省乃至全国多所院校采用该教材进行课堂教学或数学建模竞赛培训,受到师生的一致好评,该教材的影响面也逐渐扩大。目前已印刷三次,发行 6000 册以上。许多院校的教师在使用该教材后纷纷来电、发电子邮件或通过微信等方式与作者交流,并提出了一些意见和建议。

随着近几年数学建模竞赛规模的不断扩大、建模竞赛的要求和指导思想不断更新以及赛后研究的不断深入,对我们也提出了新的要求。《数学建模》(Mathematical Modeling)经过多轮教学使用,也发现有些内容已不能适应新时代的要求,需要更新。为了适应新形势下数学建模教学和数学建模竞赛培训的要求,同时采纳了各校教师的意见和建议,我们在 2015 年 2 月上海财经大学出版社出版的《数学建模》(Mathematical Modeling)(第一版)的基础上进行修改,出版《数学建模》(Mathematical Modeling)(第二版)。

第二版修订主要体现为以下几个方面:(1)完善、修改(改写)和补充部分内容;(2)更换了部分数学建模的应用实例;(3)增加了一些例题、习题和建模实例,并增加了一些方法的讲解;(4)大幅度修改了教学课件,使其与第二版内容吻合;(5)对所有习题重新解答。主要体现以下特色:结构严谨、方法实用,既方便数学建模方法的培训教学——教学资源饱满,也适用各层次学生自学——学习资源丰富;打造成安徽省高校数学建模方面的一流教材,并争取登上更高一级的平台。

本教材出版后还通过二维码等形式链接提供以下教学资源:(1)《数学建模》全部

内容的课件(PPT);(2)各章习题的详细解答;(3)《数学建模》教材中部分例题求解的LINGO或MATLAB程序;(4)《数学建模》教材中部分习题求解的LINGO或MATLAB程序。

本教材是2018年度安徽省省级本科教学质量与教学改革工程“一流教材建设项目”(项目编号:2018yljc100)。

本书如有不妥之处,敬请广大读者批评指正。

安徽财经大学　杨桂元

2019年8月

前　言

本教材是在安徽省“十一五”规划教材《数学建模》的基础上，经过多年的教学实践和指导大学生数学建模竞赛以及对数学建模方法的研究，参考国内外相关文献修改而成。

围绕数学建模竞赛进行的一系列活动，对大学生综合素质和创新能力的培养起到了很大的作用。数学建模的教学、培训、集训和竞赛，通过对学生进行“补课”，补充一些在课堂教学中没有的内容，如最优化方法、模糊数学方法、图论与优化方法、多目标决策方法、微分方程与差分方程建模方法、建模与优化软件的应用等，使学生的收获很大，分析问题和解决问题的能力和创新能力大为增强。特别是经过参加数学建模竞赛的“洗礼”，培养了学生运用学过的数学知识及计算机（包括选择合适的数学软件）分析和解决实际问题的能力；面对复杂事物的想象力、洞察力、创造力和独立进行研究的能力；团结合作精神和进行协调的组织能力；勇于参与的竞争意识和不怕困难、奋力攻关的顽强意志；查阅文献、搜集资料及撰写科技论文的文字表达能力。数学建模本身就是一个创造性的思维过程。从数学建模的教学内容、教学方法，以及数学建模竞赛活动的培训等都是围绕着培养创新人才这个核心内容进行的。其内容取材于实际、方法结合于实际、结果应用于实际。“创新是一个民族进步的灵魂，是国家兴旺发达的不竭动力”，通过数学建模的教学和培训，有利于培养学生创造性的思维能力、创造性的洞察能力和创造性的科研能力，这些都是创新人才所必备的能力。知识创新、方法创新、结果创新、应用创新，无不在数学建模的过程中得到体现，这也正是数学建模的创新作用所在。

本书在内容的处理上遵循如下原则：强调实用性、逻辑性和学生的“可接受性”。本着突出建模思想、重视基本概念、强化解题方法的原则，配合数学软件的介绍和使用，将数学建模过程中解决问题的“算法”的基本理论与数学软件相结合；强调实用性，结合往年全国大学生数学建模竞赛的题目，加强建模求解全过程的基本训练，提高教材的可读性。在内容的处理上，一改多数建模教材“查字典”式的介绍，对方法的介绍循序渐进，通俗易懂，便于读者自学。另外，本书各篇内容相对独立，便于教师选用和学生阅读，以最优化模型为基础，适当选择了能反映数学发展新方向的综合性实际问题作为案例。

本书共分五篇：第一篇，线性规划模型及应用；第二篇，模糊数学模型及应用；第三篇，层次分析模型及应用；第四篇，微分方程模型及应用；第五篇，图论网络模型及应用。

本书由杨桂元任主编。杨桂元编写第一篇，袁宏俊编写第二篇，朱磊编写第三篇，朱家明编写第四篇，杨鹏辉编写第五篇。最后由主编总纂定稿。

本书可作为高等院校各专业本科生及相关专业硕士生的《数学建模》课程教材，特别适用于数学建模竞赛的培训教材，也可供工程技术人员和经济管理人员学习和参考。

本书是高等学校"十二五"规划教材，也是2013年安徽省高等教育振兴计划项目之成果推广项目"数学建模与大学生创新能力培养研究"(项目编号：2013cgtg013)的阶段性成果，以及2014年安徽省质量工程项目"名师工作室"(项目编号：2014msgzs144)。安徽财经大学各级领导和数学建模教练组的各位同仁给予了大力支持，特别是李柏年、唐晓静、李天胜等在模糊数学建模、层次分析建模和微分方程建模方面做了大量的基础性的工作；在本书的编写过程中，编者参考了国内外大量的相关文献资料，在此一并致以衷心的感谢。

受编者学识所限，教材中不当之处在所难免，敬请各位读者不吝批评指正。

作　者

2014年8月

目　录

第五篇 图论网络模型及应用

第一篇

线性规划模型及应用

第一章　线性规划问题的数学模型及其解的性质

第一节　线性规划问题的数学模型

【引例】 某工厂生产一种型号的机床，每台机床需要2.9米、2.1米和1.5米长的三种轴各一根，这些轴需要用同一种圆钢制作，圆钢的长度为7.4米。如果要生产100台机床，应如何下料，才能使得用料最省？

分析：对于每一根长为7.4米的圆钢，截成2.9米、2.1米和1.5米长的毛坯，可以有若干种下料方式，把它截成我们需要的长度，有以下8种下料方式(见表1—1)。

表1—1　　**下料方式及每种方式毛坯的数目**

长度 \ 下料方式	B_1	B_2	B_3	B_4	B_5	B_6	B_7	B_8	需要量
2.9米	2	1	1	1	0	0	0	0	100
2.1米	0	2	1	0	3	2	1	0	100
1.5米	1	0	1	3	0	2	3	4	100
余　料	0.1	0.3	0.9	0	1.1	0.2	0.8	1.4	

下料方式是按从大到小、从长到短的顺序考虑的。

1. 假若考虑只用B_3方式下料，需要用料100根；

2. 若采用木工师傅的下料方法：先下最长的，再下次长的，最后下短的(见表1—2)。

表1—2　　**木工师傅的下料情况及用料情况**

下料方式	下料根数	2.9米根数	2.1米根数	1.5米根数
B_1	50	100	0	50
B_5	33	0	99	0
B_8	12	0	0	48
B_6	1	0	2	2
合　计	96	100	101	100

动一下脑筋，就可以节约用料 4 根，降低成本。但这仍然不是最好的下料方法。

3. 如果要我们安排下料，暂不排除 8 种下料方式中的任何一种，通过建立数学模型（线性规划数学模型）进行求解，寻找最好的下料方案。

设用 $B_1, B_2, B_3, B_4, B_5, B_6, B_7, B_8$ 方式下料的根数分别为 $x_1, x_2, x_3, x_4, x_5, x_6, x_7, x_8$，则可以建立线性规划数学模型：

$$\min S = x_1 + x_2 + x_3 + x_4 + x_5 + x_6 + x_7 + x_8$$

$$s.t.\begin{cases} 2x_1 + x_2 + x_3 + x_4 \geqslant 100 \\ 2x_2 + x_3 + 3x_5 + 2x_6 + x_7 \geqslant 100 \\ x_1 + x_3 + 3x_4 + 2x_6 + 3x_7 + 4x_8 \geqslant 100 \\ x_1, x_2, x_3, x_4, x_5, x_6, x_7, x_8 \geqslant 0 \end{cases}$$

用 LINGO10.0 软件求解，程序如下：

```
min＝x1＋x2＋x3＋x4＋x5＋x6＋x7＋x8；
2＊x1＋x2＋x3＋x4＞＝100；
2＊x2＋x3＋3＊x5＋2＊x6＋x7＞＝100；
x1＋x3＋3＊x4＋2＊x6＋3＊x7＋4＊x8＞＝100；
```

根据输出结果，得：$x_1=40, x_2=20, x_3=0, x_4=0, x_5=0, x_6=30, x_7=0, x_8=0, \min S=90$（最优解不唯一）；或 $x_1=10, x_2=50, x_3=0, x_4=30, x_5=0, x_6=0, x_7=0, x_8=0, \min S=90$。这就是最优的下料方案。

下料问题是在经济管理中经常遇到的问题，引例是条材下料问题，还有板材下料问题（如五金厂生产保险柜、服装厂下料等）或者更复杂的下料问题。请考虑一下，下料方式能不能用计算机来设计？本问题能不能将目标函数确定为余料最少？这都是值得读者思考的问题。

在生产管理和经营活动中，经常考虑这样一类问题：如何合理地利用有限的人力、物力和财力等资源，以便得到最好的经济效果。下面分四个方面介绍典型的建立线性规划模型的方法。

一、合理下料问题

例 1　某工厂生产一种型号的机床，每台机床需要 2.9 米、2.1 米和 1.5 米长的三种轴分别为 1 根、2 根、1 根，这些轴需要用同一种圆钢制作，圆钢的长度为 7.4 米。如果要生产 100 台机床，应如何下料，才能使得用料最省？

解：关于下料方式的分析如引例，下料方式见表 1－1，该问题的数学模型为：

设用 $B_1, B_2, B_3, B_4, B_5, B_6, B_7, B_8$ 方式下料的根数分别为 $x_1, x_2, x_3, x_4, x_5, x_6, x_7, x_8$，则：

$$\min S = x_1 + x_2 + x_3 + x_4 + x_5 + x_6 + x_7 + x_8$$

$$s.t.\begin{cases} 2x_1 + x_2 + x_3 + x_4 \geqslant 100 \\ 2x_2 + x_3 + 3x_5 + 2x_6 + x_7 \geqslant 200 \\ x_1 + x_3 + 3x_4 + 2x_6 + 3x_7 + 4x_8 \geqslant 100 \\ x_1, x_2, x_3, x_4, x_5, x_6, x_7, x_8 \geqslant 0 \end{cases}$$

可以用 LINGO10.0 求解，得 $x_1=20, x_2=60, x_3=0, x_4=0, x_5=0, x_6=40, x_7=0, x_8=0$，minS=120。

注：本题的最优解不唯一。

一般下料问题：设用某种材料（条材或板材）下零件 $A_1, A_2, \cdots, A_m$ 的毛坯，根据过去的经验，在一件原料上有 $B_1, B_2, \cdots, B_n$ 种不同的下料方式，下料方式 B_j 可得零件毛坯 A_i 个数 C_{ij} 及零件 A_i 的需要量 $a_i(i=1,2,\cdots,m; j=1,2,\cdots,n)$，如表 1－3 所示。问：应怎样安排下料方式，既能满足需要，又使得用料最省？

表 1－3　　一般下料问题的基本数据

下料方式 / 零件规格	B_1	B_2	$\cdots$	B_n	零件需要量
A_1	c_{11}	c_{12}	$\cdots$	c_{1n}	a_1
A_2	c_{21}	c_{22}	$\cdots$	c_{2n}	a_2
$\cdots$	$\cdots$	$\cdots$	$\cdots$	$\cdots$	$\cdots$
A_m	c_{m1}	c_{m2}	$\cdots$	c_{mn}	a_m

设用 B_j 方式下料的数量为 $x_j(j=1,2,\cdots,n)$，则建立线性规划问题的数学模型为：

$$\min S = x_1 + x_2 + \cdots + x_n$$

$$s.t.\begin{cases} c_{11}x_1 + c_{12}x_2 + \cdots + c_{1n}x_n \geqslant a_1 \\ c_{21}x_1 + c_{22}x_2 + \cdots + c_{2n}x_n \geqslant a_2 \\ \cdots\cdots \\ c_{m1}x_1 + c_{m2}x_2 + \cdots + c_{mn}x_n \geqslant a_m \\ x_1, x_2, \cdots, x_n \geqslant 0 \end{cases}$$

或者

$$\min S = \sum_{j=1}^{n} x_j$$

$$s.t.\begin{cases} \sum_{j=1}^{n} c_{ij}x_j \geqslant a_i (i=1,2,\cdots,m) \\ x_j \geqslant 0, j=1,2,\cdots,n \end{cases}$$

通常建立线性规划问题数学模型的基本要素有：

(1)决策变量。明确问题中有待确定的未知变量(称为决策变量)，并用数学符号表示。

(2)约束条件。明确问题中所有的限制条件(约束条件)并且用决策变量的一些表达式(线性等式或线性不等式)来表示。

(3)目标函数。明确解决问题所要达到的目标，并用决策变量的线性函数(称为目标函数)表示，按照问题的要求，求其最大值或最小值。

从所建立的数学模型来看，目标函数是决策变量的线性函数、约束条件是决策变量的线性等式或不等式，因此我们称此为线性规划(Linear Programming，简记为LP)模型。

二、资源合理利用(资源的最优配置)问题

例 2 某工厂要安排一种产品的生产，该产品有Ⅰ、Ⅱ、Ⅲ三种型号，生产这三种型号的产品均需要两种主要资源：原材料和劳动力。每件产品的所需资源数、现有资源数量以及各种产品的出售价格如表 1—4 所示。假定该产品只要生产出来即可销售出去，试确定这三种型号产品的日产量使总产值最大。

表 1—4 **资源利用问题的数据**

所需资源 \ 产品	Ⅰ	Ⅱ	Ⅲ	现有资源数量
原材料(千克)	4	3	6	120
劳动力(小时)	2	4	5	100
出售价格(百元)	4	5	3	

解：设该工厂计划日产产品Ⅰ、Ⅱ、Ⅲ的数量分别为 x_1, x_2, x_3 件，则可建立线性规划数学模型：

$$\max S = 4x_1 + 5x_2 + 3x_3$$

$$s.t.\begin{cases} 4x_1 + 3x_2 + 6x_3 \leqslant 120 \\ 2x_1 + 4x_2 + 5x_3 \leqslant 100 \\ x_1 \geqslant 0, x_2 \geqslant 0, x_3 \geqslant 0 \end{cases}$$

通过 LINGO10.0 求解，程序为：

```
max=4*x1+5*x2+3*x3;
4*x1+3*x2+6*x3<=120;
2*x1+4*x2+5*x3<=100;
```

得到最优解：$x_1=18, x_2=16, x_3=0$，$\max S=152$。

答：每天生产 18 件产品Ⅰ，16 件产品Ⅱ，不生产产品Ⅲ，可使总利润达到最大，最大利润为 152 百元。

一般来说，用 m 种资源 $A_1, A_2, \cdots, A_m$ 可以生产 n 种产品 $B_1, B_2, \cdots, B_n$ 。现有原料 A_i 数 a_i（可利用资源数量）、每单位产品 B_j 所需原料 A_i 数 c_{ij}（消耗系数）及每单位产品 B_j 可得利润 b_j（$i=1,2,\cdots,m; j=1,2,\cdots,n$），如表 1—5 所示。问：应如何组织生产才能使总利润最大？

表 1—5　一般资源利用问题的数据

资源＼产品	B_1	B_2	$\cdots$	B_n	现有原料数
A_1	c_{11}	c_{12}	$\cdots$	c_{1n}	a_1
A_2	c_{21}	c_{22}	$\cdots$	c_{2n}	a_2
$\cdots$	$\cdots$	$\cdots$	$\cdots$	$\cdots$	$\cdots$
A_m	c_{m1}	c_{m2}	$\cdots$	c_{mn}	a_m
单位产品利润	b_1	b_2	$\cdots$	b_n	

设 x_j 表示生产产品 B_j 的数量（$j=1,2,\cdots,n$），则可建立线性规划数学模型：

$$\max S=b_1x_1+b_2x_2+\cdots+b_nx_n$$

$$s.t.\begin{cases} c_{11}x_1+c_{12}x_2+\cdots+c_{1n}x_n\leqslant a_1 \\ c_{21}x_1+c_{22}x_2+\cdots+c_{2n}x_n\leqslant a_2 \\ \cdots\cdots \\ c_{m1}x_1+c_{m2}x_2+\cdots+c_{mn}x_n\leqslant a_m \\ x_1,x_2,\cdots,x_n\geqslant 0 \end{cases}$$

这种类型的资源利用（或者称为资源配置）问题是最常见的，而且在经济分析中是最重要的。只要求出最优解，最优计划就可作出，并且可以进一步作经济分析和优化分析。

三、配料（食谱）问题

例 3　某公司饲养实验用的动物以供出售。已知这种动物的生长对饲料中的 3 种主要营养成分（蛋白质、矿物质和维生素）特别敏感，每个动物每天至少需要蛋白质 70g，矿物质 3g，维生素 10mg。该公司能买到 5 种不同的饲料 A_1, A_2, A_3, A_4, A_5，每种饲料 1kg 所含各种营养成分和成本如表 1—6 所示，求既能满足动物生长需要，又使总成本最低的饲料配方。

表 1—6 配料(食谱)问题的数据

营养成分 \ 饲料	A_1	A_2	A_3	A_4	A_5	营养最低要求
蛋白质(g)	0.3	2	1	0.6	1.8	70
矿物质(g)	0.1	0.05	0.02	0.2	0.05	3
维生素(mg)	0.05	0.1	0.02	0.2	0.08	10
成本(元)	0.2	0.7	0.4	0.3	0.5	

解:设配方中需要 A_j 的数量分别为 x_j ($j=1,2,3,4,5$)(单位:kg),则可建立线性规划数学模型:

$$\min S=0.2x_1+0.7x_2+0.4x_3+0.3x_4+0.5x_5$$

$$s.t.\begin{cases}0.3x_1+2x_2+x_3+0.6x_4+1.8x_5\geqslant 70\\0.1x_1+0.05x_2+0.02x_3+0.2x_4+0.05x_5\geqslant 3\\0.05x_1+0.1x_2+0.02x_3+0.2x_4+0.08x_5\geqslant 10\\x_1,x_2,x_3,x_4,x_5\geqslant 0\end{cases}$$

通过 LINGO10.0 求解,程序为:

```
min=0.2*x1+0.7*x2+0.4*x3+0.3*x4+0.5*x5;
0.3*x1+2*x2+x3+0.6*x4+1.8*x5>=70;
0.1*x1+0.05*x2+0.02*x3+0.2*x4+0.05*x5>=3;
0.05*x1+0.1*x2+0.02*x3+0.2*x4+0.08*x5>=10;
```

求解,得 $x_1=0,x_2=0,x_3=0,x_4=39.74,x_5=25.64,\min S=24.74$。

答:需要饲料 A_4 39.74kg,A_5 25.64kg,不需要饲料 A_1,A_2,A_3,可使总成本最小,最小成本为 24.74 元。

说明:该模型应该还要增加约束 $x_1+x_2+x_3+x_4+x_5\leqslant a$ 。(读者思考一下,为什么?)

一般地,用 n 种原料 $B_1,B_2,\cdots,B_n$ 制成具有 m 种成分 $A_1,A_2,\cdots,A_m$ 的产品,其所含各种成分分别不少于 $a_1,a_2,\cdots,a_m$,原料 B_j 的单价 b_j 以及每单位原料 B_j 所含成分 A_i 的数量 c_{ij} ($i=1,2,\cdots,m;j=1,2,\cdots,n$) 如表1—7所示。问:应如何配料才能使总成本最小?

表 1—7　　一般配料(食谱)问题的数据

成分＼原料	B_1	B_2	…	B_n	产品所含成分需要量
A_1	c_{11}	c_{12}	…	c_{1n}	a_1
A_2	c_{21}	c_{22}	…	c_{2n}	a_2
…	…	…	…	…	…
A_m	c_{m1}	c_{m2}	…	c_{mn}	a_m
单价	b_1	b_2	…	b_n	

设原料 B_j 需要的数量为 x_j $(j=1,2,\cdots,n)$ 单位，则可建立线性规划数学模型：

$$\min S=b_1x_1+b_2x_2+\cdots+b_nx_n$$

$$s.t.\begin{cases}c_{11}x_1+c_{12}x_2+\cdots+c_{1n}x_n\geqslant a_1\\ c_{21}x_1+c_{22}x_2+\cdots+c_{2n}x_n\geqslant a_2\\ \quad\cdots\cdots\\ c_{m1}x_1+c_{m2}x_2+\cdots+c_{mn}x_n\geqslant a_m\\ x_1,x_2,\cdots,x_n\geqslant 0\end{cases}$$

注：应该还要增加一个约束条件：$x_1+x_2+\cdots+x_n\leqslant a$（进行总量控制）。

四、运输问题

例 4　有两个砖厂 A_1，A_2，其产量分别为 23 万块与 27 万块，它们生产的砖供应 B_1，B_2，B_3 三个工地，其需要量分别为 18 万块、17 万块和 15 万块。而自砖厂 A_i 到工地 $B_j$$(i=1,2;j=1,2,3)$运价如表 1—8 所示(单位：元/万块)。问：应如何调运，才使总运费最省？

表 1—8　　运输问题的数据

平衡表					运价表		
砖厂＼工地	B_1	B_2	B_3	供应量	B_1	B_2	B_3
A_1				23	50	60	70
A_2				27	60	110	60
需求量	18	17	15	50			

解：设由砖厂 A_i 供应工地 B_j 的数量为 x_{ij} $(i=1,2;j=1,2,3)$，则可以建立线性规划数学模型：

$$\min S = 50x_{11} + 60x_{12} + 70x_{13} + 60x_{21} + 110x_{22} + 60x_{23}$$

$$s.t.\begin{cases} x_{11} + x_{12} + x_{13} = 23 \\ x_{21} + x_{22} + x_{23} = 27 \\ x_{11} + x_{21} = 18 \\ x_{12} + x_{22} = 17 \\ x_{13} + x_{23} = 15 \\ x_{ij} \geqslant 0 (i = 1,2; j = 1,2,3) \end{cases}$$

用 LINGO10.0 编程：

```
min=50＊x11+60＊x12+70＊x13+60＊x21+110＊x22+60＊x23;
x11+x12+x13=23;
x21+x22+x23=27;
x11+x21=18;
x12+x22=17;
x13+x23=15;
```

通过求解得：$x_{11}=6, x_{12}=17, x_{13}=0; x_{21}=12, x_{22}=0, x_{23}=15$；$\min S=2940$。答：砖厂 A_1 供应工地 B_1 6 万块，B_2 17 万块，砖厂 A_2 供应工地 B_1 12 万块，B_3 15 万块，可使总运费最小。最小运费 2940 元。

一般地，某种物资有 m 个产地 $A_1, A_2, \cdots, A_m$，联合供应 n 个销地 $B_1, B_2, \cdots, B_n$。产地 A_i 的产量 a_i、销地 B_j 的销量 b_j、产地 A_i 到销地 B_j 的运价 $c_{ij}(i=1,2,\cdots,m; j=1,2,\cdots,n)$ 如表 1—9 所示。问：应如何组织供应才能使得总运费最省？

表 1—9　　一般运输问题的数据

平衡表						运价表			
销地 / 产地	B_1	B_2	…	B_n	产量(吨)	B_1	B_2	…	B_n
A_1					a_1	c_{11}	c_{12}	…	c_{1n}
A_2					a_2	c_{21}	c_{22}	…	c_{2n}
…					…	…	…	…	…
A_m					a_m	c_{m1}	c_{m2}	…	c_{mn}
销量(吨)	b_1	b_2	…	b_n					

设 x_{ij} 表示产地 A_i 供应销地 B_j 的数量，其中 $i=1,2,\cdots,m; j=1,2,\cdots,n$。

当产销平衡（$\sum_{i=1}^{m} a_i = \sum_{j=1}^{n} b_j$）时，数学模型为：

$$\min S=\sum_{i=1}^{m}\sum_{j=1}^{n}c_{ij}x_{ij}$$

$$s.t.\begin{cases}\sum_{j=1}^{n}x_{ij}=a_i(i=1,2,\cdots,m)\\ \sum_{i=1}^{m}x_{ij}=b_j(j=1,2,\cdots,n)\\ x_{ij}\geqslant 0(i=1,2,\cdots,m;j=1,2,\cdots,n)\end{cases}$$

当产销不平衡(产量大于销量,即 $\sum_{i=1}^{m}a_i>\sum_{j=1}^{n}b_j$)时,数学模型为:

$$\min S=\sum_{i=1}^{m}\sum_{j=1}^{n}c_{ij}x_{ij}$$

$$s.t.\begin{cases}\sum_{j=1}^{n}x_{ij}\leqslant a_i(i=1,2,\cdots,m)\\ \sum_{i=1}^{m}x_{ij}=b_j(j=1,2,\cdots,n)\\ x_{ij}\geqslant 0(i=1,2,\cdots,m;j=1,2,\cdots,n)\end{cases}$$

类似的模型还有农作物布局问题。

某农场要在 $B_1,B_2,\cdots,B_n$ 这 n 块土地上种植 m 种农作物 $A_1,A_2,\cdots,A_m$ 。土地 B_j 的面积 b_j 、农作物 A_i 的计划播种面积 a_i 以及农作物 A_i 在土地 B_j 上的单产 $c_{ij}(i=1,2,\cdots,m;j=1,2,\cdots,n)$ 如表 1—10 所示。问:应如何安排种植计划,才使总产量最大?

表 1—10　　农作物布局问题的数据

平衡表						单产表			
土地 / 农作物	B_1	B_2	…	B_n	播种面积	B_1	B_2	…	B_n
A_1					a_1	c_{11}	c_{12}	…	c_{1n}
A_2					a_2	c_{21}	c_{22}	…	c_{2n}
…					…	…	…	…	…
A_m					a_m	c_{m1}	c_{m2}	…	c_{mn}
土地面积	b_1	b_2	…	b_n					

设 x_{ij} 表示土地 B_j 种植农作物 A_i 的面积$(i=1,2,\cdots,m;j=1,2,\cdots,n)$,则线性规划模型为:

$$\max S=\sum_{i=1}^{m}\sum_{j=1}^{n}c_{ij}x_{ij}$$

$$s.t.\begin{cases}\sum_{j=1}^{n}x_{ij}=a_i(i=1,2,\cdots,m)\\ \sum_{i=1}^{m}x_{ij}=b_j(j=1,2,\cdots,n)\\ x_{ij}\geqslant 0(i=1,2,\cdots,m;j=1,2,\cdots,n)\end{cases}$$

这个问题的数学模型与运输问题的数学模型相同，还有其他的问题也可以建立类似结构的数学模型，统称为（经典）运输问题，也称为康（康托罗维奇）—希（希奇柯克）问题。关于运输问题有专门的求解方法，运输问题的表上作业法将在第四章中专门介绍。

一般地，线性规划问题的数学模型具有以下形式：

$$\min(\max)S=c_1x_1+c_2x_2+\cdots+c_nx_n$$

$$s.t.\begin{cases}a_{11}x_1+a_{12}x_2+\cdots+a_{1n}x_n=b_1(\geqslant b_1,\leqslant b_1)\\ a_{21}x_1+a_{22}x_2+\cdots+a_{2n}x_n=b_2(\geqslant b_2,\leqslant b_2)\\ \cdots\cdots\\ a_{m1}x_1+a_{m2}x_2+\cdots+a_{mn}x_n=b_m(\geqslant b_m,\leqslant b_m)\\ x_j\geqslant 0(j=1,2,\cdots,n)\end{cases}$$

我们称满足所有约束条件的 $X=(x_1,x_2,\cdots,x_n)^T$ 为线性规划问题的可行解；使目标函数取到最小值（或最大值，与模型的目标函数要求一致）的可行解称为线性规划问题的最优解。

线性规划问题的数学模型是描述实际问题的抽象数学形式，它反映了客观事物数量间的本质规律。建立线性规划数学模型，没有统一的方法，要具体问题具体分析，主要是抓住问题的本质，建立既简单又比较真实地反映问题规律的模型。

一般的线性规划问题通过计算机软件（LINGO 或 Matlab 等）可以求出最优解。下面先介绍两个变量的线性规划问题的图解法，以便对线性规划的解有一个直观的认识。

第二节　两个变量的线性规划问题的图解法

例 5　某工厂在计划期内要安排生产 A、B 两种产品，已知生产单位产品所需设备台时及对甲、乙两种原材料的消耗，有关数据如表 1－11 所示。问：应如何安排计划，使工厂获利最大？

表 1—11　　生产计划问题的数据

资源 \ 产品	A	B	可利用资源
设备	1	2	8 台时
甲	4	0	16 千克
乙	0	4	12 千克
单位利润（百元）	2	3	

解：设计划生产 A、B 两种产品的数量分别为 x_1, x_2，则建立线性规划问题的数学模型为：

$$\max S = 2x_1 + 3x_2$$

$$s.t.\begin{cases} x_1 + 2x_2 \leqslant 8 \\ 4x_1 \qquad\quad \leqslant 16 \\ \qquad\quad 4x_2 \leqslant 12 \\ x_1, x_2 \geqslant 0 \end{cases}$$

由于只含有两个变量，因而可以用图解法进行求解，具体步骤为：

（1）作出线性规划问题的可行解集（本题为满足 5 个不等式的公共部分 $OABCD$）；

（2）作出目标函数的等值线，并标出等值线的值增加的方向；

（3）根据目标函数的要求，求出问题的最优解。

本题在 B 点取到唯一最优解（见图 1—1）。

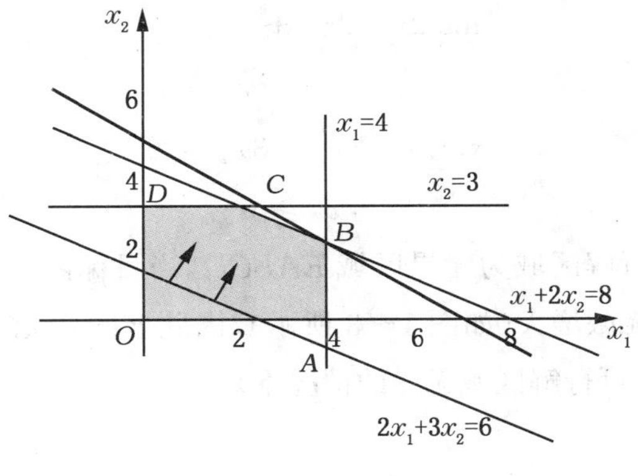

图 1—1

解得：$x_1 = 4, x_2 = 2, \max S = 14$。

例 6 问题同例 5，其中产品 B 的单位利润为 4 百元。

解：该问题的数学模型是：

$$\max S=2x_1+4x_2$$

$$s.t.\begin{cases}x_1+2x_2\leqslant 8\\4x_1\leqslant 16\\4x_2\leqslant 12\\x_1,x_2\geqslant 0\end{cases}$$

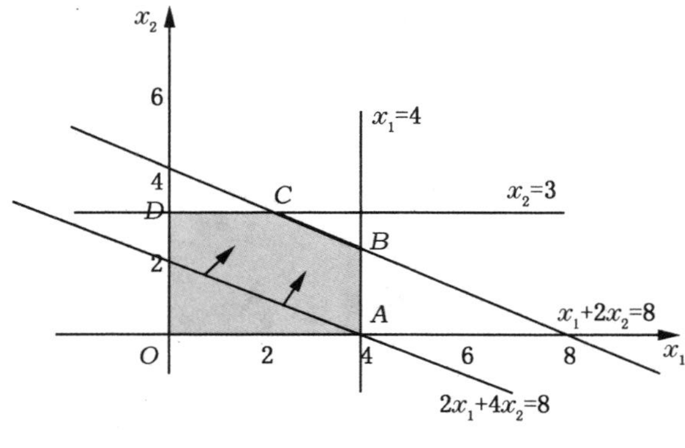

图 1—2

如图 1—2 所示，可行解区域仍然是 $OABCD$，由于目标函数的等值线与可行解区域的边界 $x_1+2x_2=8$ 平行，该问题在线段 BC 上都是最优解，所以有无穷多的最优解，$\max S=16$。

例 7 用图解法求解线性规划问题

$$\max S=2x_1+x_2$$

$$s.t.\begin{cases}x_1+2x_2\geqslant 2\\-2x_1+3x_2\leqslant 6\\x_1,x_2\geqslant 0\end{cases}$$

解：该问题的可行解区域为无界区域 $EABCD$，当目标函数的等值线向右上方移动时，目标函数值可无限增大（如图 1—3 所示），因此该问题无有界的最优解。$\max S=+\infty$（只可能出现在可行解区域无界的情况下）。

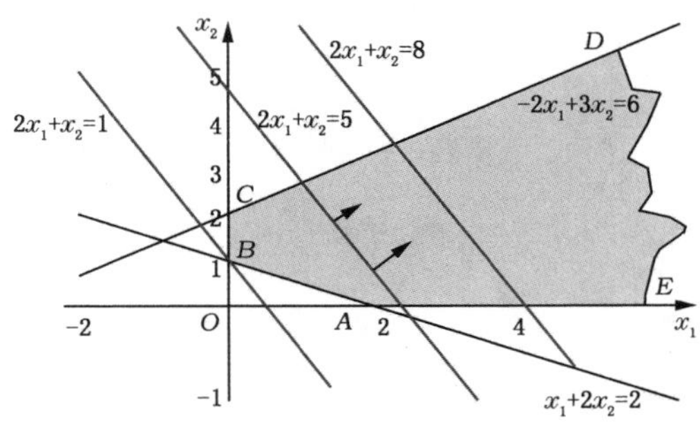

图 1—3

例 8　用图解法求解线性规划问题

$$\min S = 2x_1 + x_2$$

$$s.t.\begin{cases} x_1 \quad + 2x_2 \geqslant 2 \\ -2x_1 + 3x_2 \leqslant 6 \\ x_1, x_2 \geqslant 0 \end{cases}$$

解:该问题的可行解区域仍为图 1—3 中的无界区域 $EABCD$,当目标函数的等值线向右上方移动时,目标函数可无限增大。但本题是求目标函数的最小值,目标函数的等值线向左下方移动时,在 B 点有唯一的最优解(见图 1—3)。最优解为:$x_1=0$,$x_2=1$,$\min S=1$。

例 9　用图解法求解线性规划问题

$$\min S = 3x_1 + 2x_2$$

$$s.t.\begin{cases} 2x_1 + x_2 \leqslant 2 \\ x_1 - 2x_2 \geqslant 3 \\ x_1, x_2 \geqslant 0 \end{cases}$$

解:满足四个约束条件的公共部分不存在(见图 1—4),本题无可行解,当然也无最优解。

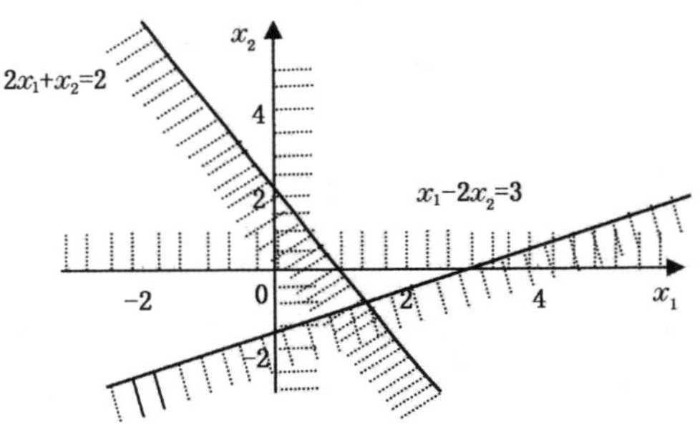

图 1—4

通过以上举例，我们可以看出线性规划解的情况：

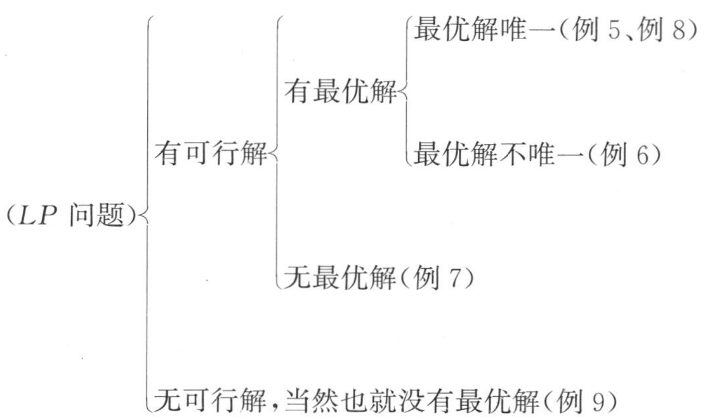

第三节　LINGO 软件

一、软件简介

LINGO 是美国 LINDO 系统公司开发的一套专门用于求解最优化问题的软件包。LINGO 除了用于求解线性规划外，还可以用于求解非线性规划，也可以用于一些线性和非线性方程组的求解以及代数方程求根等。LINGO 软件的最大特色在于可以允许优化模型中的决策变量是整数(即整数规划)，而且执行速度很快。LINGO 实际上还是最优化问题的一种建模语言，包括许多常用的函数可供使用者建立优化模型时调用，并提供与其他数据文件(如 TXT 文本文件、Excel 电子表格文件、数据库文件等)的接口，易于方便地输入、求解和分析大规模最优化问题。由于这些特点，LINGO 软件在教学、科研、工业、商业和服务等领域得到广泛应用。

LINGO 可用于求解线性规划(Linear Programming，LP)和整数规划(Integer Programming，IP)问题，也可用于求解非线性规划(No Linear Programming，NLP)和二次规则(Quaratic Programming，QP)，不同版本的 LINGO 对求解规模有不同的限制。虽然 LINGO 不能直接求解目标规划问题，但用序贯式算法可分解成 LINGO 能解决的一个个规划问题。要学好并运用这个软件，最好的方法就是学习其自带的 HELP 文件，也可以参考其他关于 LINGO 软件的书籍。

LINGO 的主要功能特色为：

(1)既能求解线性规划问题，也有较强的求解非线性规划问题的能力；

(2)输入模型简练、直观；

(3)运算速度快，计算能力强；

(4)内置建模语言,提供几十个内部函数,从而能以较少的语句、较直观的方式描述大规模的优化模型;

(5)将集合的概念引入编程语言,很容易将实际问题转换为 LINGO 模型;

(6)能方便地与 Excel、数据库等其他软件交换数据。

LINGO 的语法规定:

(1)求目标函数的最大值或最小值分别用 max=…或 min=…来表示;

(2)每个语句必须以分号";"结束,每行可以有许多语句,语句可以跨行;

(3)变量名称必须以字母(A~Z)开头,由字母、数字(0~9)和下划线所组成,长度不超过 32 个字符,不区分大小写;

(4)可以给语句加上标号,例如[OBJ]　max=200*X1+300*X2;

(5)以感叹号"!"开头,以分号";"结束的语句是注释语句;

(6)如果对变量的取值范围没有作特殊说明,则默认所有决策变量都非负;

(7)LINGO 模型以语句"MODEL:"开头,以"END"结束,对于比较简单的模型,这两个语句可以省略。

二、举例说明

下面举例说明这个软件的基本用法。以后在讲述其他内容时会结合具体例子逐步介绍 LINGO 的求解过程以及进行深入分析。

例 10　某工厂生产甲、乙、丙三种产品,这三种产品均需要两种主要资源:原材料和劳动力。每件产品所需资源数、现有资源数量以及每件产品的出售价格如表 1-12 所示。假定该产品只要生产出来即可销售出去,试确定这三种产品的日产量使总产值最大。

表 1-12　　**资源配置问题数据**

产品 / 资源	甲	乙	丙	现有资源数量
原材料(千克)	4	3	6	120 千克
劳动力(小时)	2	4	5	100 小时
价格(百元)	4	5	3	

解:设该厂计划生产产品甲、乙、丙的数量分别为 x_1, x_2, x_3 件,则可建立线性规划数学模型:

$$\max S = 4x_1 + 5x_2 + 3x_3$$

$$s.t.\begin{cases}4x_1+3x_2+6x_3\leqslant 120\\2x_1+4x_2+5x_3\leqslant 100\\x_1\geqslant 0,x_2\geqslant 0,x_3\geqslant 0\end{cases}$$

下面我们用 LINGO10.0 来求解这个线性规划问题。输入程序为：

```
max=4*x1+5*x2+3*x3;
4*x1+3*x2+6*x3<120;
2*x1+4*x2+5*x3<100;
```

说明：LINGO 默认变量具有非负性；由于线性规划问题的约束条件没有严格大于号和严格小于号(这样保证线性规划问题的可行解区域是闭区域)，则“>”相当于“≥”，“<”相当于“≤”。并且我们发现 LINGO 程序的表达与数学模型的书写形式是一致的。另外，值得注意的是，表达式中系数与变量之间要有“*”符号。

运行结果输出如下：

Objective value: 152.0000

Total solver iterations: 2

Variable	Value	Reduced Cost
X1	18.00000	0.000000
X2	16.00000	0.000000
X3	0.000000	4.600000
Row	Slack or Surplus	Dual Price
1	152.0000	1.000000
2	0.000000	0.6000000
3	0.000000	0.8000000

下面给出其结果的一般解释：

“Objective value: 152.0000”表示最优目标值为 152。

“Total solver iterations: 2”表示用单纯形方法迭代 2 次求得问题的最优解。

“Value”给出最优解中各变量的值。

“Slack or Surplus”给出松弛变量的值。本例中第 2 行和第 3 行松弛变量=0(模型第 1 行表示目标函数，所以第 2 行和第 3 行分别对应两个约束)。

“Reduced Cost”列出最优单纯形表中判别数所在行的变量的系数，表示当变量有微小变动时，目标函数的变化率，其中基变量的 Reduced Cost 值应为 0。对于非基变量 x_j，相应的 Reduced Cost 值表示 x_j 增加一个单位(此时假定其他非基变量保持不变)时目标函数减小的量(max 型问题)。本例中，x_1 对应的 Reduced Cost 值为 0，表示当 x_1 有微小变动时，目标函数值不变；x_3 对应的 Reduced Cost 值为 4.6，表示当丙产品每增加 1 件，目标函数值减少 4.6 百元。

“Dual Price”（对偶价格）列出最优单纯形表中判别数所在行的松弛变量的系数，表示当对应约束有微小变动时，目标函数的变化率，输出结果中对应每一个约束有一个对偶价格（影子价格）。若其数值为 x，表示对应约束中不等式右端项增加一个单位，目标函数将增加 x 个单位（max 型问题）。

本例中，第 2 行对应的对偶价格为 0.6，表示当约束 $4x_1+3x_2+6x_3\leqslant 120$ 变为 $4x_1+3x_2+6x_3\leqslant 121$ 时，目标函数最大值$=152+0.6=152.6$；第 3 行对应的对偶价格为 0.8，表示当约束 $2x_1+4x_2+5x_3\leqslant 100$ 变为 $2x_1+4x_2+5x_3\leqslant 101$ 时，目标函数最大值$=152+0.8=152.8$。

当 Reduced Cost 或 Dual Price 的值为 0，表示当微小扰动时不影响目标函数。有时，通过分析 Dual Price，也可对产生不可行问题的原因有所了解。

默认情况下 LINGO 的灵敏度分析的功能是关闭的。如果要看灵敏度分析结果，必须激活灵敏度分析功能才会在求解时给出灵敏度分析结果。想要激活它，必须运行 LINGO|Options…命令，选择 Gengral Solver，在 Dual Computation 列表框中，选择 Prices and Ranges（默认 Prices）选项并确定。本题的灵敏度分析结果如下：

Ranges in which the basis is unchanged:

Objective Coefficient Ranges（目标函数系数的灵敏度分析）

Variable	Current Coefficient	Allowable Increase	Allowable Decrease
X1	4.000000	2.666667	1.500000
X2	5.000000	3.000000	2.000000
X3	3.000000	4.600000	INFINITY

Righthand Side Ranges（约束条件右端常数项的灵敏度分析）

Row	Current RHS	Allowable Increase	Allowable Decrease
2	120.0000	80.00000	45.00000
3	100.0000	60.00000	40.00000

灵敏度分析：如果作灵敏度分析，则系统报告当目标函数的费用系数和约束右端项在什么范围变化（此时假定其他系数保持不变）时，最优基保持不变。报告中 INFINITY 表示正无穷，如本例中，目标函数中 x_2 的变量系数为 5，当它在$[5-2,5+3]=[3,8]$范围内变化时，最优基保持不变；目标函数中 x_3 的变量系数为 3，当它在$(3-\infty,3+4.6)=(-\infty,7.6)$范围内变化时，最优基保持不变。

第 1 个约束右端项为 120，当它在$[120-45,120+80]=[75,200]$范围内变化时，

最优基保持不变，对偶价格 0.6 保持不变；第 2 个约束右端项为 100，当它在[100－40，100＋60]＝[60，160]范围内变化时，最优基保持不变，对偶价格 0.8 保持不变。

例 11 两辆铁路平板车的装货问题（1988 年美国大学生数学建模竞赛 B 题）。

有七种规格的包装箱要装到两辆铁路平板车上去。包装箱的宽和高是一样的，但厚度（t，以厘米计）及重量（w，以千克计）是不同的。表 1－13 给出了每种包装箱的厚度、重量以及数量。每辆平板车有 10.2 米长的地方可用来装包装箱（像面包片那样），载重为 40 吨。由于当地货运的限制，对 C_5、C_6、C_7 类包装箱的总数有一个特别的限制：这类箱子所占的空间（厚度）不能超过 302.7 厘米。试把包装箱（见表 1－13）装到平板车上去使得浪费的空间最小。

表 1－13　　7 种规格的包装箱的厚度、重量及数量

	C_1	C_2	C_3	C_4	C_5	C_6	C_7
t(厘米)	48.7	52.0	61.3	72.0	48.7	52.0	64.0
w(千克)	2000	3000	1000	500	4000	2000	1000
件数	8	7	9	6	6	4	8

解：设第 i 辆铁路平板车装载第 j 种规格的包装箱的数目为 x_{ij}（$i=1,2$；$j=1,2,3,4,5,6,7$），则可以建立整数规划模型。

$$\max S=48.7x_{11}+48.7x_{21}+52x_{12}+52x_{22}+61.3x_{13}+61.3x_{23}+72x_{14}+72x_{24}+48.7x_{15}+48.7x_{25}+52x_{16}+52x_{26}+64x_{17}+64x_{27}$$

$$s.t.\begin{cases}x_{11}+x_{21}\leqslant 8\\x_{12}+x_{22}\leqslant 7\\x_{13}+x_{23}\leqslant 9\\x_{14}+x_{24}\leqslant 6\\x_{15}+x_{25}\leqslant 6\\x_{16}+x_{26}\leqslant 4\\x_{17}+x_{27}\leqslant 8\\2x_{11}+3x_{12}+x_{13}+0.5x_{14}+4x_{15}+2x_{16}+x_{17}\leqslant 40\\2x_{21}+3x_{22}+x_{23}+0.5x_{24}+4x_{25}+2x_{26}+x_{27}\leqslant 40\\48.7x_{11}+52x_{12}+61.3x_{13}+72x_{14}+48.7x_{15}+52x_{16}+64x_{17}\leqslant 1020\\48.7x_{21}+52x_{22}+61.3x_{23}+72x_{24}+48.7x_{25}+52x_{26}+64x_{27}\leqslant 1020\\48.7x_{15}+52x_{16}+64x_{17}+48.7x_{25}+52x_{26}+64x_{27}\leqslant 302.7\\x_{ij}\geqslant 0,\text{整数}(i=1,2;j=1,2,3,4,5,6,7)\end{cases}$$

用 LINGO10.0 求解的程序如下：

```
max=48.7*x11+48.7*x21+52*x12+52*x22+61.3*x13+61.3*x23+72*x14+72*x24+48.7*x15+48.7*x25+52*x16+52*x26+64*x17+64*x27;
x11+x21<=8;
x12+x22<=7;
x13+x23<=9;
x14+x24<=6;
x15+x25<=6;
x16+x26<=4;
x17+x27<=8;
2*x11+3*x12+x13+0.5*x14+4*x15+2*x16+x17<=40;
2*x21+3*x22+x23+0.5*x24+4*x25+2*x26+x27<=40;
48.7*x11+52*x12+61.3*x13+72*x14+48.7*x15+52*x16+64*x17<=1020;
48.7*x21+52*x22+61.3*x23+72*x24+48.7*x25+52*x26+64*x27<=1020;
48.7*x15+52*x16+64*x17+48.7*x25+52*x26+64*x27<=302.7;
@gin(x11);@gin(x12);@gin(x13);@gin(x14);@gin(x15);@gin(x16);@gin(x17);@gin(x21);@gin(x22);@gin(x23);@gin(x24);@gin(x25);@gin(x26);@gin(x27);
```

运行结果：

```
Global optimal solution found.
Objective value:                    2039.400
Extended solver steps:                 29222
Total solver iterations:               68041
Variable        Value          Reduced Cost
X11             0.000000       -48.70000
X21             8.000000       -48.70000
X12             7.000000       -52.00000
X22             0.000000       -52.00000
X13             9.000000       -61.30000
```

X23	0.000000	−61.30000
X14	0.000000	−72.00000
X24	6.000000	−72.00000
X15	0.000000	−48.70000
X25	3.000000	−48.70000
X16	2.000000	−52.00000
X26	1.000000	−52.00000
X17	0.000000	−64.00000
X27	0.000000	−64.00000
Row	Slack or Surplus	Dual Price
1	2039.400	1.000000
2	0.000000	0.000000
3	0.000000	0.000000
4	0.000000	0.000000
5	0.000000	0.000000
6	3.000000	0.000000
7	1.000000	0.000000
8	8.000000	0.000000
9	6.000000	0.000000
10	7.000000	0.000000
11	0.3000000	0.000000
12	0.3000000	0.000000
13	0.6000000	0.000000

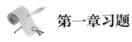

第一章习题

1. 某糖果厂用原料 A、B、C 加工成三种不同牌号的糖果甲、乙、丙，已知各种牌号的糖果中 A、B、C 的含量，原料成本，各种原料的每月限制用量及三种牌号糖果的单位加工费及售价如表 1—14 所示，问：该厂每月应生产这三种牌号的糖果各多少千克，使该厂获利最大？建立这个问题的线性规划数学模型，并用 LINGO 求解。

表 1—14　　**糖果厂生产计划数据表**

原料 \ 成品	甲	乙	丙	原料成本(元/千克)	每月限制用量(千克)
A	≥60%	≥15%		8.00	2000
B				6.00	2500
C	≤20%	≤60%	≤50%	4.00	1200
加工费(元/千克)	2.0	1.6	1.2		
售价(元)	13.6	11.4	9		

2. 某厂生产三种产品Ⅰ、Ⅱ、Ⅲ，每种产品都要经过 A、B 两道工序加工。设该厂有两种规格的设备能完成 A 工序，它们用 A_1、A_2 表示；有三种规格的设备能完成 B 工序，它们用 B_1、B_2、B_3 表示。产品Ⅰ可在 A、B 任何一种规格的设备上加工，产品Ⅱ可在任何规格的 A 设备上加工，但完成 B 工序时，只能在 B_1 设备上加工；产品Ⅲ只能在 A_2 与 B_2 设备上加工。已知在各种设备的单位工时、原材料费、产品销售价格和各种设备有效台时以及满负荷操作时机床设备的费用如表 1—15 所示，要求安排最优的生产计划，使该厂利润最大。建立线性规划问题数学模型，并用 LINGO 求解。

表 1—15　　**生产过程中的设备与产品数据表**

设　备	产品			设备有效台时	满负荷操作时设备费用(元)
	Ⅰ	Ⅱ	Ⅲ		
A_1	5	10		6000	300
A_2	7	9	12	10000	312
B_1	6	8		4000	250
B_2	4		11	7000	783
B_3	7			4000	200
原料费(元/件)	0.25	0.35	0.5		
单价(元)	1.25	2.00	2.8		

3. 明星公司面临一个是外包协作还是自行生产的问题。该公司生产甲、乙、丙三种产品，这三种产品都要经过铸造、机械加工和装配三个车间加工。甲、乙两种产品的铸件可以外包协作，也可以自己生产，但产品丙必须本厂铸造才能保证质量，有关情况见表 1—16。公司中可利用的总工时为：铸造 8000 小时、机械加工 12000 小时和装配 10000 小时。公司为了获取最大利润，甲、乙、丙产品各生产多少件，甲、乙两种产品的铸件应多少由本公司铸造，多少由外包协作？建立线性规划问题的数学模型，并用 LINGO 求解。

表 1—16　产品外包协作与自行生产的数据表

工时与成本 \ 产品	甲	乙	丙
每件铸造工时(小时)	5	10	7
每件机械加工工时(小时)	6	4	8
每件装配工时(小时)	3	2	2
自产铸件每件成本(元)	3	5	4
外协铸件每件成本(元)	5	6	—
机械加工每件成本(元)	2	1	3
装配每件成本(元)	3	2	2
每件产品售价(元)	23	18	16

4. 已知一个量 y 依赖于另一个量 x，现收集的数据如表 1—17 所示。

表 1—17　y 随 x 变化的数据表

x	0.0	0.5	1.0	1.5	1.9	2.5	3.0	3.5	4.0	4.5
y	1.0	0.9	0.7	1.5	2.0	2.4	3.2	2.0	2.7	3.5
x	5.0	5.5	6.0	6.6	7.0	7.6	8.5	9.0	10.0	
y	1.0	4.0	3.6	2.7	5.7	4.6	6.0	6.8	7.3	

(1)求拟合以上数据的直线 $y = a + bx$，目标为使 y 的各个观察值同按直线关系所预期的值的绝对偏差总和为最小(即误差绝对值之和最小)；

(2)求拟合以上数据的直线，目标为使 y 的观察值同预期值的最大偏差为最小(最大绝对误差最小)。

要求：建立(1)与(2)线性规划问题的数学模型，并用 LINGO 求解。

(提示：对任意的 ε，令 $u = \frac{1}{2}(|\varepsilon| + \varepsilon) \geqslant 0$，$v = \frac{1}{2}(|\varepsilon| - \varepsilon) \geqslant 0$，那么 $|\varepsilon| = u + v$，$\varepsilon = u - v$。)

5. 用图解法求解下列线性规划问题：

(1) $\max S = 2x_1 + 3x_2$

$$s.t.\begin{cases} 3x_1 + 6x_2 \leqslant 24 \\ 2x_1 + x_2 \leqslant 12 \\ x_1, x_2 \geqslant 0 \end{cases}$$

(2) $\min S = x_1 + 4x_2$

$$s.t.\begin{cases} x_1 - 2x_2 \leqslant 2 \\ x_1 + x_2 \geqslant 3 \\ -3x_1 + x_2 \leqslant 3 \\ x_1, x_2 \geqslant 0 \end{cases}$$

(3) $\max S = 3x_1 + 9x_2$

$$s.t.\begin{cases} x_1 + 3x_2 \leqslant 22 \\ -x_1 + x_2 \leqslant 4 \\ x_2 \leqslant 6 \\ 2x_1 - 5x_2 \leqslant 0 \\ x_1, x_2 \geqslant 0 \end{cases}$$

(4) $\max S = 4x_1 + 10x_2$

$$s.t.\begin{cases} x_1 - 3x_2 \leqslant 1 \\ 2x_1 - x_2 \geqslant 1 \\ x_1 + x_2 \geqslant 1 \\ x_1, x_2 \geqslant 0 \end{cases}$$

建模实例:2019 年五一数学建模竞赛

B 题:木板最优切割方案

徐州某家具厂新进一批木板,如表 1—18 所示,在家具加工的过程中,需要使用切割工具生产表 1—19 所示的产品,假设木板厚度和割缝宽度忽略不计。

表 1—18　木板的尺寸

木板	长度(mm)	宽度(mm)
S1	3000	1500

表 1—19　产品尺寸及生产任务

产品名称	长度(mm)	宽度(mm)	生产任务(件)	利润(元/件)
P1	373	201	774	19.9
P2	477	282	2153	23.0
P3	406	229	1623	21.0
P4	311	225	1614	16.0

请为该家具厂给出如下问题的木板最优切割方案。

1. 在一块木板上切割 P1 产品,建立数学模型,给出木板利用率最高(即剩余木板面积最小)的切割方案,并将最优方案的结果填入表 1—20。

表 1—20　问题 1 的结果

P1 的数量	木板利用率

2. 在一块木板上切割 P1 和 P3 产品,建立数学模型,给出按照木板利用率由高到低排序的前 3 种切割方案,并将结果填入表 1—21。

表 1—21 问题 2 的结果

方案编号	P1 的数量	P3 的数量	木板利用率
1			
2			
3			

3. 需要完成表 1—19 中 P1 和 P3 产品的生产任务，建立数学模型，给出木板总利用率最高的切割方案，并将结果填入表 1—22。

表 1—22 问题 3 的结果

木板 S1 的数量	P1 的数量	P3 的数量	木板 利用率	备　注
				每块木板切割方案相同
……				同上 此行可根据需要增加
合计数量	774	1623	木板 总利用率	$木板总利用率=\frac{所有产品的总面积}{所有木板的总面积}$

4. 需要完成表 1—19 中 P1、P2、P3、P4 产品的生产任务，建立数学模型，给出木板总利用率最高的切割方案，并将结果填入表 1—23。

表 1—23 问题 4 的结果

木板 S1 的数量	P1 的数量	P2 的数量	P3 的数量	P4 的数量	木板 利用率	备　注
						每块木板切割方案相同
……						同上 此行可根据需要增加
合计数量	774	2153	1623	1614	木板 总利用率	$木板总利用率=\frac{所有产品的总面积}{所有木板的总面积}$

5. 不考虑产品 P1、P2、P3、P4 的需求数量，给定 100 张 S1 木板，按照表 1—19 中给出的利润，建立数学模型，给出总利润最大的切割方案，并将结果填入表 1—24。

表 1—24 问题 5 的结果

木板 S1 的数量	P1 的数量	P2 的数量	P3 的数量	P4 的数量	利润	木板 利用率	备　注
							每块木板切割方案相同
……							同上 此行可根据需要增加
木板 S1 合计数量 100					总利润	木板 总利用率	$木板总利用率=\frac{所有产品的总面积}{所有木板的总面积}$

第二章　单纯形方法

第一节　基本概念

一、线性规划问题的标准形

从两个变量的线性规划问题的图解法可以看出：

(1)线性规划问题的可行解集是凸集(连接任意两点的直线仍在可行解集中)。

(2)线性规划问题若有最优解,则其最优解必可在其可行解集的顶点(凸集的极点)上达到。

因此就为我们求其最优解提供了方便,产生了求解线性规划问题的有效方法——单纯形方法。

线性规划问题的标准形：

$$\max S = c_1x_1 + c_2x_2 + \cdots + c_nx_n$$

$$(LP)\qquad s.t.\begin{cases} a_{11}x_1 + a_{12}x_2 + \cdots + a_{1n}x_n = b_1 \\ a_{21}x_1 + a_{22}x_2 + \cdots + a_{2n}x_n = b_2 \\ \qquad \cdots\cdots \\ a_{m1}x_1 + a_{m2}x_2 + \cdots + a_{mn}x_n = b_m \\ x_i \geqslant 0 (i = 1, 2, \cdots, n) \\ b_1 \geqslant 0, b_2 \geqslant 0, \cdots, b_m \geqslant 0 \end{cases}$$

(1)求目标函数的最大值；

(2)所有约束条件都是等式约束,且右端常数项非负；

(3)所有变量都有非负限制。

对于不符合标准形要求的线性规划问题,一定可以化为标准形。

具体步骤如下：

(1)目标函数的改写:化求最小值为求最大值。

若求 $\min S = c_1x_1 + c_2x_2 + \cdots + c_nx_n$，

改为：$\max S' = -S = -c_1x_1 - c_2x_2 - \cdots - c_nx_n$。

(2)化不等式约束为等式约束。

若不等式约束为：

$$a_{k1}x_1 + a_{k2}x_2 + \cdots + a_{kn}x_n \leqslant b_k$$

引入松弛变量 x_{n+k}，则化为：

$$\begin{cases} a_{k1}x_1 + a_{k2}x_2 + \cdots + a_{kn}x_n + x_{n+k} = b_k \\ x_{n+k} \geqslant 0 \end{cases}$$

若不等式约束为：

$$a_{l1}x_1 + a_{l2}x_2 + \cdots + a_{ln}x_n \geqslant b_l$$

引入剩余变量 x_{n+l}，则化为：

$$\begin{cases} a_{l1}x_1 + a_{l2}x_2 + \cdots + a_{ln}x_n - x_{n+l} = b_l \\ x_{n+l} \geqslant 0 \end{cases}$$

以后将松弛变量和剩余变量统称为松弛变量。

(3)将没有非负限制的化为有非负限制的。

若 x_k 无非负限制，则引进 $x'_k \geqslant 0, x''_k \geqslant 0$，令 $x_k = x'_k - x''_k$。

(4)如果约束条件右端的常数项小于零，则用(-1)乘以该式两端即可。

例 1　将线性规划问题

$$\min S = -x_1 + 2x_2 - 3x_3$$

$$s.t.\begin{cases} x_1 \quad + x_2 + x_3 \leqslant 7 \\ x_1 \quad - x_2 + x_3 \geqslant 2 \\ -2x_1 + x_2 + 2x_3 = 5 \\ x_1 \geqslant 0, x_2 \geqslant 0, x_3 \text{ 无符号限制} \end{cases}$$

化为标准形。

解：引入松弛变量 $x_4 \geqslant 0, x_5 \geqslant 0$ 和 $x'_3 \geqslant 0, x''_3 \geqslant 0$，并令 $x_3 = x'_3 - x''_3$，则原线性规划问题化为标准形：

$$\max S' = -S = x_1 - 2x_2 + 3x'_3 - 3x''_3$$

$$s.t.\begin{cases} x_1 + x_2 + x'_3 - x''_3 + x_4 = 7 \\ x_1 - x_2 + x'_3 - x''_3 - x_5 = 2 \\ -2x_1 + x_2 + 2x'_3 - 2x''_3 = 5 \\ x_1, x_2, x'_3, x''_3, x_4, x_5 \geqslant 0 \end{cases}$$

在(LP)中，若记 $C = (c_1, c_2, \cdots, c_n)$

$$A=\begin{pmatrix} a_{11} & a_{12} & \cdots & a_{1n} \\ a_{21} & a_{22} & \cdots & a_{2n} \\ \cdots & \cdots & \cdots & \cdots \\ a_{m1} & a_{m2} & \cdots & a_{mn} \end{pmatrix},\ X=\begin{pmatrix} x_1 \\ x_2 \\ \vdots \\ x_n \end{pmatrix},\ b=\begin{pmatrix} b_1 \\ b_2 \\ \vdots \\ b_m \end{pmatrix}$$

可将线性规划问题(LP)表示成矩阵形式：

$$\max S=CX$$

$$s.t.\begin{cases} AX=b \\ X\geqslant O \end{cases}$$

或记 $P_1=\begin{pmatrix} a_{11} \\ a_{21} \\ \vdots \\ a_{m1} \end{pmatrix}$，$P_2=\begin{pmatrix} a_{12} \\ a_{22} \\ \vdots \\ a_{m2} \end{pmatrix}$，…，$P_n=\begin{pmatrix} a_{1n} \\ a_{2n} \\ \vdots \\ a_{mn} \end{pmatrix}$ 分别为 $x_1,x_2,\cdots,x_n$ 的系数列向量，则线性规划问题(LP)可表示成向量组合形式：

$$\max S=c_1x_1+c_2x_2+\cdots+c_nx_n$$

$$s.t.\begin{cases} P_1x_1+P_2x_2+\cdots+P_nx_n=b \\ x_1,x_2,\cdots,x_n\geqslant 0 \end{cases}$$

二、基本概念

对于线性规划问题(LP)

$$\max S=CX,$$

$$s.t.\begin{cases} AX=b \\ X\geqslant O \end{cases}$$

可行解：我们称满足所有约束条件 $AX=b$，$X\geqslant O$ 的 $X=(x_1,x_2,\cdots,x_n)^T$ 为线性规划问题的可行解。

最优解：使目标函数取到最大值的可行解，称为(LP)的最优解。

基：若系数矩阵 $A_{m\times n}$ 的秩为 m，称 A 的任一 $m\times m$ 非奇异子矩阵 $B=(P_{j1},P_{j2},\cdots,P_{jm})$ 为线性规划问题(LP)的一个基。当确定 $B=(P_{j1},P_{j2},\cdots,P_{jm})$ 为(LP)的一个基，$P_{j1},P_{j2},\cdots,P_{jm}$ 均称为对应于基 B 的基向量，与基向量对应的变量 $x_{j1},x_{j2},\cdots,x_{jm}$ 称为基变量，其余的变量称为非基变量。N 是 A 中除基向量之外的列向量组成(所有非基向量所构成)的子矩阵，它所对应的变量组成的列向量记为 X_N；C_B，C_N 分别是目标函数中基变量的系数和非基变量的系数组成的行向量。

记 $X_B=(x_{j1},x_{j2},\cdots,x_{jm})^T$，则 $A=(B,N)$，$X=\begin{pmatrix} X_B \\ X_N \end{pmatrix}$，$C=(C_B,C_N)$，那么

线性规划问题的目标函数和约束方程组可以表示成：

$$S=CX=(C_B,C_N)\begin{pmatrix}X_B\\X_N\end{pmatrix}=C_BX_B+C_NX_N \tag{2.1}$$

$(B,N)\begin{pmatrix}X_B\\X_N\end{pmatrix}=b$ ，即

$$BX_B+NX_N=b \tag{2.2}$$

由于 B 可逆，则用 B^{-1} 左乘(2.2)式的两端，得 $X_B+B^{-1}NX_N=B^{-1}b$（基变量所对应的系数矩阵是单位矩阵 E），即

$$X_B=B^{-1}b-B^{-1}NX_N \tag{2.3}$$

(2.3)式就是基变量用非基变量表示的表达式。

令 $X_N=O$ ，则 $X_B=B^{-1}b$ ，那么 $X=\begin{pmatrix}X_B\\X_N\end{pmatrix}=\begin{pmatrix}B^{-1}b\\O\end{pmatrix}$ 称为(LP)对应于基 B 的基本解。

基可行解：满足非负条件 $X\geqslant 0$ 的基本解，称为(LP)的基可行解。

可行基：B 是(LP)的一个基，若满足 $B^{-1}b\geqslant 0$，这时 $X=\begin{pmatrix}B^{-1}b\\O\end{pmatrix}\geqslant 0$ 就是对应于基 B 的一个基可行解，称基 B 为(LP)的一个可行基。

基最优解：使目标函数达到最大值的基可行解就是基最优解。理论上可以证明，只要(LP)的最优解存在，则它一定有基最优解。

例 2 对于第一章中例 5 建立的线性规划问题

$$\max S=2x_1+3x_2$$

$$s.t.\begin{cases}x_1+2x_2\leqslant 8\\4x_1\leqslant 16\\4x_2\leqslant 12\\x_1,x_2\geqslant 0\end{cases}$$

引进松弛变量 x_3,x_4,x_5（这里松弛变量 x_3,x_4,x_5 分别具有一定的意义，此处不赘述），化成标准形

$$\max S=2x_1+3x_2$$

$$s.t.\begin{cases}x_1+2x_2+x_3=8\\4x_1+x_4=16\\4x_2+x_5=12\\x_1,x_2,x_3,x_4,x_5\geqslant 0\end{cases}$$

若记 $A=\begin{pmatrix}1&2&1&0&0\\4&0&0&1&0\\0&4&0&0&1\end{pmatrix}$，$X=\begin{pmatrix}x_1\\x_2\\x_3\\x_4\\x_5\end{pmatrix}$，$b=\begin{pmatrix}8\\16\\12\end{pmatrix}$，$C=(2,3,0,0,0)$，

$P_1=\begin{pmatrix}1\\4\\0\end{pmatrix}$，$P_2=\begin{pmatrix}2\\0\\4\end{pmatrix}$，$P_3=\begin{pmatrix}1\\0\\0\end{pmatrix}$，$P_4=\begin{pmatrix}0\\1\\0\end{pmatrix}$，$P_5=\begin{pmatrix}0\\0\\1\end{pmatrix}$

可以表示成矩阵形式：

$$\max S=CX$$
$$s.t.\begin{cases}AX=b\\X\geqslant O\end{cases}$$

很显然，$r(A)=3$，A 中任意一个 3×3 的非奇异子矩阵都是该(LP)的一个基。

如取 $B_1=(P_1P_2P_3)=\begin{pmatrix}1&2&1\\4&0&0\\0&4&0\end{pmatrix}$ 是(LP)的一个基，$N_1=(P_4P_5)=\begin{pmatrix}0&0\\1&0\\0&1\end{pmatrix}$，对应的 x_1,x_2,x_3 是基变量，x_4,x_5 是非基变量。

$$X_{B_1}=\begin{pmatrix}x_1\\x_2\\x_3\end{pmatrix},\ X_{N_1}=\begin{pmatrix}x_4\\x_5\end{pmatrix},\ C_{B_1}=(2,3,0),\ C_{N_1}=(0,0)$$

若令 $x_4=x_5=0$，得 $X=(4,3,-2,0,0)^T$ 是对应的基本解，它不是基可行解，B_1 不是可行基。

如取：$B_2=(P_3P_4P_5)=\begin{pmatrix}1&0&0\\0&1&0\\0&0&1\end{pmatrix}$ 是(LP)的一个基，$N_2=(P_1P_2)=\begin{pmatrix}1&2\\4&0\\0&4\end{pmatrix}$，对应的 x_3,x_4,x_5 是基变量，x_1,x_2 是非基变量。

$$X_{B_2}=\begin{pmatrix}x_3\\x_4\\x_5\end{pmatrix},\ X_{N_2}=\begin{pmatrix}x_1\\x_2\end{pmatrix},\ C_{B_2}=(0,0,0),\ C_{N_2}=(2,3)$$

若令 $x_1=x_2=0$，得 $X=(0,0,8,16,12)^T$ 是对应的基本解，它是基可行解，B_2 是可行基。

通过以上介绍，读者可以熟悉线性规划问题的基本概念。对于例 2 所讨论的线性规

划问题，它至多有 $C_5^3=10$ 个基，至多有 $C_5^3=10$ 个可行基，至多有 $C_5^3=10$ 个基可行解，它的最优解一定在这些基可行解中求得。线性规划问题的可行解、基本解和基可行解的关系如图 2—1 所示。

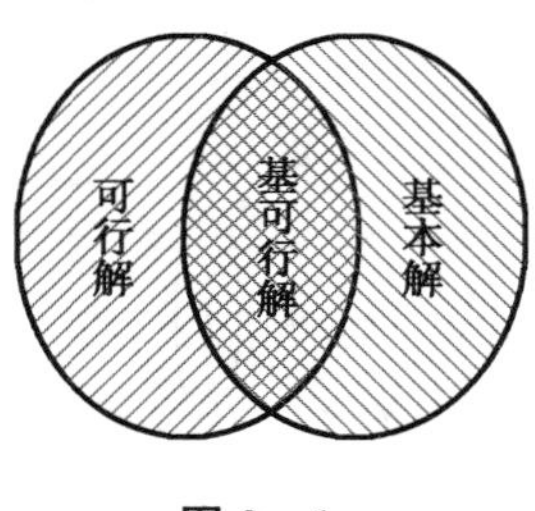

图 2—1

第二节 单纯形方法的基本思路

对例 2 化成的标准形，求其最优解实际上是求线性方程组

$$\begin{cases} x_1+2x_2+x_3 & =8 \\ 4x_1 \qquad\qquad +x_4 & =16 \\ \qquad 4x_2 \qquad\qquad +x_5 & =12 \end{cases} \tag{2.4}$$

的非负解，且使 $S=2x_1+3x_2$ 取到最大值。为此将目标函数改为：

$$-S+2x_1+3x_2=0$$

为了求式(2.4)的非负解，在求解时，要求右端常数项非负，当非基变量(自由未知量)取 0 值时，基变量的取值就是其表达式右端的常数项的值，这样就可以得到对应的基可行解。

对于基 $B_1=(P_3P_4P_5)=\begin{pmatrix}1&0&0\\0&1&0\\0&0&1\end{pmatrix}$，由式(2.4)解得

$$\begin{cases} x_3=8-x_1-2x_2 \\ x_4=16-4x_1 \\ x_5=12 \qquad -4x_2 \end{cases}, S=2x_1+3x_2$$

令 $x_1=x_2=0$，得基可行解 $X_1=(0,0,8,16,12)^T$，$S_1=0$。

从目标函数的表达式 $S=2x_1+3x_2$ 可以看出，若 x_1,x_2 不取 0 值，则可使目标函数值增大。增大 x_2 的值，由(2.4)式施行初等行变换：

$$\begin{cases} x_1 + x_3 - \frac{1}{2}x_5 = 2 \\ 4x_1 + x_4 = 16 \\ x_2 + \frac{1}{4}x_5 = 3 \\ -S + 2x_1 - \frac{3}{4}x_5 = -9 \end{cases} \tag{2.5}$$

即
$$\begin{cases} x_3 = 2 - x_1 + \frac{1}{2}x_5 \\ x_4 = 16 - 4x_1 \\ x_2 = 3 - \frac{1}{4}x_5 \end{cases}, S = 9 + 2x_1 - \frac{3}{4}x_5$$

令 $x_1 = x_5 = 0$，得对应基 $B_2 = (P_3P_4P_2) = \begin{pmatrix} 1 & 0 & 2 \\ 0 & 1 & 0 \\ 0 & 0 & 4 \end{pmatrix}$ 的基可行解 $X_2 = (0,3,2,16,0)^T$，$S_2 = 9$。

从目标函数的表达式 $S = 9 + 2x_1 - \frac{3}{4}x_5$ 可以看出，若 x_1 不取 0 值，则可使目标函数值增大。由(2.5)式施行初等行变换：

$$\begin{cases} x_1 + x_3 - \frac{1}{2}x_5 = 2 \\ -4x_3 + x_4 + 2x_5 = 8 \\ x_2 + \frac{1}{4}x_5 = 3 \\ -S - 2x_3 + \frac{1}{4}x_5 = -13 \end{cases} \tag{2.6}$$

即
$$\begin{cases} x_1 = 2 - x_3 + \frac{1}{2}x_5 \\ x_4 = 8 + 4x_3 - 2x_5 \\ x_2 = 3 - \frac{1}{4}x_5 \end{cases}, S = 13 - 2x_3 + \frac{1}{4}x_5$$

令 $x_3 = x_5 = 0$，得对应基 $B_3 = (P_1P_4P_2) = \begin{pmatrix} 1 & 0 & 2 \\ 4 & 1 & 0 \\ 0 & 0 & 4 \end{pmatrix}$ 的基可行解 $X_3 = (2,3,0,8,0)^T$，$S_3 = 13$。

从目标函数的表达式 $S=13-2x_3+\frac{1}{4}x_5$ 可以看出，若 x_5 不取0值，则可使目标函数值增大。由(2.6)式施行初等变换：

$$\begin{cases} x_1 \qquad\qquad + \frac{1}{4}x_4 \qquad = 4 \\ \qquad -2x_3+\frac{1}{2}x_4+x_5=4 \\ x_2+\frac{1}{2}x_3-\frac{1}{8}x_4 \qquad =2 \\ -S \qquad -\frac{3}{2}x_3-\frac{1}{8}x_4 \qquad =-14 \end{cases} \tag{2.7}$$

即 $\begin{cases} x_1=4 \qquad -\frac{1}{4}x_4 \\ x_5=4+2x_3-\frac{1}{2}x_4 \\ x_2=2-\frac{1}{2}x_3+\frac{1}{8}x_4 \end{cases}$ ，$S=14-\frac{3}{2}x_3-\frac{1}{8}x_4\leqslant 14$

令 $x_3=x_4=0$，得对应基 $B_4=(P_1P_5P_2)=\begin{pmatrix}1&0&2\\4&0&0\\0&1&4\end{pmatrix}$ 的基可行解 $X_4=(4,2,0,0,4)^T$ ，$S_4=14$ 即为最优解。

以上几个步骤就是单纯形方法的基本思想。如果把上述步骤用一些表表示出来，其实就是单纯形表。

每一步都是把基变量与目标函数表示成非基变量的表达式：

$$\begin{cases} x_1+2x_2+x_3 \qquad =8 \\ 4x_1 \qquad +x_4 \qquad =16 \\ \quad 4x_2 \qquad +x_5=12 \\ -S+2x_1+3x_2 \qquad =0 \end{cases}$$

列表表示为表2—1。

表2—1　　基 $B=(P_3,P_4,P_5)$ 所对应的单纯形表

X_B	$\bar{b}$	x_1	x_2	x_3	x_4	x_5
x_3	8	1	2	1	0	0
x_4	16	4	0	0	1	0
x_5	12	0	4	0	0	1
$-S$	0	2	3	0	0	0

对应的基可行解：$x_1=0$，$x_2=0$，$x_3=8$，$x_4=16$，$x_5=12$，$-S=0$。

对于(2.5)式，可列表表示为表2—2。

表2—2 **基 $B=(P_3,P_4,P_2)$所对应的单纯形表**

X_B	$\bar{b}$	x_1	x_2	x_3	x_4	x_5
x_3	2	1	0	1	0	−1/2
x_4	16	4	0	0	1	0
x_2	3	0	1	0	0	1/4
$-S$	−9	2	0	0	0	−3/4

对应的基可行解：$x_1=0$，$x_2=3$，$x_3=2$，$x_4=16$，$x_5=0$，$-S=-9$。

对于(2.6)式，可列表表示为表2—3。

表2—3 **基 $B=(P_1,P_4,P_2)$所对应的单纯形表**

X_B	$\bar{b}$	x_1	x_2	x_3	x_4	x_5
x_1	2	1	0	1	0	−1/2
x_4	8	0	0	−4	1	2
x_2	3	0	1	0	0	1/4
$-S$	−13	0	0	−2	0	1/4

对应的基可行解：$x_1=2$，$x_2=3$，$x_3=0$，$x_4=8$，$x_5=0$，$-S=-13$。

对于(2.7)式，可列表表示为表2—4。

表2—4 **基 $B=(P_1,P_5,P_2)$所对应的单纯形表**

X_B	$\bar{b}$	x_1	x_2	x_3	x_4	x_5
x_1	4	1	0	0	1/4	0
x_5	4	0	0	−2	1/2	1
x_2	2	0	1	1/2	−1/8	0
$-S$	−14	0	0	−3/2	−1/8	0

基 $B=(P_1,P_5,P_2)$ 是最优基，对应的最优解为：$x_1=4$，$x_2=2$，$x_3=0$，$x_4=0$，$x_5=4$；$-S=-14$；去掉松弛变量得到原问题的最优解：$x_1=4$，$x_2=2$，$\max S=14$。

这种表格就是单纯形表，计算的方法就是单纯形方法。

用LINGO10.0求解，程序为：

```
max=2*x1+3*x2;
x1+2*x2<=8;
4*x1<=16;
```

4 * x2<=12；

运行结果如下：

Global optimal solution found.

Objective value： 14.00000

Total solver iterations： 1

Variable	Value	Reduced Cost
X1	4.000000	0.000000
X2	2.000000	0.000000

Row	Slack or Surplus	Dual Price
1	14.00000	1.000000
2	0.000000	1.500000
3	0.000000	0.1250000
4	4.000000	0.000000

第三节 单纯形方法

一、单纯形表及其结构

对于线性规划问题（LP）$\max S = CX$，$s.t.\begin{cases} AX = b \\ X \geqslant O \end{cases}$。若 B 是线性规划问题（LP）的一个基，$A=(B,N)$，$X=\begin{pmatrix} X_B \\ X_N \end{pmatrix}$，$C=(C_B,C_N)$。

$AX=b$ 变为 $(B,N)\begin{pmatrix} X_B \\ X_N \end{pmatrix}=b$，即

$$BX_B + NX_N = b \tag{2.8}$$

由于 B 可逆，则用 B^{-1} 左乘(2.8)式的两端，得 $X_B + B^{-1}NX_N = B^{-1}b$。

它就是将约束条件变形而得到的表达式，即

$$X_B = B^{-1}b - B^{-1}NX_N \tag{2.9}$$

令 $X_N=0$，则 $X_B=B^{-1}b$，那么 $X=\begin{pmatrix} X_B \\ X_N \end{pmatrix}=\begin{pmatrix} B^{-1}b \\ 0 \end{pmatrix}$ 称为（LP）对应于基 B 的基本解。

若满足 $B^{-1}b \geqslant 0$，则基 B 为（LP）的一个可行基，对应的基可行解为 $X=\begin{pmatrix} X_B \\ X_N \end{pmatrix}=$

$\begin{pmatrix} B^{-1}b \\ 0 \end{pmatrix}$。

目标函数

$$
\begin{aligned}
S = CX &= (C_B, C_N)\begin{pmatrix} X_B \\ X_N \end{pmatrix} = C_B X_B + C_N X_N \\
&= C_B(B^{-1}b - B^{-1}NX_N) + C_N X_N \\
&= C_B B^{-1}b + (C_N - C_B B^{-1}N)X_N \\
&= C_B B^{-1}b + (C - C_B B^{-1}A)X
\end{aligned}
$$

改写成

$$-S + (C - C_B B^{-1}A)X = -C_B B^{-1}b$$

将其与约束条件写在一起

$$\begin{cases} B^{-1}AX = B^{-1}b \\ -S + (C - C_B B^{-1}A)X = -C_B B^{-1}b \end{cases}$$

就可以得到

$$\begin{pmatrix} B^{-1}b & B^{-1}A \\ -C_B B^{-1}b & C - C_B B^{-1}A \end{pmatrix}$$

若记　$B^{-1}b = \begin{pmatrix} b_{10} \\ b_{20} \\ \vdots \\ b_{m0} \end{pmatrix}$，$B^{-1}A = \begin{pmatrix} b_{11} & b_{12} & \cdots & b_{1n} \\ b_{21} & b_{22} & \cdots & b_{2n} \\ \cdots & \cdots & \cdots & \cdots \\ b_{m1} & b_{m2} & \cdots & b_{mn} \end{pmatrix}$

$$C_B B^{-1}b = b_{00}\text{，}C - C_B B^{-1}A = (b_{01}, b_{02}, \cdots, b_{0n})$$

则单纯形表的结构见表 2—5。

表 2—5　　基 $\boldsymbol{B} = (\boldsymbol{P}_{j1}, \boldsymbol{P}_{j2}, \cdots, \boldsymbol{P}_{jm})$ 所对应的单纯形表

X_B	$\bar{b}$	x_1	x_2	…	x_n	θ_i
x_{j1}	b_{10}	b_{11}	b_{12}	…	b_{1n}	
x_{j2}	b_{20}	b_{21}	b_{22}	…	b_{2n}	
…	…	…	…	…	…	
x_{jm}	b_{m0}	b_{m1}	b_{m2}	…	b_{mn}	
$-S$	$-b_{00}$	b_{01}	b_{02}	…	b_{0n}	$\leftarrow \lambda_j$

若用解析式表示，就是：

$$\begin{cases} b_{11}x_1+b_{12}x_2+\cdots+b_{1n}x_n=b_{10} \\ b_{21}x_1+b_{22}x_2+\cdots+b_{2n}x_n=b_{20} \\ \cdots\cdots \\ b_{m1}x_1+b_{m2}x_2+\cdots+b_{mn}x_n=b_{m0} \\ -S+b_{01}x_1+b_{02}x_2+\cdots+b_{0n}x_n=-b_{00} \end{cases}$$

特别是所给的线性规划问题中，其约束条件方程组的系数矩阵 A 中含有一个 m 阶单位矩阵，且右端的常数项非负时，以这个单位矩阵为基就是(LP)的一个明显的可行基，可以立即得到这个可行基所对应的单纯形表。例如，对于线性规划问题：

$$\begin{cases} x_1+2x_2+x_3=8 \\ 4x_1+x_4=16 \\ 4x_2+x_5=12 \\ -S+2x_1+3x_2=0 \end{cases}$$

$B=(P_3,P_4,P_5)$ 是它的一个明显的可行基，对应的单纯形表为表 2—6。

表 2—6　　基 $B=(P_3,P_4,P_5)$所对应的单纯形表

X_B	$\bar{b}$	x_1	x_2	x_3	x_4	x_5	θ_i
x_3	8	1	2	1	0	0	
x_4	16	4	0	0	1	0	
x_5	12	0	4	0	0	1	
$-S$	0	2	3	0	0	0	λ_j

单纯形表 $T(B)$ 的结构及其特点：

(1)单纯形表的实质就是(LP)的约束条件(线性方程组)与目标函数的等价形式；

(2)基变量所在的列只有一个元素等于 1，其余元素皆为 0，而这个 1 恰好在该基变量所在的行上。

二、单纯形方法的步骤

1. 最优解的判定

对于基 B 所对应的单纯形表(见表 2—5)中，如果所有 $b_{i0}\geqslant 0(i=1,2,\cdots,m)$，这时对应于基 B 的基本解为基可行解，基 B 为可行基。$b_{0j}(j=1,2,\cdots,n)$ 称为检验数。

(1)可行基 B 所对应的单纯形表(见表 2—5)中，如果所有检验数 $b_{0j}\leqslant 0(j=1,2,\cdots,n)$，即 $C-C_BB^{-1}A\leqslant O$，亦即 $C_N-C_BB^{-1}N\leqslant O$，$S=C_BB^{-1}b+(C_N-C_BB^{-1}N)X_N\leqslant C_BB^{-1}b$。这时称对应于基 B 的基本解为基最优解，基 B 为最优基。

对应的基可行解就是最优解：$x_{j1}=b_{10},x_{j2}=b_{20},\cdots,x_{jm}=b_{m0}$，其余非基变量皆

为 0，$\max S = C_B B^{-1} b = b_{00}$ 为最优值。

判别定理：对于线性规划问题(LP)的基 B，若满足 $B^{-1}b \geqslant O$，则称基 B 为可行基；若满足 $B^{-1}b \geqslant O$ 且 $C - C_B B^{-1} A \leqslant O$，则对应的基 B 为最优基，对应的基可行解 $X_B = B^{-1}b$，$X_N = O$ 为最优解，$\max S = C_B B^{-1} b$。

(2)对于可行基 B 所对应的单纯形表(见表 2—5)中，若有某非基变量的检验数 $\lambda_j > 0$，则不能判定基 B 为最优基，可分为以下两种情况：

①若某 $\lambda_j > 0$，且非基变量 x_j 所对应的列向量 $B^{-1}P_j = \begin{pmatrix} b_{1j} \\ b_{2j} \\ \vdots \\ b_{mj} \end{pmatrix}$ 中无正分量，则该线性规划问题无有界的最优解，即 $\max S = +\infty$，用 LINGO 求解时给出无最优解的信息。

例 3　求解线性规划问题

$$\max S = x_1 + x_2$$
$$s.t.\begin{cases} x_1 - x_2 \geqslant -1 \\ -x_1 + 2x_2 \leqslant 5 \\ x_1, x_2 \geqslant 0 \end{cases}$$

解：引进松弛变量 x_3, x_4，化成标准形

$$\max S = x_1 + x_2$$
$$s.t.\begin{cases} -x_1 + x_2 + x_3 = 1 \\ -x_1 + 2x_2 + x_4 = 5 \\ x_1, x_2, x_3, x_4 \geqslant 0 \end{cases}$$

由于有明显的可行基 $B = (P_3, P_4)$，它所对应的单纯形表为表 2—7。

表 2—7　　**基 $B = (P_3, P_4)$ 所对应的单纯形表**

X_B	$\bar{b}$	x_1	x_2	x_3	x_4	θ_i
x_3	1	-1	1	1	0	
x_4	5	-1	2	0	1	
$-S$	0	1	1	0	0	λ_j

因为检验数 $\lambda_1 = 1 > 0$，且其所在的列 $B^{-1}P_1 = \begin{pmatrix} -1 \\ -1 \end{pmatrix}$ 无正分量。因此，该线性规划问题无有界的最优解。

事实上，$\begin{cases}x_3=1+x_1-x_2\\x_4=5+x_1-2x_2\end{cases}$，令$\begin{cases}x_1\to+\infty\\x_2=0\end{cases}$，则$\begin{cases}x_3=1+x_1\geqslant 0\\x_4=5+x_1\geqslant 0\end{cases}$，$S=x_1+x_2\to\infty$，所以该线性规划问题无有界的最优解。

②若 $\lambda_j>0$，且所有检验数大于零的非基变量所对应的列向量 $B^{-1}P_j$ 都有正分量，那么不能判定可行基 B 为最优基，也不能判定(LP)无有界的最优解。这时需要对可行基 B 进行改进，以便求出最优解，即单纯形方法的主要步骤——换基迭代。

2. 换基迭代

(1)选择检验数 $\lambda_j>0$ 对应下标最小的非基变量 x_j 为进基变量(也有的选择检验数最大者所对应的变量为进基变量)；例 2 的换基迭代就是选择检验数最大者所对应的变量为进基变量。

(2)将进基变量所在列的正分量被其所对应的常数项去除，选择其比值最小者 $\dfrac{b_{s0}}{b_{sj}}=\min\left\{\dfrac{b_{i0}}{b_{ij}}\mid b_{ij}>0\right\}$ 所对应的行的基变量 x_s 为出基变量，进行换基迭代，得新的可行基 $B=(P_{j1},P_{j2},\cdots,P_{js},\cdots,P_{jm})\to\bar{B}=(P_{j1},P_{j2},\cdots,P_j,\cdots,P_{jm})$，进行换基，并由第(3)步得到新基 $\bar{B}$ 所对应的单纯形表。

(3)同时位于进基变量所在列和出基变量所在行的一个元素称为主元素。只要对基 B 所对应的单纯形表进行初等行变换(将主元素变为 1，进基变量所在列其他元素变为 0)。方法是：主元素所在行的各个元素同乘以主元素的倒数，然后将主元素所在行的($-\dfrac{b_{ij}}{b_{sj}}$)倍(以使该列其他元素变为 0 为原则)加到第 i 行上去，就可以得到新基 $\bar{B}$ 所对应的单纯形表。

对于新基 $\bar{B}=(P_{j1},P_{j2},\cdots,P_j,\cdots,P_{jm})$，具有以下两条性质：

性质 1：基 $\bar{B}=(P_{j1},P_{j2},\cdots,P_j,\cdots,P_{jm})$ 仍为一个可行基；

性质 2：换基后，目标函数值单调不减，只有当 $b_{s0}=0$ 时，目标函数值不变。

如例 2 中对基 $B=(P_3,P_4,P_5)$ 进行换基迭代：

表 2—8　　基 $B=(P_3,P_4,P_5)$所对应的单纯形表

X_B	$\bar{b}$	x_1	x_2	x_3	x_4	x_5	θ_i
x_3	8	1	2	1	0	0	8/1=8
x_4	16	$\boxed{4}$	0	0	1	0	16/4=4
x_5	12	0	4	0	0	1	—
$-S$	0	2	3	0	0	0	λ_j

进基变量 x_1，出基变量 x_4，换基迭代得表 2—9。

表 2—9　　**基 $B=(P_3,P_1,P_5)$ 所对应的单纯形表**

X_B	$\bar{b}$	x_1	x_2	x_3	x_4	x_5	θ_i
x_3	4	0	[2]	1	$-1/4$	0	$4/2=2$
x_1	4	1	0	0	$1/4$	0	—
x_5	12	0	4	0	0	1	$12/4=3$
$-S$	-8	0	3	0	$-1/2$	0	λ_j

进基变量 x_2，出基变量 x_3，换基迭代得表 2—10。

表 2—10　　**基 $B=(P_2,P_1,P_5)$ 所对应的单纯形表**

X_B	$\bar{b}$	x_1	x_2	x_3	x_4	x_5	θ_i
x_2	2	0	[1]	$1/2$	$-1/8$	0	
x_1	4	1	0	0	$1/4$	0	
x_5	4	0	0	-2	$1/2$	1	
$-S$	-14	0	0	$-3/2$	$-1/8$	0	λ_j

所有检验数均非正，$B=(P_2,P_1,P_5)$ 是最优基，最优解为 $x_1=4$，$x_2=2$，$x_3=0$，$x_4=0$，$x_5=4$，$\max S=14$。去掉松弛变量，得原线性规划问题的最优解 $x_1=4$，$x_2=2$，$\max S=14$。

例 4　求解线性规划问题

$$\max S=4x_1+x_2+5x_3-2x_4+x_5$$

$$s.t.\begin{cases}x_1+3x_2+3x_3+x_4=9\\2x_1+5x_2+x_3+x_5=6\\x_1,x_2,x_3,x_4,x_5\geqslant 0\end{cases}$$

解：首先将目标函数改写为：$-S+4x_1+x_2+5x_3-2x_4+x_5=0$。

很显然，是 $B=(P_4,P_5)$ 一个明显的可行基，建立初始单纯形表。但应该注意目标函数中含有基变量，可将 x_4，x_5 代入消去，或者用初等行变换的方法消去：

$$\begin{pmatrix}9 & \vdots & 1 & 3 & 3 & 1 & 0\\6 & \vdots & 2 & 5 & 1 & 0 & 1\\\cdots & \vdots & \cdots & \cdots & \cdots & \cdots & \cdots\\0 & \vdots & 4 & 1 & 5 & -2 & 1\end{pmatrix}\xrightarrow{\text{初等行变换}}\begin{pmatrix}9 & \vdots & 1 & 3 & 3 & 1 & 0\\6 & \vdots & 2 & 5 & 1 & 0 & 1\\\cdots & \vdots & \cdots & \cdots & \cdots & \cdots & \cdots\\12 & \vdots & 4 & 2 & 10 & 0 & 0\end{pmatrix}$$

就可以得到初始可行基所对应的单纯形表，见表 2—11。

表 2—11 **基 $B=(P_4,P_5)$ 所对应的单纯形表**

X_B	$\bar{b}$	x_1	x_2	x_3	x_4	x_5	θ_i
x_4	9	1	3	3	1	0	9/1=9
x_5	6	[2]	5	1	0	1	6/2=3
$-S$	12	4	2	10	0	0	λ_j

进基变量 x_1，出基变量 x_5，换基迭代得表 2—12。

表 2—12 **基 $B=(P_4,P_1)$ 所对应的单纯形表**

X_B	$\bar{b}$	x_1	x_2	x_3	x_4	x_5	θ_i
x_4	6	0	1/2	[5/2]	1	−1/2	6/(5/2)=12/5
x_1	3	1	5/2	1/2	0	1/2	3/(1/2)=6
$-S$	0	0	−8	8	0	−2	λ_j

进基变量 x_3，出基变量 x_4，换基迭代得表 2—13。

表 2—13 **基 $B=(P_3,P_1)$ 所对应的单纯形表**

X_B	$\bar{b}$	x_1	x_2	x_3	x_4	x_5	θ_i
x_3	12/5	0	1/5	1	2/5	−1/5	
x_1	9/5	1	12/5	0	−1/5	3/5	
$-S$	−96/5	0	−48/5	0	−16/5	−2/5	λ_j

所有检验数全非正，基 $B=(P_3,P_1)$ 为最优基。最优解为：$x_1=\frac{9}{5}, x_2=0, x_3=\frac{12}{5}, x_4=0, x_5=0, \max S=\frac{96}{5}$。

例 5 某工厂要安排一种产品的生产，该产品有甲、乙、丙三种型号，生产这三种型号的产品均需要两种主要资源：原材料和劳动力。每件产品所需资源数、现有资源数量以及每件产品的出售价格如表 2—14 所示。假定该产品只要生产出来即可销售出去，试确定这三种型号产品的日产量，使总产值最大。

表 2—14 **资源配置问题数据**

产品 / 资源	甲	乙	丙	现有资源数量
原材料(千克)	4	3	6	120
劳动力(小时)	2	4	5	100
价格(百元)	4	5	3	

解:设该厂计划生产产品甲、乙、丙的数量分别为 x_1,x_2,x_3 件,则可建立线性规划数学模型:

$$\max S=4x_1+5x_2+3x_3$$

$$s.t.\begin{cases}4x_1+3x_2+6x_3\leqslant 120\\2x_1+4x_2+5x_3\leqslant 100\\x_1\geqslant 0,x_2\geqslant 0,x_3\geqslant 0\end{cases}$$

引进松弛变量 x_4,x_5,化成标准形:

$$\max S=4x_1+5x_2+3x_3$$

$$s.t.\begin{cases}4x_1+3x_2+6x_3+x_4\qquad=120\\2x_1+4x_2+5x_3+\qquad x_5=100\\x_1,x_2,x_3,x_4,x_5\geqslant 0\end{cases}$$

由于有明显的可行基 $B=(P_4,P_5)$,作出所对应的单纯形表,用单纯形方法求解,求解过程分别如表 2—15、表 2—16、表 2—17 所示。

表 2—15　　基 $B=(P_4,P_5)$所对应的单纯形表

X_B	$\bar{b}$	x_1	x_2	x_3	x_4	x_5	θ_i
x_4	120	[4]	3	6	1	0	120/4=30
x_5	100	2	4	5	0	1	100/2=50
$-S$	0	4	5	3	0	0	λ_j

表 2—16　　基 $B=(P_1,P_5)$所对应的单纯形表

X_B	$\bar{b}$	x_1	x_2	x_3	x_4	x_5	θ_i
x_1	30	1	3/4	3/2	1/4	0	30/(3/4)
x_5	40	0	[5/2]	2	−1/2	1	40/(5/2)
$-S$	−120	0	2	−3	−1	0	λ_j

表 2—17　　基 $B=(P_1,P_2)$所对应的单纯形表

X_B	$\bar{b}$	x_1	x_2	x_3	x_4	x_5	θ_i
x_1	18	1	0	9/10	2/5	−3/10	
x_2	16	0	1	4/5	−1/5	2/5	
$-S$	−152	0	0	−23/5	−3/5	−4/5	λ_j

基 $B=(P_1,P_2)$ 是最优基,对应的最优解为:$x_1=18$,$x_2=16$,$x_3=0$,$\max S=152$。

答：生产甲产品18单位，乙产品16单位，不生产丙产品，可使总产值达到最大，最大产值为152百元，即1.52万元。

关于单纯形方法的几点说明如下：

(1)关于单纯形方法进基变量的选择，选择下标最小者的目的是为了避免循环，这种方法又称为Bland方法。

(2)若线性规划问题有不止一个最优解的情况，读者可参阅相关书籍。

(3)灵活运用单纯形方法，若是求目标函数的最小值，不必化成求最大值，直接用单纯形方法，要灵活运用，读者可参阅相关书籍。

(4)以上介绍的单纯形方法的前提是线性规划问题有明显的可行基。若没有明显的可行基，或者说根本没有可行基，这时需要用人工变量法求初始可行基，其主要方法有大M法和两阶段法。读者可参阅相关书籍。

在求解线性规划问题时，有现成的计算机软件，如LINGO、Matlab等，用计算机求解是很方便的，但我们要学会分析和解决问题，对计算机输出结果进行分析。

如例5用LINGO10.0软件进行求解的程序为：

```
max=4*x1+5*x2+3*x3;
4*x1+3*x2+6*x3<=120;
2*x1+4*x2+5*x3<=100;
```

输出结果如下：

```
Global optimal solution found.
Objective value:                          152.0000
Total solver iterations:                     2
Variable      Value            Reduced Cost
X1           18.00000          0.000000
X2           16.00000          0.000000
X3           0.000000          4.600000
Row     Slack or Surplus      Dual Price
1         152.0000            1.000000
2          0.000000           0.6000000
3          0.000000           0.8000000
```

同样，对于例4用LINGO10.0求解：

max=4*x_1+x_2+5*x_3−2*x_4+x_5;

x_1+3*x_2+3*x_3+x_4=9;

2*x_1+5*x_2+x_3+x_5=6;

输出结果：

Global optimal solution found.

Objective value：　19.20000

Total solver iterations：　2

Variable	Value	Reduced Cost
X1	1.800000	0.000000
X2	0.000000	9.600000
X3	2.400000	0.000000
X4	0.000000	3.200000
X5	0.000000	0.4000000

Row	Slack or Surplus	Dual Price
1	19.20000	1.000000
2	0.000000	1.200000
3	0.000000	1.400000

第二章习题

1. 用单纯形方法求解下列线性规划问题

(1) $\max S=-x_1+2x_2+x_3$

$$s.t.\begin{cases}-2x_1+x_2+x_3\leqslant 4\\ x_1+2x_2\leqslant 6\\ x_1,x_2,x_3\geqslant 0\end{cases}$$

(2) $\max S=2x_1-x_2+x_3$

$$s.t.\begin{cases}3x_1+x_2+x_3\leqslant 60\\ x_1-2x_2+2x_3\leqslant 10\\ x_1+x_2-x_3\leqslant 20\\ x_1,x_2,x_3\geqslant 0\end{cases}$$

(3) $\max S=14x_1+13x_2+6x_3$

$$s.t.\begin{cases}2x_1+4x_2+x_3\leqslant 60\\ 2x_1+x_2+\frac{1}{2}x_3\leqslant 24\\ x_1\geqslant 0,x_2\geqslant 0,x_3\geqslant 0\end{cases}$$

(4) $\max S=x_1+6x_2+4x_3$

$$s.t.\begin{cases}-x_1+2x_2+2x_3\leqslant 10\\ 4x_1-4x_2+x_3\leqslant 16\\ x_1+2x_2+x_3\leqslant 18\\ x_1\geqslant 0,x_2\geqslant 0,x_3\geqslant 0\end{cases}$$

2. 某工厂在计划期内要安排甲、乙两种产品的生产，已知生产单位产品所需的设备台时及 A、B 两种原材料的消耗，资源限制和每单位产品的获利情况如表 2－18 所示。问：工厂应分别生产甲、乙产品多少单位才能使工厂获利最大？建立线性规划问题数学模型，并用单纯形方法求出最优解。

表 2—18 **资源配置问题的数据**

资源 \ 产品	甲	乙	资源限制
设备(台时)	1	1	300
原材料 A(千克)	2	1	400
原材料 B(千克)	0	1	250
单位产品获利(元)	50	100	

3. 用 LINGO 求解线性规划问题。

(1) $\max S = 2x_1 + 3x_2 - 5x_3$

$$s.t.\begin{cases} x_1 + x_2 + x_3 = 7 \\ 2x_1 - 5x_2 + x_3 \geqslant 10 \\ x_1, x_2, x_3 \geqslant 0 \end{cases}$$

(2) $\min S = 5x_1 - 6x_2 - 7x_3$

$$s.t.\begin{cases} x_1 + 5x_2 - 3x_3 \geqslant 15 \\ 5x_1 - 6x_2 + 10x_3 \leqslant 20 \\ x_1 + x_2 + x_3 = 5 \\ x_1, x_2, x_3 \geqslant 0 \end{cases}$$

第三章　对偶线性规划问题

第一节　对偶线性规划问题

例 1　某工厂生产甲、乙、丙三种产品，使用两种主要原料 A 和 B，已知生产每单位产品需要原料数、现有原料数以及每单位产品价格如表 3—1 所示。问：应如何安排生产，可使总产值最大？

表 3—1　　　　**生产计划问题的数据**

资源＼产品	甲	乙	丙	现有原料
原料 A（千克）	4	3	6	120
原料 B（千克）	2	4	5	100
单位价格（百元）	4	5	3	

解：设 x_1,x_2,x_3 分别表示甲、乙、丙三种产品的产量，则可建立线性规划数学模型：

$$\max S = 4x_1 + 5x_2 + 3x_3$$

$$s.t.\begin{cases} 4x_1 + 3x_2 + 6x_3 \leqslant 120 \\ 2x_1 + 4x_2 + 5x_3 \leqslant 100 \\ x_1,x_2,x_3 \geqslant 0 \end{cases} \tag{3.1}$$

现工厂的决策者决定除了生产甲、乙、丙三种产品以外，如果合适的话，可以考虑将这两种原料出售，那么对于购买者来说，尽可能以较低的价格购买，又使得工厂接受，这时 A、B 的价格应分别是多少？

设原料 A、B 的价格分别为 y_1、y_2 百元，则合理的定价应满足线性规划问题：

$$\min W = 120y_1 + 100y_2$$

$$s.t.\begin{cases} 4y_1 + 2y_2 \geqslant 4 \\ 3y_1 + 4y_2 \geqslant 5 \\ 6y_1 + 5y_2 \geqslant 3 \\ y_1, y_2 \geqslant 0 \end{cases} \tag{3.2}$$

我们称线性规划问题(3.2)为线性规划问题(3.1)的对偶线性规划问题。

一般地，给定线性规划问题：

$$\max S = c_1x_1 + c_2x_2 + \ldots + c_nx_n$$

$$(LP)\quad s.t.\begin{cases} a_{11}x_1 + a_{12}x_2 + \cdots + a_{1n}x_n \leqslant b_1 \\ a_{21}x_1 + a_{22}x_2 + \cdots + a_{2n}x_n \leqslant b_2 \\ \cdots\cdots \\ a_{m1}x_1 + a_{m2}x_2 + \cdots + a_{mn}x_n \leqslant b_m \\ x_j \geqslant 0 (j = 1, 2, \cdots, n) \end{cases}$$

$$\max S = CX$$

即

$$(LP)\quad s.t.\begin{cases} AX \leqslant b \\ X \geqslant O \end{cases}$$

与线性规划问题

$$\min W = b_1y_1 + b_2y_2 + \cdots + b_my_m$$

$$(DLP)\quad s.t.\begin{cases} a_{11}y_1 + a_{21}y_2 + \cdots + a_{m1}y_m \geqslant c_1 \\ a_{12}y_1 + a_{22}y_2 + \cdots + a_{m2}y_m \geqslant c_2 \\ \cdots\cdots \\ a_{1n}y_1 + a_{2n}y_2 + \cdots + a_{mn}y_m \geqslant c_n \\ y_i \geqslant 0 (i = 1, 2, \cdots, m) \end{cases}$$

$$\min W = Yb$$

即

$$(DLP)\ s.t.\begin{cases} YA \geqslant C \\ Y \geqslant O \end{cases}$$

其中，$A = \begin{pmatrix} a_{11} & a_{12} & \cdots & a_{1n} \\ a_{21} & a_{22} & \cdots & a_{2n} \\ \cdots & \cdots & \cdots & \cdots \\ a_{m1} & a_{m2} & \cdots & a_{mn} \end{pmatrix}$，$X = \begin{pmatrix} x_1 \\ x_2 \\ \vdots \\ x_n \end{pmatrix}$，$b = \begin{pmatrix} b_1 \\ b_2 \\ \vdots \\ b_m \end{pmatrix}$，$C = (c_1, c_2, \cdots, c_n)$，

$Y = (y_1, y_2, \cdots, y_m)$。

称这两个线性规划问题为互为对偶的线性规划问题，其中一个称为原问题，另一个称为它的对偶问题。

我们引进表达这一对互为对偶的线性规划问题的对偶表，见表 3－2。

表 3－2　　对偶表

	x_1	x_2	…	x_n	约束条件	min$W$
y_1	a_{11}	a_{12}	…	a_{1n}	$\leqslant$	b_1
y_2	a_{21}	a_{22}	…	a_{2n}	$\leqslant$	b_2
…	…	…	…	…	…	…
y_m	a_{m1}	a_{m2}	…	a_{mn}	$\leqslant$	b_m
约束条件	$\geqslant$	$\geqslant$	…	$\geqslant$		
max$S$	c_1	c_2	…	c_n		

表 3－2 中，从横行上看表示线性规划问题（LP），从纵列上看表示线性规划问题（DLP）。给定任何线性规划问题，我们都可以写出它的对偶线性规划问题。

这是对称形式的线性规划问题，若不符合以上对称形式，则有非对称形式的对偶问题的结论：

定理 3.1　若线性规划问题（LP）中第 k 个约束条件是等式，那么它的对偶线性规划问题（DLP）中的第 k 个变量 y_k 无非负限制；反之亦然。

线性规划问题与其对偶问题之间的关系如表 3－3 所示。

表 3－3　　线性规划问题与其对偶问题之间的关系

	原问题（或对偶线性规划问题）	对偶线性规划问题（或原问题）
1	求目标函数的最大值	求目标函数的最小值
2	有 m 个 $\leqslant$ 不等式	有 m 个非负变量
3	有 n 个非负变量	有 n 个 $\geqslant$ 不等式
4	目标函数的系数 $c_1,c_2,\cdots,c_n$	约束条件右端常数 $c_1,c_2,\cdots,c_n$
5	约束条件右端常数 $b_1,b_2,\cdots,b_m$	目标函数的系数 $b_1,b_2,\cdots,b_m$
6	第 k 个约束条件是等式	第 k 个变量没有非负限制
7	第 l 个变量没有非负限制	第 l 个约束条件是等式

例 2　写出下述线性规划问题的对偶线性规划问题

$$\min S = -2x_1 + 3x_2 - 5x_3 + x_4$$

$$s.t.\begin{cases} -x_1 + x_2 - 3x_3 + x_4 \geqslant 5 \\ -2x_1 \qquad + 2x_3 - x_4 \leqslant 4 \\ \qquad x_2 + x_3 + x_4 = 6 \\ x_1, x_2, x_3 \geqslant 0, x_4 \text{ 无非负限制} \end{cases}$$

解：首先将线性规划问题写成标准形式：

$$\min S = -2x_1 + 3x_2 - 5x_3 + x_4$$

$$s.t.\begin{cases} -x_1 + x_2 - 3x_3 + x_4 \geqslant 5 \\ 2x_1 \qquad - 2x_3 + x_4 \geqslant -4 \\ \qquad x_2 + x_3 + x_4 = 6 \\ x_1, x_2, x_3 \geqslant 0, x_4 \text{ 无非负限制} \end{cases}$$

则其对偶线性规划问题为：

$$\max W = 5y_1 - 4y_2 + 6y_3$$

$$s.t.\begin{cases} -y_1 + 2y_2 \qquad \leqslant -2 \\ y_1 \qquad + y_3 \leqslant 3 \\ -3y_1 - 2y_2 + y_3 \leqslant -5 \\ y_1 \qquad + y_2 + y_3 = 1 \\ y_1, y_2 \geqslant 0, y_3 \text{ 无非负限制} \end{cases}$$

或者直接写出对偶规划：

$$\max W = 5y_1 + 4y_2 + 6y_3$$

$$s.t.\begin{cases} -y_1 - 2y_2 \qquad \leqslant -2 \\ y_1 \qquad + y_3 \leqslant 3 \\ -3y_1 + 2y_2 + y_3 \leqslant -5 \\ y_1 \qquad - y_2 + y_3 = 1 \\ y_1 \geqslant 0, y_2 \leqslant 0, y_3 \text{ 无非负限制} \end{cases}$$

第二节　对偶变量的经济意义——影子价格

例 1 中原问题所述的是如何利用有限资源安排生产方案，以获得最大产值的线性规划问题，而它的对偶线性规划问题却是用来描述如何在相同资源的条件下正确估价资源的使用价值，以达到支付最少费用的问题。这是从两个不同的角度来讨论有限资源的最优配置问题。

对于两种资源 A、B 来说，市场上有它们的价格，但不是它们的使用价值。它们的使用价值要通过生产各种产品等经济活动来实现。在工厂现有资源的条件下，安排最优生产计划使总产值达到最大。若在其他条件不变的情况下，增加某种资源 1 单位，这时最优生产计划随之改变，最终可使总产值增加。这个增加值就反映了这种资源的边际价值，也称为影子价格(Shadow Price)或对偶价格(Dual Price)。

这种影子价格不同于市场价格，它主要反映了在这个经济系统中该种资源的稀缺程度。若在最优计划的条件下，某种资源过剩，则增加投入也不会使总产值增加，这时该种资源的影子价格为 0；若某种资源稀缺，成为扩大生产规模的制约因素，则增加该种资源的投入，就会使总产值增加，该种资源的影子价格就大于 0。可见，一种资源的影子价格应与所处的经济系统有关。如例 1 中原问题(3.1)为：

$$\max S = 4x_1 + 5x_2 + 3x_3$$

$$s.t.\begin{cases}4x_1 + 3x_2 + 6x_3 \leqslant 120 \\ 2x_1 + 4x_2 + 5x_3 \leqslant 100 \\ x_1, x_2, x_3 \geqslant 0\end{cases}$$

则其对偶线性规划问题(3.2)为：

$$\min W = 120y_1 + 100y_2$$

$$s.t.\begin{cases}4y_1 + 2y_2 \geqslant 4 \\ 3y_1 + 4y_2 \geqslant 5 \\ 6y_1 + 5y_2 \geqslant 3 \\ y_1, y_2 \geqslant 0\end{cases}$$

这两个线性规划问题都存在最优解 $X^* = (x_1^*, x_2^*, x_3^*)^T$ 和 $Y^* = (y_1^*, y_2^*)$，且使得 $\max S = c_1x_1^* + c_2x_2^* + c_3x_3^* = \min W = b_1y_1^* + b_2y_2^*$。

对偶线性规划问题的最优解：$y_i^* = \dfrac{\partial S}{\partial b_i}(i=1,2)$。这说明对偶线性规划问题的最优解是对应资源的边际价格——影子价格。

对于对偶线性规划问题(3.2)的最优解为 $y_1^* = 0.6$，$y_2^* = 0.8$，$\min W = 152$。$y_1^* = 0.6$ 百元，$y_2^* = 0.8$ 百元分别为两种资源的影子价格。用 LINGO10.0 求解两个互为对偶的线性规划问题的结果如下：

```
max=4*x1+5*x2+3*x3;
4*x1+3*x2+6*x3<120;
2*x1+4*x2+5*x3<100;
```

输出结果：

```
Objective value:                                152.0000
Total solver iterations:                               2
Variable      Value               Reduced Cost
X1            18.00000            0.000000
X2            16.00000            0.000000
X3            0.000000            4.600000
Row        Slack or Surplus       Dual Price
1             152.0000            1.000000
2             0.000000            0.6000000
3             0.000000            0.8000000
min=120*y1+100*y2;
4*y1+2*y2>4;
3*y1+4*y2>5;
6*y1+5*y2>3;
```

输出结果：

```
Objective value:                                152.0000
Total solver iterations:                               2
Variable      Value               Reduced Cost
Y1            0.6000000           0.000000
Y2            0.8000000           0.000000
Row        Slack or Surplus       Dual Price
1             152.0000            -1.000000
2             0.000000            -18.00000
3             0.000000            -16.00000
4             4.600000            0.000000
```

它们的经济意义可由线性规划问题(3.1)表示如下：

在例 1 中，若把原料 A 的供应量增加 1 个单位，其他条件不变：

$$\max S = 4x_1 + 5x_2 + 3x_3$$

$$s.t.\begin{cases}4x_1 + 3x_2 + 6x_3 \leqslant 121 \\ 2x_1 + 4x_2 + 5x_3 \leqslant 100 \\ x_1, x_2, x_3 \geqslant 0\end{cases}$$

它的最优解为：$x_1 = 18.4, x_2 = 15.8, \max S = 152.6$。

$\Delta S = 152.6 - 152 = 0.6$ 百元 恰好等于原料 A 的影子价格，这是增加 1 单位原料

A 带来的收益。

在例 1 中,若把原料 B 的供应量增加 1 个单位,其余条件不变:

$$\max S = 4x_1 + 5x_2 + 3x_3$$

$$s.t.\begin{cases}4x_1 + 3x_2 + 6x_3 \leqslant 120 \\ 2x_1 + 4x_2 + 5x_3 \leqslant 101 \\ x_1, x_2, x_3 \geqslant 0\end{cases}$$

它的最优解为 $x_1 = 17.7$,$x_2 = 16.4$,$\max S = 152.8$。

$\Delta S = 152.8 - 152 = 0.8$ 百元 恰好等于原料 B 的影子价格,这是增加 1 单位原料 B 带来的收益。用 LINGO 软件求解,可以直接给出最优解及其影子价格。

第三节 对偶线性规划问题的性质

$$(LP)\quad \max S = CX \quad s.t.\begin{cases}AX \leqslant b \\ X \geqslant O\end{cases}$$ 与对偶线性规划问题

$$(DLP)\quad \min W = Yb \quad s.t.\begin{cases}YA \geqslant C \\ Y \geqslant O\end{cases}$$ 的解之间有如下结论:

定理 3.2 若 X^0,Y^0 分别为(LP)与(DLP)的可行解,则 $CX^0 \leqslant Y^0 b$ 。

(LP)的任意可行解对应的目标函数值 CX^0 都是 W 的下界;(DLP)的任意可行解对应的目标函数值 $Y^0 b$ 都是 S 的上界。由此得到:

(1)如果两个线性规划问题(LP)和(DLP)都有可行解,则它们都有最优解。

(2)若(LP)有可行解,(DLP)无可行解,则(LP)无最优解;反之亦然。

(3)若(DLP) 有可行解,(LP)无可行解,则(DLP)无最优解;反之亦然。

定理 3.3 若 X^*,Y^* 分别为(LP)与(DLP)的可行解,且 $CX^* = Y^* b$,则 X^*,Y^* 分别为(LP)与(DLP)的最优解。

这两个线性规划问题若有最优解,则同时取得,并且目标函数值相等,即

$$\max S = CX^* = c_1 x_1^* + c_2 x_2^* + \cdots + c_n x_n^* = \min W = Y^* b = b_1 y_1^* + b_2 y_2^* + \cdots + b_m y_m^*$$

定理 3.4 (松紧定理)若 X^*,Y^* 分别为(LP)与(DLP)的最优解,则:

(1)对任意 $1 \leqslant i_0 \leqslant m$,如果 $y_{i0}^* > 0$,则 $\sum_{j=1}^{n} a_{i0j} x_j^* = b_{i0}$;

(2)对任意 $1 \leqslant i_0 \leqslant m$,如果 $\sum_{j=1}^{n} a_{i0j}x_j^* < b_{i0}$,则 $y_{i0}^* = 0$。

若第 i_0 种资源的影子价格大于零(称为是松的),则在最优计划中该种资源一定是被耗尽的(称为是紧的);若在最优计划中第 i_0 种资源未被耗尽(称为是松的),则该种资源的影子价格一定等于零(称为是紧的)。用资源的影子价格来解释更清楚,并且更能体现出松紧定理的意义。因此,资源的影子价格体现了资源的稀缺性,利用资源的影子价格分析可以实现资源的最优配置。

定理 3.5 (LP)问题对应于其可行基单纯形表中检验数的相反数,是对偶问题(DLP)的一个基本解;(LP)问题对应于其最优基单纯形表中检验数的相反数,是对偶问题(DLP)的一个最优解。

求解一个线性规划问题,可以同时得到(LP)与(DLP)两个线性规划问题的最优解,并且可以进行影子价格的分析。例如,例 1 中线性规划问题(LP)的最优基所对应的单纯形表如表 3—4 所示:

表 3—4　　原问题的最优基所对应的单纯形表

X_B	$\bar{b}$	x_1	x_2	x_3	x_4	x_5	θ_i
x_1	18	1	0	9/10	2/5	−3/10	
x_2	16	0	1	4/5	−1/5	2/5	
$-S$	−152	0	0	−23/5	−3/5	−4/5	λ_j

(LP)的最优解:$x_1=18$,$x_2=16$,$x_3=0$,$\max S=152$。但松弛变量 x_4、x_5 所对应的检验数的相反数就是对应的对偶线性规划问题的最优解 $y_1=\frac{3}{5}$,$y_2=\frac{4}{5}$,$\min W=152$,其实对偶问题的最优解 $y_1=\frac{3}{5}$、$y_2=\frac{4}{5}$ 正是 A、B 两种资源的影子价格。

当然,对于对偶线性规划问题的最优基所对应的单纯形表见表 3—5:

表 3—5　　对偶问题的最优基所对应的单纯形表

X_B	$\bar{b}$	y_1	y_2	y_3	y_4	y_5	θ_i
y_1	3/5	1	0	−2/5	1/5	0	
y_2	4/5	0	1	3/10	−2/5	0	
y_5	23/5	0	0	−9/10	−4/5	1	
$-W'$	152	0	0	−18	−16	0	λ_j

可见,(DLP)问题的最优解为 $y_1=3/5$,$y_2=4/5$,$\min W=152$。由表 3—5 可知,

松弛变量的检验数的相反数就是(*LP*)的最优解 $x_1=18$，$x_2=16$，$x_3=0$，$\max S=152$。

通过以上分析，研究线性规划问题的对偶理论具有以下重要意义：

其一，求解一个线性规划问题，可以同时得到两个线性规划问题的最优解，并且可以对影子价格进行分析，以实现资源的最优配置。

其二，若给定的线性规划问题不便于求解，那么可以通过求其对偶线性规划问题，得到原问题的最优解。

第四节　对偶单纯形方法

下面通过一个例子介绍对偶单纯形方法。

例 3　求解线性规划问题

$$\min W=120y_1+100y_2$$

$$s.t.\begin{cases}4y_1+2y_2\geqslant 4\\3y_1+4y_2\geqslant 5\\6y_1+5y_2\geqslant 3\\y_1,y_2\geqslant 0\end{cases}$$

引进松弛变量，化成标准形

$$\max W'=-W=-120y_1-100y_2$$

$$s.t.\begin{cases}4y_1+2y_2-y_3=4\\3y_1+4y_2-y_4=5\\6y_1+5y_2-y_5=3\\y_1,y_2,y_3,y_4,y_5\geqslant 0\end{cases}$$

虽然 $B=(P_3,P_4,P_5)=\begin{pmatrix}-1&0&0\\0&-1&0\\0&0&-1\end{pmatrix}$ 不是明显的可行基，但满足 $C-C_BB^{-1}A\leqslant O$，它所对应的单纯形表中的所有检验数均非正，称它是一个对偶可行基。从对偶可行基开始，寻求最优基的方法，称为对偶单纯形方法。

定义 3.1　对于线性规划问题(*LP*)的基 B，若满足 $C-C_BB^{-1}A\leqslant O$，则称 B 为线性规划问题的对偶可行基。

对偶单纯形方法的步骤：

(1)开始于一个对偶可行基 B（$C-C_BB^{-1}A\leqslant O$，即所有检验数均非正）及其所对应的单纯形表。

(2)最优基的判定：

①在对偶可行基 B 所对应的单纯形表中，如果所有 $b_{i0}\geqslant 0(i=1,2,\cdots,m)$，即 $B^{-1}b\geqslant O$，则对偶可行基就是最优基。

这时对应于基 B 的基本解为最优解，线性规划问题的最优解为：

$x_{j1}=b_{10},x_{j2}=b_{20},\cdots,x_{jm}=b_{m0}$，其余非基变量皆为 0，$\max S=C_BB^{-1}b=b_{00}$ 为最优值。

②在对偶可行基 B 所对应的单纯形表中，如果有 $b_{i0}<0(1\leqslant i\leqslant m)$，且其所对应的行的其他元素均非负，则该线性规划问题无可行解（如下文的例 4）。

③在对偶可行基 B 所对应的单纯形表中，如果不满足 $B^{-1}b\geqslant O$，并且对每一个 $b_{i0}<0(1\leqslant i\leqslant m)$，且其所对应的行的其他元素均有负分量，既不能确定 B 是最优基，也不能肯定线性规划问题无可行解，则需要进行换基迭代。

(3)换基迭代：选择 $b_{i0}<0(1\leqslant i\leqslant m)$ 中对应的下标最小的基变量 x_s 为出基变量，然后将出基变量所在行的其他负元素被所对应的检验数去除，其比值最小者 $\frac{b_{0k}}{b_{sk}}=\min\left\{\frac{b_{0j}}{b_{sj}}\mid b_{sj}<0\right\}$ 所对应的变量 x_k 为进基变量。进行换基迭代，得到新基所对应的单纯形表，然后再进行判别，换基迭代，直至求得最优解或者判定线性规划问题无可行解。

对偶单纯形方法进行换基迭代保证满足以下两点：

①从对偶可行基迭代到对偶可行基；

②目标函数值单调不增。

本例中，对偶可行基 $B=(P_3,P_4,P_5)$ 所对应的单纯形表，如表 3—6 所示。

表 3—6　　基 $B=(P_3,P_4,P_5)$ 所对应的单纯形表

X_B	$\bar{b}$	y_1	y_2	y_3	y_4	y_5
y_3	−4	[−4]	−2	1	0	0
y_4	−5	−3	−4	0	1	0
y_5	−3	−6	−5	0	0	1
$-W'$	0	−120	−100	0	0	0

出基变量 y_3，进基变量 y_1，进行换基迭代，得表 3—7。

表 3—7　　**基 $B=(P_1,P_4,P_5)$所对应的单纯形表**

X_B	$\bar{b}$	y_1	y_2	y_3	y_4	y_5
y_1	1	1	1/2	−1/4	0	0
y_4	−2	0	[−5/2]	−3/4	1	0
y_5	3	0	−2	−3/2	0	1
$-W'$	120	0	−40	−30	0	0

出基变量 y_4，进基变量 y_2，进行换基迭代，得表 3—8。

表 3—8　　**基 $B=(P_1,P_2,P_5)$所对应的单纯形表**

X_B	$\bar{b}$	y_1	y_2	y_3	y_4	y_5
y_1	3/5	1	0	−2/5	1/5	0
y_2	4/5	0	1	3/10	−2/5	0
y_5	23/5	0	0	−9/10	−4/5	1
$-W'$	152	0	0	−18	−16	0

$B=(P_1,P_2,P_5)$ 是最优基。得到线性规划问题的最优解为：$y_1=\frac{3}{5}$，$y_2=\frac{4}{5}$，$y_3=0$，$y_4=0$，$y_5=\frac{23}{5}$，$\max W'=-152$。去掉松弛变量，得原问题(3.2)的最优解为：$y_1=\frac{3}{5}$，$y_2=\frac{4}{5}$，$\min W=-W'=152$。

例 4　求解线性规划问题

$$\max S=-x_1-2x_2$$
$$s.t.\begin{cases}-x_1+2x_2-x_3\geqslant 1\\ -x_1-2x_2+x_3\geqslant 6\\ x_1,x_2,x_3\geqslant 0\end{cases}$$

解：引入松弛变量 x_4,x_5，化成标准形：

$$\max S=-x_1-2x_2$$
$$s.t.\begin{cases}-x_1+2x_2-x_3-x_4=1\\ -x_1-2x_2+x_3-x_5=6\\ x_1,x_2,x_3,x_4,x_5\geqslant 0\end{cases}$$

即

$$\max S=-x_1-2x_2$$
$$s.t.\begin{cases}x_1-2x_2+x_3+x_4=-1\\ x_1+2x_2-x_3+x_5=-6\\ x_1,x_2,x_3,x_4,x_5\geqslant 0\end{cases}$$

由于有明显的对偶可行基 $B=(P_4,P_5)$，用对偶单纯形方法进行求解。初始单纯形表如表 3—9 所示。

表 3—9　　基 $B=(P_4,P_5)$ 所对应的单纯形表

X_B	$\bar{b}$	x_1	x_2	x_3	x_4	x_5
x_4	-1	1	$\boxed{-2}$	1	1	0
x_5	-6	1	2	-1	0	1
$-S$	0	-1	-2	0	0	0

出基变量 x_4，进基变量 x_2，进行换基迭代，得表 3—10。

表 3—10　　基 $B=(P_2,P_5)$ 所对应的单纯形表

X_B	$\bar{b}$	x_1	x_2	x_3	x_4	x_5
x_2	1/2	$-1/2$	1	$-1/2$	$-1/2$	0
x_5	-7	2	0	0	1	1
$-S$	1	-2	0	-1	-1	0

因为 $b_{20}=-7<0$，且 $b_{2j}\geqslant 0(j=1,2,3,4,5)$，所以该线性规划问题无可行解。

事实上，基变量 x_5 所在的行表示的方程 $2x_1+x_4+x_5=-7$，由于 $x_1\geqslant 0,x_4\geqslant 0,x_5\geqslant 0$，不能使得该方程成立。

用 LINGO 求解：

```
max=-x1-2*x2;
-x1+2*x2-x3>1;
-x1-2*x2+x3>6;
```

输出结果：

No feasible solution found.

在灵敏度分析和整数线性规划问题的割平面方法中就是用对偶单纯形方法进行求解的。因此，对偶单纯形方法在线性规划问题中起着重要的作用。

第五节　灵敏度分析

在前面所讲的线性规划问题中，都假定 $a_{ij},b_i,c_j(i=1,2,\cdots,m;j=1,2,\cdots,n)$ 是已知常数。但实际上这些数据往往是一些估计和预测的数据，如市场条件的变化会影响 c_j 值的变化；随着工艺条件、技术水平和管理水平的变化，会带来技术系数 a_{ij} 的变化；资

源限量 b_i 也会随着市场环境和经济结构的变化而变化，因此就会提出以下问题：当这些参数中的一个或几个发生变化时，问题的最优解有什么变化，或者说这些参数在一个多大范围内变化时，问题的最优解不变。这就是灵敏度分析所要研究的问题。

当然，当线性规划问题中的一个或几个参数变化时，可以用单纯形方法从头计算，但这样做既麻烦又没有必要。因为单纯形表的变换是等价的初等行变换，因此有可能把个别参数的变化直接在计算得到的最优基的单纯形表上反映出来。这样不需要从头计算，而直接对最优基的单纯形表计算，只要满足 $B^{-1}b \geqslant 0$ 且 $C - C_B B^{-1}A \leqslant 0$，$B$ 仍然是最优基；如果不满足的话，再从这个表开始用单纯形方法或对偶单纯形方法进行换基迭代，求得最优解。

具体的计算方法是，按相关公式计算出参数 A，b，C 的变化而引起最优基对应的单纯形表的有关数字的变化：$B^{-1}b$，$C_B B^{-1}b$，$B^{-1}A$，$C - C_B B^{-1}A$。一方面，满足在最优基的条件下求出参数的变化范围；另一方面，当参数的变化使得 B 不是最优基时，进一步求得最优解。

一、目标函数系数的灵敏度分析

例 5　已知线性规划问题

$$\max S = (4+\lambda_1)x_1 + (5+\lambda_2)x_2 + (3+\lambda_3)x_3$$

$$s.t.\begin{cases} 4x_1 + 3x_2 + 6x_3 \leqslant 120 \\ 2x_1 + 4x_2 + 5x_3 \leqslant 100 \\ x_1 \geqslant 0, x_2 \geqslant 0, x_3 \geqslant 0 \end{cases} \tag{3.3}$$

试分析 λ_1、λ_2 和 λ_3 分别在什么范围内变化，问题的最优解不变。

解　当 $\lambda_1 = \lambda_2 = \lambda_3 = 0$ 时，对(3.3)引进松弛变量 x_4，x_5，化成标准形

$$\max S = 4x_1 + 5x_2 + 3x_3$$

$$s.t.\begin{cases} 4x_1 + 3x_2 + 6x_3 + x_4 \qquad = 120 \\ 2x_1 + 4x_2 + 5x_3 \qquad + x_5 = 100 \\ x_1, x_2, x_3, x_4, x_5 \geqslant 0 \end{cases} \tag{3.4}$$

(3.4)的最优基 $B = (P_1, P_2)$ 所对应的单纯形表见表 3—11。

表 3—11　　**最优基 $B = (P_1, P_2)$ 的单纯形表**

X_B	$\bar{b}$	x_1	x_2	x_3	x_4	x_5	θ_i
x_1	18	1	0	0.9	0.4	−0.3	
x_2	16	0	1	0.8	−0.2	0.4	
$-S$	−152	0	0	−4.6	−0.6	−0.8	λ_j

从表 3－11 可直接得到：

最优基$B=(P_1,P_2)=\begin{pmatrix}4 & 3\\2 & 4\end{pmatrix}$，$B^{-1}=\begin{pmatrix}0.4 & -0.3\\-0.2 & 0.4\end{pmatrix}$，

$$B^{-1}A=\begin{pmatrix}1 & 0 & 0.9 & 0.4 & -0.3\\0 & 1 & 0.8 & -0.2 & 0.4\end{pmatrix}$$

当 $\lambda_2=\lambda_3=0$，λ_1 变化时，基 B 还是可行基，只要 $C-C_BB^{-1}A\leqslant 0$，B 仍然是最优基。

$$C-C_BB^{-1}A=(4+\lambda_1,5,3,0,0)-(4+\lambda_1,5)\begin{pmatrix}1 & 0 & 0.9 & 0.4 & -0.3\\0 & 1 & 0.8 & -0.2 & 0.4\end{pmatrix}$$

$$=(0,0,-4.6-0.9\lambda_1,-0.6-0.4\lambda_1,-0.8+0.3\lambda_1)\leqslant(0,0,0,0,0)$$

即 $-1.5\leqslant\lambda_1\leqslant 8/3$，因此当 $2.5\leqslant 4+\lambda_1\leqslant 20/3$ 时，原最优解不改变，但目标函数的最大值与 λ_1 的取值有关。当 $\lambda_1<-1.5$ 时，x_4 对应的检验数大于零；当 $\lambda_1>8/3$ 时，x_5 对应的检验数大于零；要寻求最优解，还要用单纯形方法继续求解。

当 $\lambda_1=\lambda_3=0$，λ_2 变化时，基 B 还是可行基，只要 $C-C_BB^{-1}A\leqslant 0$，B 仍然是最优基。

$$C-C_BB^{-1}A=(4,5+\lambda_2,3,0,0)-(4,5+\lambda_2)\begin{pmatrix}1 & 0 & 0.9 & 0.4 & -0.3\\0 & 1 & 0.8 & -0.2 & 0.4\end{pmatrix}$$

$$=(0,0,-4.6-0.8\lambda_2,-0.6+0.2\lambda_2,-0.8-0.4\lambda_2)\leqslant(0,0,0,0,0)$$

即 $-2\leqslant\lambda_2\leqslant 3$，因此当 $3\leqslant 5+\lambda_2\leqslant 8$ 时，原最优解不改变，但目标函数的最大值与 λ_2 的取值有关。当 $\lambda_2<-2$ 时，x_5 对应的检验数大于零；当 $\lambda_2>3$ 时，x_4 对应的检验数大于零；要寻求最优解，还要用单纯形方法继续求解。

当 $\lambda_1=\lambda_2=0$，λ_3 变化时，基 B 还是可行基，只要 $C-C_BB^{-1}A\leqslant 0$，B 仍然是最优基。

$$C-C_BB^{-1}A=(4,5,3+\lambda_3,0,0)-(4,5)\begin{pmatrix}1 & 0 & 0.9 & 0.4 & -0.3\\0 & 1 & 0.8 & -0.2 & 0.4\end{pmatrix}$$

$$=(0,0,\lambda_3-4.6,-0.6,-0.8)\leqslant(0,0,0,0,0)$$

即 $-\infty<\lambda_3\leqslant 4.6$，因此当 $-\infty<3+\lambda_3\leqslant 7.6$ 时，原最优解不改变。当 $\lambda_3>7.6$ 时，x_3 对应的检验数大于零；要寻求最优解，还要用单纯形方法继续求解。

二、约束条件右端常数项的灵敏度分析

b 的变化在资源配置问题中表明资源的供应量发生变化。b 的变化不会影响最优基 B 的对偶可行性，只会影响 $B^{-1}b\geqslant 0$ 是否成立。

例 6 已知线性规划问题

$$\max S = 4x_1 + 5x_2 + 3x_3$$
$$s.t.\begin{cases}4x_1 + 3x_2 + 6x_3 \leqslant 120 + \mu_1 \\ 2x_1 + 4x_2 + 5x_3 \leqslant 100 + \mu_2 \\ x_1 \geqslant 0, x_2 \geqslant 0, x_3 \geqslant 0\end{cases} \tag{3.5}$$

试分析 μ_1 和 μ_2 分别在什么范围内变化，问题的最优解不变。

解　当 $\mu_1 = \mu_2 = 0$ 时，对(3.5)引进松弛变量，化成标准形就是(3.4)。

(3.4)的最优基 $B=(P_1,P_2)$ 所对应的单纯形表见表 3－11。

当 $\mu_2 = 0$，μ_1 变化时，基 B 还是对偶可行基，只要 $B^{-1}b \geqslant 0$，B 仍然是最优基。

$$B^{-1}b = \begin{pmatrix} 0.4 & -0.3 \\ -0.2 & 0.4 \end{pmatrix}\begin{pmatrix} 120+\mu_1 \\ 100 \end{pmatrix} = \begin{pmatrix} 18+0.4\mu_1 \\ 16-0.2\mu_1 \end{pmatrix} \geqslant \begin{pmatrix} 0 \\ 0 \end{pmatrix}$$

即 $-45 \leqslant \mu_1 \leqslant 80$，则当 $75 \leqslant 120+\mu_1 \leqslant 200$ 时，最优基不改变，第一种资源的影子价格为 0.6 也不改变，但最优解和目标函数的最大值都与 μ_1 的取值有关。当 $\mu_1 < -45$ 时，基 B 不是可行基，要选取 x_1 为出基变量，用对偶单纯形方法换基迭代，寻求最优解；当 $\mu_1 > 80$ 时，基 B 不是可行基，要选取 x_2 为出基变量，用对偶单纯形方法换基迭代，寻求最优解。

当 $\mu_1 = 0$，μ_2 变化时，基 B 还是对偶可行基，只要 $B^{-1}b \geqslant 0$，B 仍然是最优基。

$$B^{-1}b = \begin{pmatrix} 0.4 & -0.3 \\ -0.2 & 0.4 \end{pmatrix}\begin{pmatrix} 120 \\ 100+\mu_2 \end{pmatrix} = \begin{pmatrix} 18-0.3\mu_2 \\ 16+0.4\mu_2 \end{pmatrix} \geqslant \begin{pmatrix} 0 \\ 0 \end{pmatrix}$$

即 $-40 \leqslant \mu_2 \leqslant 60$，则当 $60 \leqslant 100+\mu_2 \leqslant 160$ 时，最优基不改变，第二种资源的影子价格为 0.8 也不改变，但最优解和目标函数的最大值都与 μ_2 的取值有关。当 $\mu_2 < -40$ 时，基 B 不是可行基，要选取 x_2 为出基变量，用对偶单纯形方法换基迭代，寻求最优解；当 $\mu_2 > 60$ 时，基 B 不是可行基，要选取 x_1 为出基变量，用对偶单纯形方法换基迭代，寻求最优解。

目标函数系数和约束条件右端常数项的灵敏度分析，可以通过 LINGO 软件求解的灵敏度分析给出。如果要看灵敏度分析结果，必须激活灵敏度计算功能，才会在求解时给出灵敏度分析结果，默认情况下这项功能是关闭的。想要激活它，必须运行 LINGO|Options…命令，选择 Gengral Solver，在 Dual Computation 列表框中选择 Prices and Ranges 选项并确定。结果如下：

```
max=4*x1+5*x2+3*x3;
4*x1+3*x2+6*x3<=120;
2*x1+4*x2+5*x3<=100;
```

运行结果

Objective value: 152.0000

Total solver iterations: 2

Variable	Value	Reduced Cost
X1	18.00000	0.000000
X2	16.00000	0.000000
X3	0.000000	4.600000

Row	Slack or Surplus	Dual Price
1	152.0000	1.000000
2	0.000000	0.6000000
3	0.000000	0.8000000

以下是灵敏度分析的结果

Ranges in which the basis is unchanged:

Objective Coefficient Ranges

Variable	Current Coefficient	Allowable Increase	Allowable Decrease
X1	4.000000	2.666667	1.500000
X2	5.000000	3.000000	2.000000
X3	3.000000	4.600000	INFINITY

目标函数的系数的灵敏度分析结果与例 5 的结果是一致的。

Righthand Side Ranges

Row	Current RHS	Allowable Increase	Allowable Decrease
2	120.0000	80.00000	45.00000
3	100.0000	60.00000	40.00000

约束条件右端常数项的灵敏度分析结果与例 6 的结果是一致的。

此外,还有增加新变量的灵敏度分析和增加约束条件的灵敏度分析等,读者可以查阅相关书籍,或者用 LINGO 通过修改原来的模型求解,此处不赘述。

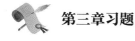

第三章习题

1. 设有线性规划问题:

$$\min S = -4x_1 + 3x_2 - 3x_3 + 6x_4$$

$$s.t.\begin{cases} 2x_1 - x_2 + 3x_3 - x_4 = -4 \\ x_1 + x_2 + 2x_3 - x_4 \leqslant 16 \\ -2x_1 + x_2 - x_3 + 3x_4 \geqslant 6 \\ x_1 \leqslant 0, x_2 \geqslant 0, x_3 \geqslant 0, x_4 \text{ 无约束} \end{cases}$$

写出该问题的对偶线性规划问题，并用 LINGO 编程求出该线性规划问题的最优解。

2. 设有线性规划问题

$$\max S = 5x_1 + 2x_2 + 3x_3$$

$$s.t.\begin{cases} x_1 + 5x_2 + 2x_3 \leqslant b_1 \\ x_1 - 5x_2 - 6x_3 \leqslant b_2 \\ x_1, x_2, x_3 \geqslant 0 \end{cases}$$

其中，b_1, b_2 是常数。已知此线性规划问题的最优基所对应的单纯形表为表 3－12。

表 3－12　　最优基所对应的单纯形表

X_B	$\bar{b}$	x_1	x_2	x_3	x_4	x_5
x_1	30	1	b	2	1	0
x_5	10	0	c	-8	-1	1
$-S$	-150	0	a	-7	$-d$	$-e$

(1)确定 b_1, b_2；

(2)确定常数 a, b, c, d, e，并指出该线性规划问题的最优解；

(3)写出其对偶规划问题，并指出对偶规划问题的最优解。

3. 用对偶单纯形方法求解下列线性规划问题，并指出其对偶规划问题的最优解：

(1)$\min S = x_1 + 2x_2 + 3x_3$

$$s.t.\begin{cases} 2x_1 - x_2 + x_3 \geqslant 4 \\ x_1 + x_2 + 2x_3 \leqslant 8 \\ x_2 - x_3 \geqslant 2 \\ x_1, x_2, x_3 \geqslant 0 \end{cases}$$

(2)$\max S = -4x_1 - 3x_2$

$$s.t.\begin{cases} x_1 + x_2 \leqslant 1 \\ x_2 \geqslant 1 \\ -x_1 + 2x_2 \leqslant 1 \\ x_1, x_2 \geqslant 0 \end{cases}$$

4. 某部门经营甲、乙两种商品，甲商品每百公斤进价 95 元，售价 100 元，流通费 0.5 元；乙商品每百公斤进价 40 元，售价 50 元，流通费 0.3 元。每天至少完成销售额 3000 元，赢利 300 元，问甲、乙两种商品各销售多少才能完成销售指标，既满足赢利额又使流通费最少？建立线性规划问题的数学模型，并用对偶单纯形方法求解。

5. 某厂生产 A、B、C 三种产品，其所需劳动力、材料等有关数据如表 3－13 所示。要求：(1)确定利润最大的生产计划，并指出劳动力和材料的影子价格；(2)产品 A、B、C 的利润分别在什么范围内变动时，上述最优计划不变？(3)如果设计一种新产品 D，单位劳动力消耗为 8 单位，材料消耗为 2 单位，每件可获利 3 百元，问：该种产品是否值得生产？(4)如果劳动力数量不增，材料不足时可以从市场购买，每单位 0.4 百元，问：该厂要不要购进原材料扩大生产，以购多少为宜？

表 3—13 **资源配置问题的数据**

资源＼产品	A	B	C	资源限量
劳动力	6	3	5	45
材料	3	4	5	30
产品利润(百元)	3	1	4	

案例 经理会议建议的分析

某公司生产三种产品 A_1、A_2、A_3，它们在 B_1、B_2 两种设备上加工，并耗用 C_1、C_2 两种原材料。已知生产单位产品耗用的工时和原材料以及设备和原材料的最多可使用量如表 3－14 所示。

表 3—14 **资源配置问题的数据**

资 源	产 品			每天最多可使用量
	A_1	A_2	A_3	
设备 B_1(min)	1	2	1	430
设备 B_2(min)	3	0	2	460
原材料 C_1(kg)	1	4	0	420
原材料 C_2(kg)	1	1	1	300
每件利润(元)	30	20	50	

已知对产品 A_2 的需求每天不低于 70 件，对 A_3 的需求不超过 240 件。经理会议讨论如何增加公司收入，并提出了如下建议：

(1)产品 A_3 提价，使每件利润增至 60 元，但市场销量将下降为每天不超过 210 件；

(2)原材料 C_2 是限制产量增加的因素，如果通过别的供应商提供补充，每千克价格将比原供应商高 20 元；

(3)设备 B_1 和 B_2 每天可增加 40min 的使用时间，但相应需支付额外费用各 350 元；

(4)产品 A_2 的需求增加到每天 100 件；

(5)产品 A_1 在 B_2 上的加工时间可缩短到 2min，但每天需额外支出 40 元。

分别讨论上述各条建议的可行性。

第四章　运输问题

第一节　运输问题的数学模型

某种物资有 m 个产地 $A_1, A_2, \cdots, A_m$，联合供应 n 个销地 $B_1, B_2, \cdots, B_n$，产地 A_i 产量 a_i、销地 B_j 销量 b_j（单位：吨）、产地 A_i 到销地 B_j 的运价 c_{ij}（$i=1,2,\cdots,m$；$j=1,2,\cdots,n$）（单位：元/吨）如表 4—1 所示。问：应如何组织调运，才能使得总运费最省？

表 4—1　　一般运输问题的平衡表与运价表

平衡表						运价表			
销地 产地	B_1	B_2	$\cdots$	B_n	产量（吨）	B_1	B_2	$\cdots$	B_n
A_1					a_1	c_{11}	c_{12}	$\cdots$	c_{1n}
A_2					a_2	c_{21}	c_{22}	$\cdots$	c_{2n}
$\cdots$					$\cdots$	$\cdots$	$\cdots$	$\cdots$	$\cdots$
A_m					a_m	c_{m1}	c_{m2}	$\cdots$	c_{mn}
销量（吨）	b_1	b_2	$\cdots$	b_n					

设 x_{ij} 表示产地 A_i 供应销地 B_j 的数量（$i=1,2,\cdots,m$；$j=1,2,\cdots,n$）。

当产销平衡（$\sum_{i=1}^{m} a_i = \sum_{j=1}^{n} b_j$）时，运输问题的数学模型为：

$$\min Z=\sum_{i=1}^{m}\sum_{j=1}^{n}c_{ij}x_{ij}$$

$$s.t.\begin{cases}\sum_{j=1}^{n}x_{ij}=a_i(i=1,2,\cdots,m)\\ \sum_{i=1}^{m}x_{ij}=b_j(j=1,2,\cdots,n)\\ x_{ij}\geqslant 0(i=1,2,\cdots,m;j=1,2,\cdots,n)\end{cases}$$

用矩阵形式表示为：

$$\min Z=CX$$

$$s.t.\begin{cases}AX=b\\ X\geqslant 0\end{cases}$$

其中：$A=\begin{pmatrix}1&1&\cdots&1&0&0&\cdots&0&\cdots&0&0&\cdots&0\\ 0&0&\cdots&0&1&1&\cdots&1&\cdots&0&0&\cdots&0\\ \cdots&\cdots&\cdots&\cdots&\cdots&\cdots&\cdots&\cdots&\cdots&\cdots&\cdots&\cdots&\cdots\\ 0&0&\cdots&0&0&0&\cdots&0&\cdots&1&1&\cdots&1\\ 1&0&\cdots&0&1&0&\cdots&0&\cdots&1&0&\cdots&0\\ 0&1&\cdots&0&0&1&\cdots&0&\cdots&0&1&\cdots&0\\ \cdots&\cdots&\cdots&\cdots&\cdots&\cdots&\cdots&\cdots&\cdots&\cdots&\cdots&\cdots&\cdots\\ 0&0&\cdots&1&0&0&\cdots&1&\cdots&0&0&\cdots&1\end{pmatrix}_{(m+n)\times mn}$

$X=(x_{11},x_{12},\cdots,x_{1n},x_{21},x_{22},\cdots,x_{2n},\cdots,x_{m1},x_{m2},\cdots,x_{mn})^T$

$C=(c_{11},c_{12},\cdots,c_{1n},c_{21},c_{22},\cdots,c_{2n},\cdots,c_{m1},c_{m2},\cdots,c_{mn})$

$b=(a_1,a_2,\cdots,a_m,b_1,b_2,\cdots,b_n)^T$

系数矩阵 A 的秩 $r(A)<m+n$ 。可以证明：$r(A)=m+n-1$。因此，运输问题的任何一个基含有 $m+n-1$ 个线性无关的列向量，即任何一个基可行解对应 $m+n-1$ 个基变量，这时对应的基可行解就是一个可行的调运方案。关于运输问题当然可以用单纯形方法求解，但由于它的结构具有特殊性，用特殊的方法求解比较方便。下面介绍求解运输问题的表上作业法。

第二节　表上作业法

1. 用最小元素法制订初始调运方案。

最小元素法就是按运价最小的优先供应的原则[求初始调运方案除了最小元素法

以外，还有西北角法、沃格尔法(Vogel)等]。

例 1 某种物资有 3 个产地 A_1，A_2，A_3，4 个销地 B_1，B_2，B_3，B_4，各产地的产量、销地的销量以及各产、销地之间的运价如表 4—2 所示，求最优的调运方案。

表 4—2 **运输问题的平衡表与运价表**

平衡表						运价表			
产地＼销地	B_1	B_2	B_3	B_4	发量	B_1	B_2	B_3	B_4
A_1					4	6	5	3	4
A_2					6	4	4	7	5
A_3					3	7	6	5	8
收量	2	4	3	4	13				

解：首先用最小元素法求初始调运方案，具体做法如下：

(1)从表 4—2 运价表中观察出最小运价 $c_{13}=3$，从平衡表中看到 A_1 有 4 吨，而 B_3 需要 3 吨，则 A_1 优先满足 B_3 的需求 3 吨，即在平衡表上与 c_{13} 对应的格子里填上 3，把 A_1 的发量 4 减去 3 改为 1，表示 A_1 还剩 1 吨，同时把 B_3 的收量 3 划去，表示 B_3 已经满足了需要，并把运价表中 B_3 所在的那一列划去，因为 B_3 已经满足需求，这一列运价以后不再考虑(见表 4—3)。

表 4—3 **用最小元素法求初始调运方案(一)**

平衡表						运价表			
产地＼销地	B_1	B_2	B_3	B_4	发量	B_1	B_2	B_3	B_4
A_1			3		~~4~~ 1	6	5	~~3~~	4
A_2					6	4	4	~~7~~	5
A_3					3	7	6	~~5~~	8
收量	2	4	~~3~~	4	13				

(2)在表 4—3 未被划去的运价中找出最小运价，此时有三个最小的，一般应取最上面一行最左边的，选 $c_{14}=4$，就让 A_1 供应 B_4；从平衡表中看到 A_1 有 1 吨，而 B_4 需要 4 吨，将 A_1 剩下的全部供应 B_4，就在平衡表上与 c_{14} 对应的格子里填上 1，同时把 B_4 的收量改为 3，把 A_1 的发量 1 划掉，并把运价表中 A_1 的那一行划去，见表 4—4。

表 4—4　　最小元素法求初始调运方案(二)

平衡表						运价表			
产地＼销地	B_1	B_2	B_3	B_4	发量	B_1	B_2	B_3	B_4
A_1			3	1	4 ~~1~~	~~6~~	~~5~~	~~3~~	~~4~~
A_2					6	4	4	~~7~~	5
A_3					3	7	6	~~5~~	8
收量	2	4	~~3~~	~~4~~ 3	13				

继续这种做法，直到 A_1，A_2，A_3 的物资全部发完，B_1，B_2，B_3，B_4 完全满足为止。

在表上作业过程中，平衡表每填上一个数字，运价表就划去一行或一列。发量大于收量时，运价表划去列；收量大于发量时，运价表划去行，但由于最后一个数字要求平衡，即收量与发量相等，所以在运价表上填完最后一个数字时，在运价表上对应划去一行或一列，这时运价表上的运价已全部划完，因此在平衡表上应填上 $m+n-1$ 个数字，即 $m+n-1$ 个基变量。

值得注意的是，有时在作业的中间过程中发量与收量相等，这时只能划去一行或一列的运价，不能同时划去，另一行或另一列待以后在调运表中填写数字时再划去，且在调运表上填上数字“0”，这个 0 是基变量，取 0 值，这个格子是有数字的格子，不是空格，它与非基变量的空格不同，否则就会造成调运表中数字(基变量)的个数少于 $m+n-1$ 个。

如表 4—4 所示，未被划去的最小元素 $c_{21}=4$，从 A_2 运往 B_1，A_2 有 6 吨，B_1 需要 2 吨，从 A_2 供应 2 吨到 B_1，在平衡表中 c_{21} 对应的格子填上 2，把 B_1 的收量 2 划去，A_2 的发量 6 改为 4，并把运价表 B_1 对应的列划去，见表 4—5。

表 4—5　　用最小元素法求初始调运方案(三)

平衡表						运价表			
产地＼销地	B_1	B_2	B_3	B_4	发量	B_1	B_2	B_3	B_4
A_1			3	1	4 ~~1~~	~~6~~	~~5~~	~~3~~	~~4~~
A_2	2				~~6~~ 4	~~4~~	4	~~7~~	5
A_3					3	~~7~~	6	~~5~~	8
收量	~~2~~	4	~~3~~	~~4~~ 3	13				

接下来，在表 4—5 中未被划去的最小元素 $c_{22}=4$，从 A_2 运往 B_2，A_2 有 4 吨，B_2 需要 4 吨，从 A_2 供应 4 吨到 B_2，在平衡表中相应的格子填上 4，这时收量与发量相等，因而只能划去 B_2 列或 A_2 行，不能同时划去。如保留 A_2 行，划去 B_2 列，平衡表 A_2 行的发量改为 0，B_2 列的收量划去，同时划去运价表 B_2 对应的列，见表 4—6；如保留 B_2 列，划去 A_2 行，平衡表 B_2 列的收量改为 0，A_2 行的发量划去，同时划去运价表 A_2 对应的行。

表 4—6　　用最小元素法求初始调运方案(四)

平衡表						运价表			
销地/产地	B_1	B_2	B_3	B_4	发量	B_1	B_2	B_3	B_4
A_1			3	1	4 ~~1~~	~~6~~	~~5~~	~~3~~	~~4~~
A_2	2	4			~~6~~ ~~4~~ 0	~~4~~	~~4~~	~~7~~	5
A_3					3	~~7~~	~~6~~	~~5~~	8
收量	~~2~~	~~4~~	~~3~~	~~4~~ 3	13				

运价表 4—6 中最小元素 $c_{24}=5$，从 A_2 运往 B_4，A_2 有 0 吨，B_4 还需要 3 吨，在平衡表中相应的格子填上“0”。这时再将 A_2 行划去，B_4 列保持不变，这样做是为了保证基变量的个数为 $m+n-1$。继续下去，最后可得初始调运方案，见表 4—7。

表 4—7　　运输问题的初始调运方案(一)

平衡表						运价表			
销地/产地	B_1	B_2	B_3	B_4	发量	B_1	B_2	B_3	B_4
A_1			**3**	**1**	4	6	5	3	4
A_2	**2**	**4**		**0**	6	4	4	7	5
A_3				**3**	3	7	6	5	8
收量	2	4	3	4	13				

有数字的格子(包括 0)对应的是基变量，空格所对应的变量是非基变量。

显然，任何一个产销平衡的运输问题都可以用最小元素法求出一个初始调运方案，又因为运输问题目标函数必然有下界(非负)，所以平衡运输问题一定有最优解。人们可能认为用最小元素法得到的初始方案一定是最优的，其实不然。该方案对应的运费 $Z=3\times3+1\times4+2\times4+4\times4+0\times6+3\times8=61$，但该运输问题的最小费用为 55。

2. 求检验数、最优性判别。

对于每一个非基变量(空格)都对应一个检验数,则有以下最优性准则:

定理 4.1(最优性判别准则)　在运输问题的某个可行方案中,如果对应于每一个非基变量 x_{ij} (即空格)的检验数 $\lambda_{ij} \geqslant 0$,则该基可行解为最优解,对应的调运方案为最优方案。

为了说明如何在表上作业法的过程中求出非基变量的检验数,下面介绍闭回路的概念。

闭回路:在调运方案中,从一个空格出发,沿水平或垂直方向前进,遇到一个适当的、有数字的格子,则转向 90°前进,这样必然会又遇到一个适当的、有数字的格子,同样再转向 90°前进;经过若干次后,必然会回到出发的那个空格,这样就形成一条由水平与垂直线构成的封闭折线,我们称这样的封闭折线为该空格的闭回路。该空格(非基变量)对应的检验数就等于该闭回路上所有偶次拐点的运价之和减去所有奇次拐点的运价之和。

在例 1 中:

(1)闭回路 $x_{11} \to x_{14} \to x_{24} \to x_{21} \to x_{11}$;检验数 $\lambda_{11}=6-4+5-4=3>0$;

(2)闭回路 $x_{12} \to x_{14} \to x_{24} \to x_{22} \to x_{12}$;检验数 $\lambda_{12}=5-4+5-4=2>0$;

(3)闭回路 $x_{23} \to x_{13} \to x_{14} \to x_{24} \to x_{23}$;检验数 $\lambda_{23}=7-3+4-5=3>0$;

(4)闭回路 $x_{31} \to x_{21} \to x_{24} \to x_{34} \to x_{31}$;检验数 $\lambda_{24}=7-4+5-8=0$;

(5)闭回路 $x_{32} \to x_{22} \to x_{24} \to x_{34} \to x_{31}$;检验数 $\lambda_{31}=6-4+5-8=-1<0$;

(6)闭回路 $x_{33} \to x_{13} \to x_{14} \to x_{34} \to x_{33}$;检验数 $\lambda_{33}=5-3+4-8=-2<0$。

初学者可能感到这样求检验数比较麻烦,但它反映了检验数的本质。我们也可以用位势法来求检验数。

位势法:将运价表中基变量所对应的运价打“ * ” 号或者将数字画“○”,然后对运价表的每一行、每一列同时加上或减去同一个数,当基变量对应的检验数(打“ * ”号的或画“○”的)等于零,其余各数就是各个非基变量所对应的检验数。

$$\begin{pmatrix} 6 & 5 & 3* & 4* \\ 4* & 4* & 7 & 5* \\ 7 & 6 & 5 & 8* \end{pmatrix}\begin{matrix} -3 \\ -4 \\ -7 \end{matrix} \to \begin{pmatrix} 3 & 2 & 0* & 1* \\ 0* & 0* & 3 & 1* \\ 0 & -1 & -2 & 1* \end{pmatrix} \to \begin{pmatrix} 3 & 2 & 0* & 0* \\ 0* & 0* & 3 & 0* \\ 0 & -1 & -2 & 0* \end{pmatrix}$$
$$\qquad\qquad\qquad\qquad\qquad -1$$

所对应的数字就是检验数。

3. 求出调整量,在闭回路上进行调整。

从一个可行方案调整到另一个可行方案,也就是从一个基可行解换基迭代到另一个基可行解,且使目标函数值不断下降。运输问题的表上作业法的换基迭代实际上是在调运表上负检验数对应的空格所在的闭回路上进行的。

第一个检验数小于零（$\lambda_{32}=-1<0$）的空格所对应的非基变量为进基变量，并使这个非基变量的值由零增加到调整量。

调整量：该闭回路上所有奇次拐点调运量的最小值。$\theta=\min\{$所有第　奇次拐点调运量$\}$。

调整方法：闭回路上每个奇次拐点的调运量都减去调整量（其中有一个且仅允许有一个调运量为 0 变为空格，成为非基变量，其他变为 0 的仍然要填上 0），各偶次拐点的调运量均加上调整量，其中有一个非基变量（空格）变为基变量。

$\theta=\min\{3,4\}=3$，调整结果见表 4—8。

表 4—8　　运输问题调运方案调整表（二）

	B_1	B_2	B_3	B_4	发量	B_1	B_2	B_3	B_4
A_1			**3**	**1**	4			**3**	**1**
A_2	**2**	**4−3**		**0+3**	6	**2**	**1**		**3**
A_3		**+3**		**3−3**	3		**3**		
收量	2	4	3	4	13				

求检验数：

$$\begin{pmatrix} 6 & 5 & 3* & 4* \\ 4* & 4* & 7 & 5* \\ 7 & 6* & 5 & 8 \end{pmatrix}\begin{matrix}-3\\-4\\-6\end{matrix} \rightarrow \begin{pmatrix} 3 & 2 & 0* & 1* \\ 0* & 0* & 3 & 1* \\ 1 & 0* & -1 & 2 \end{pmatrix} \rightarrow \begin{pmatrix} 3 & 2 & 0* & 0* \\ 0* & 0* & 3 & 0* \\ 1 & 0* & -1 & 1 \end{pmatrix}$$
$$\qquad\qquad\qquad\qquad -1$$

有检验数 $\lambda_{33}=-1<0$，继续调整。$\theta=\min\{3,3,3\}=3$，调整结果见表 4—9。

表 4—9　　运输问题调运方案调整表（三）

	B_1	B_2	B_3	B_4	发量	B_1	B_2	B_3	B_4
A_1			**3−3**	**1+3**	4				**4**
A_2	**2**	**1+3**		**3−3**	6	**2**	**4**		**0**
A_3		**3−3**	**+3**		3		**0**	**3**	
收量	2	4	3	4	13				

注意：这里经过调整以后，有三个基变量 x_{13}, x_{24}, x_{31} 同时变为零。但只能有一个 x_{13} 成为非基变量（空格），其余 x_{24}, x_{32} 仍为基变量，其对应的调运量等于 0。

$$\begin{pmatrix} 6 & 5 & 3 & 4* \\ 4* & 4* & 7 & 5* \\ 7 & 6* & 5* & 8 \end{pmatrix}\begin{matrix} -3 \\ -4 \\ -6 \end{matrix} \rightarrow \begin{pmatrix} 3 & 2 & 0 & 1* \\ 0* & 0* & 3 & 1* \\ 1 & 0* & -1* & 2 \end{pmatrix} \rightarrow \begin{pmatrix} 3 & 2 & 1 & 0* \\ 0* & 0* & 4 & 0* \\ 1 & 0* & 0* & 1 \end{pmatrix}$$
$$\qquad\qquad\qquad\qquad\qquad +1 \quad -1$$

由于所有检验数全部非负，因此对应的调运方案是最优的。$\min Z=4\times4+2\times4+4\times4+3\times5=55$。

例 2　求表 4－10 对应的运输问题的最优解：

表 4－10　　**运输问题的平衡表与运价表**

	B_1	B_2	B_3	B_4	发量	B_1	B_2	B_3	B_4
A_1					7	3	11	3	10
A_2					4	1	9	2	8
A_3					9	7	4	10	5
收量	3	6	5	6	20				

解：首先，用最小元素法求初始调运方案，见表 4－11。

表 4－11　　**运输问题的初始调运方案**

	B_1	B_2	B_3	B_4	发量	B_1	B_2	B_3	B_4
A_1			**4**	**3**	7	3	11	3	10
A_2	**3**		**1**		4	1	9	2	8
A_3		**6**		**3**	9	7	4	10	5
收量	3	6	5	6	20				

总费用 $Z=4\times3+3\times10+3\times1+1\times2+6\times4+3\times5=86$。

$$\begin{pmatrix} 3 & 11 & 3* & 10* \\ 1* & 9 & 2* & 8 \\ 7 & 4* & 10 & 5* \end{pmatrix}\begin{matrix} -3 \\ -2 \\ +2 \end{matrix} \rightarrow \begin{pmatrix} 0 & 8 & 0* & 7* \\ -1* & 7 & 0* & 6 \\ 9 & 6* & 12 & 7* \end{pmatrix} \rightarrow \begin{pmatrix} 1 & 2 & 0* & 0* \\ 0* & 1 & 0* & -1 \\ 10 & 0* & 12 & 0* \end{pmatrix}$$
$$\qquad\qquad\qquad +1 \quad -6 \qquad\quad -7$$

不是最优方案，需要进行方案的调整，见表 4－12。

表 4－12　　**运输问题调运方案调整表（一）**

	B_1	B_2	B_3	B_4	发量	B_1	B_2	B_3	B_4
A_1			**4+1**	**3−1**	7			**5**	**2**
A_2	**3**		**1−1**	**+1**	4	**3**			**1**

续表

	B_1	B_2	B_3	B_4	发量	B_1	B_2	B_3	B_4
A_3		**6**		**3**	9		**6**		**3**
收量	3	6	5	6	20				

$$\begin{pmatrix} 3 & 11 & 3* & 10* \\ 1* & 9 & 2 & 8* \\ 7 & 4* & 10 & 5* \end{pmatrix}\begin{matrix} -10 \\ -8 \\ -5 \end{matrix} \rightarrow \begin{pmatrix} -7 & 1 & -7* & 0* \\ -7* & 1 & -6 & 0* \\ 2 & -1* & 5 & 0* \end{pmatrix} \rightarrow \begin{pmatrix} 0 & 2 & 0* & 0* \\ 0* & 2 & 1 & 0* \\ 9 & 0* & 12 & 0* \end{pmatrix}$$
$$\begin{matrix} +7 & +1 & +7 \end{matrix}$$

是最优的调运方案，最小费用 $Z=5\times3+2\times10+3\times1+1\times8+6\times4+3\times5=85$。

在表 4—12 中，由于检验数 $\lambda_{11}=0$，该运输问题可能不止有一个最优方案。进行调整后，见表 4—13，也是最优方案。

表 4—13　　运输问题调运方案调整表

	B_1	B_2	B_3	B_4	发量	B_1	B_2	B_3	B_4
A_1	**+2**		**5**	**2−2**	7	**2**		**5**	
A_2	**3−2**			**1+2**	4	**1**			**3**
A_3		**6**		**3**	9		**6**		**3**
收量	3	6	5	6	20				

最小费用 $Z=2\times3+5\times3+1\times1+3\times8+6\times4+3\times5=85$。

对例 2 用 LINGO10.0 进行求解，程序为：

```
min=3*x11+11*x12+3*x13+10*x14+x21+9*x22+2*x23+8*x24+
7*x31+4*x32+10*x33+5*x34;
x11+x12+x13+x14=7;
x21+x22+x23+x24=4;
x31+x32+x33+x34=9;
x11+x21+x31=3;
x12+x22+x32=6;
x13+x23+x33=5;
x14+x24+x34=6;
```

输出结果：

```
Objective value:                    85.00000
Total solver iterations:            0
```

Variable	Value	Reduced Cost
X11	0.000000	0.000000
X12	0.000000	2.000000
X13	5.000000	0.000000
X14	2.000000	0.000000
X21	3.000000	0.000000
X22	0.000000	2.000000
X23	0.000000	1.000000
X24	1.000000	0.000000
X31	0.000000	9.000000
X32	6.000000	0.000000
X33	0.000000	12.00000
X34	3.000000	0.000000

用 LINGO10.0 编程求解的基本程序与运行结果：

```
model：
！3 发点 4 收点运输问题；
sets：
  warehouses/wh1..wh3/：capacity；
  vendors/v1..v4/：demand；
  links(warehouses,vendors)：cost，volume；
endsets
！目标函数；
  min=@sum(links：cost * volume)；
！需求约束；
  @for(vendors(J)：
    @sum(warehouses(I)：volume(I,J))=demand(J))；
！产量约束；
  @for(warehouses(I)：
@sum(vendors(J)：volume(I,J))<=capacity(I))；
！这里是数据；
data：
  capacity=7,4,9；
  demand=3,6,5,6；
```

```
  cost=3,11,3,10,1,9,2,8,7,4,10,5;
enddata
end
```

运行结果(部分)

```
Objective value:                          85.00000
Variable                 Value            Reduced Cost
VOLUME( WH1, V1)         0.000000         0.000000
VOLUME( WH1, V2)         0.000000         2.000000
VOLUME( WH1, V3)         5.000000         0.000000
VOLUME( WH1, V4)         2.000000         0.000000
VOLUME( WH2, V1)         3.000000         0.000000
VOLUME( WH2, V2)         0.000000         2.000000
VOLUME( WH2, V3)         0.000000         1.000000
VOLUME( WH2, V4)         1.000000         0.000000
VOLUME( WH3, V1)         0.000000         9.000000
VOLUME( WH3, V2)         6.000000         0.000000
VOLUME( WH3, V3)         0.000000         12.00000
VOLUME( WH3, V4)         3.000000         0.000000
```

第三节　表上作业法的特殊情况

(1)用最小元素法作初始调运方案,当出现供需相等时,这时可以(也只能)满足一家,另一家供(需)量相应地改为 0;在下一次供应时,也要进行供应或需求,如例 1。

(2)在方案的调整过程中,若奇次拐点的调运量有不止一个等于调整量,调整以后,有几个同时变为 0,这时只允许一个变为空格,成为非基变量,其余的仍为基变量,对应的调运量等于 0,不能是空格,如例 1 方案的调整(见表 4—9)。

(3)在方案的调整过程中,如果调整量等于 0,这时也要作形式上的调整,只是 0 与空格的位置互换罢了。

(4)产销不平衡问题。

①若供大于求,即 $\sum_{i=1}^{m} a_i > \sum_{j=1}^{n} b_j$,则可以增加一个虚的销地(仓库),其需要量为 $\sum_{i=1}^{m} a_i - \sum_{j=1}^{n} b_j$,并且各个产地到仓库的运价等于 0。

例 3　某建材公司有三个分厂，生产水泥预制板，其产销情况及运价如表 4－14 所示，求运费最省的调运方案。

表 4－14　　**产销不平衡运输问题的平衡表与运价表**

	B_1	B_2	B_3	B_4	发量	B_1	B_2	B_3	B_4
A_1					220	3	11	3	10
A_2					300	1	9	2	8
A_3					400	7	4	10	5
收量	220	240	260	110					

解：由于总发量 920 吨，收量为 830 吨，产销不平衡，发量比收量多 90 吨。如果把这 90 吨看成库存的需求量，因此可在运价表中增加一列库存，运价表也相应地增加一列，但各发点到库存的运价全为零，于是得到产销平衡的运输问题（见表 4－15）。

表 4－15　　**化为产销平衡运输问题的平衡表与运价表**

	B_1	B_2	B_3	B_4	库存	发量	B_1	B_2	B_3	B_4	库存
A_1						220	3	11	3	10	**0**
A_2						300	1	9	2	8	**0**
A_3						400	7	4	10	5	**0**
收量	220	240	260	110	**90**	920					

其最优解为 $\min Z=2430$。

若用 LINGO 进行求解，就不必化成产销平衡的情况，可直接求解。

```
model:
sets:
  warehouses/wh1..wh3/: capacity;
  vendors/v1..v4/: demand;
  links(warehouses,vendors): cost, volume;
endsets
  min=@sum(links: cost * volume);
  @for(vendors(J):
    @sum(warehouses(I): volume(I,J))=demand(J));
  @for(warehouses(I):
    @sum(vendors(J): volume(I,J))<=capacity(I));
data:
```

```
  capacity=220,300,400;
  demand=220,240,260,110;
  cost=3,11,3,10,1,9,2,8,7,4,10,5;
enddata
end
```

部分输出结果如下(与输入信息重复的和无用的信息不再列出):

```
Objective value:                          2430.000
Total solver iterations:                     5
Variable                  Value          Reduced Cost
VOLUME( WH1, V1)        0.000000          1.000000
VOLUME( WH1, V2)        0.000000          7.000000
VOLUME( WH1, V3)        180.0000          0.000000
VOLUME( WH1, V4)        0.000000          5.000000
VOLUME( WH2, V1)        220.0000          0.000000
VOLUME( WH2, V2)        0.000000          6.000000
VOLUME( WH2, V3)        80.00000          0.000000
VOLUME( WH2, V4)        0.000000          4.000000
VOLUME( WH3, V1)        0.000000          5.000000
VOLUME( WH3, V2)        240.0000          0.000000
VOLUME( WH3, V3)        0.000000          7.000000
VOLUME( WH3, V4)        110.0000          0.000000
```

②若供不应求,即 $\sum_{i=1}^{m} a_i < \sum_{j=1}^{n} b_j$,则可以增加一个虚的产地,其产量为 $\sum_{j=1}^{n} b_j - \sum_{i=1}^{m} a_i$,并且虚产地到各个销地的运价等于 0。(略)

这样就可以把产销不平衡问题化为产销平衡问题进行处理。如使用计算机软件(如 LINGO 等)求解时,一般不需要化为产销平衡问题,因为在软件设计时已考虑相关情形,能够根据约束不等式自动处理。

(5)若是求最大化运输问题,则只需要作相应的改动:

①用最大元素法作初始调运方案;

②在最优性判别时,当所有检验数均非正时为最优;

③对检验数大于零的空格所对应的闭回路进行调整。

其他与最小化运输问题一样。

例 4 某国有农场要在三块土地 A_1,A_2,A_3 上种植四种农作物 B_1,B_2,B_3,B_4。A_1,A_2,A_3 的土地面积、农作物 B_1,B_2,B_3,B_4 的计划播种面积以及不同的农作物种植在不同的土地上的单产如表 4—16 所示。求产量最大的农作物布局方案。

表 4—16 **农作物布局问题的平衡表与产量表**

土地＼农作物	B_1	B_2	B_3	B_4	土地面积	B_1	B_2	B_3	B_4
A_1					1000	5	7	2	6
A_2					400	4	1	0	3
A_3					1800	1	3	4	4
播种面积	600	800	500	1300	3200				

解:用最大元素法作初始调运方案(见表 4—17):

表 4—17 **农作物布局问题的初始方案**

土地＼农作物	B_1	B_2	B_3	B_4	土地面积	B_1	B_2	B_3	B_4
A_1		**800**		**200**	1000	5	7	2	6
A_2	**400**				400	4	1	0	3
A_3	**200**		**500**	**1100**	1800	1	3	4	4
播种面积	600	800	500	1300	3200				

用位势法求检验数:

$$\begin{pmatrix} 5 & 7^* & 2 & 6^* \\ 4^* & 1 & 0 & 3 \\ 1^* & 3 & 4^* & 4^* \end{pmatrix}\begin{matrix} -3 \\ -4 \\ -1 \end{matrix} \rightarrow \begin{matrix} \begin{pmatrix} 2 & 4^* & -1 & 3^* \\ 0^* & -3 & -4 & -1 \\ 0^* & 2 & 3^* & 3^* \end{pmatrix} \\ \begin{matrix} & -4 & -3 & -3 \end{matrix} \end{matrix} \rightarrow \begin{pmatrix} 2 & 0^* & -4 & 0^* \\ 0^* & -7 & -7 & -4 \\ 0^* & -2 & 0^* & 0^* \end{pmatrix}$$

有检验数大于零,即 $\lambda_{11}>0$,不是最优解,进行调整(见表 4—18)。

表 4—18 **农作物布局问题的方案调整**

土地＼农作物	B_1	B_2	B_3	B_4	土地面积	B_1	B_2	B_3	B_4
A_1	**+200**	**800**		**200−200**	1000	**200**	**800**		
A_2	**400**				400	**400**			
A_3	**200−200**		**500**	**1100+200**	1800	**0**		**500**	**1300**
播种面积	600	800	500	1300	3200				

用位势法求检验数:

$$\begin{pmatrix} 5^* & 7^* & 2 & 6 \\ 4^* & 1 & 0 & 3 \\ 1^* & 3 & 4^* & 4^* \end{pmatrix}\begin{matrix} -5 \\ -4 \\ -1 \end{matrix} \rightarrow \begin{pmatrix} 0^* & 2^* & -3 & 1 \\ 0^* & -3 & -4 & -1 \\ 0^* & 2 & 3^* & 3^* \end{pmatrix} \rightarrow \begin{pmatrix} 0^* & 0^* & -6 & -2 \\ 0^* & -5 & -7 & -4 \\ 0^* & 0 & 0^* & 0^* \end{pmatrix}$$

$$\qquad\qquad\qquad\qquad -2 \quad -3 \quad -3$$

所有检验数全部非正，最优。

最大产量：$\max Z=200\times5+800\times7+400\times4+500\times4+1300\times4=14400$。

尽管检验数 $\lambda_{32}=0$，但是本题不存在另一个最优方案。

(6)经典运输问题“悖论”。

例 5 对于例 2 讨论的运输问题。

表 4—19 **运输问题的平衡表与运价表**

	B_1	B_2	B_3	B_4	发量	B_1	B_2	B_3	B_4
A_1	**2**		**5**		7	3	11	3	10
A_2	**1**			**3**	4	1	9	2	8
A_3		**6**		**3**	9	7	4	10	5
收量	3	6	5	6	20				

表 4—19 是最优方案。$\min Z=2\times3+5\times3+1\times1+3\times8+6\times4+3\times5=85$。

对应的运输问题的数学模型为：

$$\min Z= 3x_{11}+11x_{12}+3x_{13}+10x_{14}+x_{21}+9x_{22}+2x_{23}+8x_{24}+7x_{31}+4x_{32}+10x_{33}+5x_{34}$$

$$s.t.\begin{cases} x_{11}+x_{12}+x_{13}+x_{14}=7 \\ x_{21}+x_{22}+x_{23}+x_{24}=4 \\ x_{31}+x_{32}+x_{33}+x_{34}=9 \\ x_{11}+x_{21}+x_{31}=3 \\ x_{12}+x_{22}+x_{32}=6 \\ x_{13}+x_{23}+x_{33}=5 \\ x_{14}+x_{24}+x_{34}=6 \\ x_{ij}\geqslant0(i=1,2,3;j=1,2,3,4) \end{cases}$$

若将模型改为：

$$\min Z=3x_{11}+11x_{12}+3x_{13}+10x_{14}+x_{21}+9x_{22}+2x_{23}+8x_{24}+7x_{31}+4x_{32}+10x_{33}+5x_{34}$$

$$s.t.\begin{cases}x_{11}+x_{12}+x_{13}+x_{14}\geqslant 7\\x_{21}+x_{22}+x_{23}+x_{24}\geqslant 4\\x_{31}+x_{32}+x_{33}+x_{34}\geqslant 9\\x_{11}+x_{21}+x_{31}\geqslant 3\\x_{12}+x_{22}+x_{32}\geqslant 6\\x_{13}+x_{23}+x_{33}\geqslant 5\\x_{14}+x_{24}+x_{34}\geqslant 6\\x_{ij}\geqslant 0(i=1,2,3;j=1,2,3,4)\end{cases}$$

则可得到以下两种情况下运输量多,而总运费反而少的运输方案。这就是经典运输问题“悖论”,或者说是“多反而少”现象(见表 4—20 和表 4—21),出现这类现象在经济管理问题中有非常重要的作用,可供读者思考。

表 4—20　　增加收发量的平衡表与运价表

	B_1	B_2	B_3	B_4	发量	B_1	B_2	B_3	B_4
A_1	**2**		**5**		7	3	11	3	10
A_2	**4**			**0**	4	1	9	2	8
A_3		**6**		**6**	12	7	4	10	5
收量	6	6	5	6	23				

是最优方案。$\min Z=2\times3+5\times3+4\times1+0\times8+6\times4+6\times5=79$。

表 4—21　　增加收发量的平衡表与运价表

	B_1	B_2	B_3	B_4	发量	B_1	B_2	B_3	B_4
A_1			**7**		7	3	11	3	10
A_2	**4**		**0**	**0**	4	1	9	2	8
A_3		**6**		**6**	12	7	4	10	5
收量	4	6	7	6	23				

是最优方案。$\min Z=7\times3+4\times1+6\times4+6\times5=79$。

请读者思考一下,若运输问题存在“多反而少”现象,有何重要的意义?

第四节　运输问题的应用

例 6　某工厂专造飞机发动机，根据合同，1～4 月份的交货量以及工厂的最大生产能力如表 4－22 所示，由于技术上的原因，生产发动机的成本波动，其变化情况见表 4—22。

表 4—22　　**飞机发动机交货量与生产能力**

月　份	1	2	3	4
交货台数(台)	10	15	25	20
工厂的最大生产能力(台)	25	35	30	10
每台发动机成本(万元)	1.08	1.11	1.10	1.13

由于生产成本的变化，可能在某个月成本低时多生产些留到以后供应，但每台发动机存贮一个月要 0.015(万元)(包括成本的利息等)。现要制定一个进度表，每月安排生产多少台可使总成本最小?

解：由于有存贮费，因此 1 月份生产每台的成本为 1.08 万元，如果 2 月份才卖出，那么成本为(1.08＋0.015)＝1.095 万元；若留到 3、4 月份才卖出，相应的成本分别为 1.11 万元和 1.125 万元。其余的成本计算与此类似。但是，2 月份生产的不能在 1 月份供应，3 月份生产的不能在 1、2 月份供应，4 月份生产的不能在 1、2、3 月份供应，为了阻止这种行为发生，我们将对应的成本定为一个充分大的正数 M。由于生产能力的产量大于需求量，构造一个虚的需要地，其需要量为 30(25＋35＋30＋10－10－15－25－20)，则可列成表 4－23：

表 4—23　　**飞机发动机交货量与生产能力的平衡表**　　单位：万元

	1 月	2 月	3 月	4 月	未生产	产量	1 月	2 月	3 月	4 月	未生产
1 月	**10**	**15**				**25**	**1.08**	**1.095**	**1.11**	**1.125**	**0**
2 月		**0**		**5**	**30**	**35**	***M***	**1.11**	**1.125**	**1.140**	**0**
3 月			**25**	**5**		**30**	***M***	***M***	**1.10**	**1.115**	**0**
4 月				**10**		**10**	***M***	***M***	***M***	**1.130**	**0**
需要量	**10**	**15**	**25**	**20**	**30**	**100**					

取 M＝1000，用计算机软件可求得最优解，如表 4－23 所示，Z＝77.3 万元。

用 LINGO 求解的结果如下：

```
model:
sets:
  warehouses/moth1.. moth4/: capacity;
  vendors/ moth1.. moth4/: demand;
  links(warehouses,vendors): cost, volume;
endsets
  min=@sum(links: cost * volume);
  @for(vendors(J):
    @sum(warehouses(I): volume(I,J))=demand(J));
  @for(warehouses(I):
    @sum(vendors(J): volume(I,J))<=capacity(I));
data:
  capacity=25,35,30,10;
  demand=10,15,25,20;
  cost=1.08,1.095,1.11,1.125,1000,1.11,1.125,1.14,1000,1000,1.1,1.115,1000,1000,1000,1.13;
enddata
end
```

```
Global optimal solution found.
Objective value:                          77.30000
Variable                        Value          Reduced Cost
VOLUME( MOTH1, MOTH1)          10.00000        0.000000
VOLUME( MOTH1, MOTH2)          15.00000        0.000000
VOLUME( MOTH1, MOTH3)          0.000000        0.000000
VOLUME( MOTH1, MOTH4)          0.000000        0.000000
VOLUME( MOTH2, MOTH1)          0.000000        998.9050
VOLUME( MOTH2, MOTH2)          0.000000        0.000000
VOLUME( MOTH2, MOTH3)          5.000000        0.000000
VOLUME( MOTH2, MOTH4)          0.000000        0.000000
VOLUME( MOTH3, MOTH1)          0.000000        998.9300
VOLUME( MOTH3, MOTH2)          0.000000        998.9150
VOLUME( MOTH3, MOTH3)          20.00000        0.000000
VOLUME( MOTH3, MOTH4)          10.00000        0.000000
```

VOLUME(MOTH4, MOTH1)　　0.000000　　998.9150
VOLUME(MOTH4, MOTH2)　　0.000000　　998.9000
VOLUME(MOTH4, MOTH3)　　0.000000　　998.8850
VOLUME(MOTH4, MOTH4)　　10.00000　　0.000000

例 7　设有三家化肥厂 A、B、C 供应四个地区Ⅰ、Ⅱ、Ⅲ、Ⅳ的农用化肥，假定等量的化肥在这些地区使用，效果相同，各化肥厂年产量、各地区年需要量以及从各化肥厂到各地区的单位化肥运价如表 4—24 所示。试求出总的运费最省的化肥调拨方案。

表 4—24　　**三家化肥厂供应四个地区的化肥的平衡表与运价表**　　单位：万吨

	Ⅰ	Ⅱ	Ⅲ	Ⅳ	产量	Ⅰ	Ⅱ	Ⅲ	Ⅳ
A					50	16	13	22	17
B					60	14	13	19	15
C					50	19	20	23	—
最低需求	30	70	0	10					
最高需求	50	70	30	不限					

解：这是一个产销不平衡的运输问题，总产量为 160 万吨，四个地区的最低需求为 110 万吨，最高需求不限，如果第Ⅰ、Ⅱ、Ⅲ地区都按照最低需求，则第Ⅳ个地区最多能分到 60 万吨，这样最高需求为 210 万吨，大于总产量。为了使产销平衡，在产销平衡表中，增加一个虚构的化肥厂 D，其产量为 50 万吨。由于各地区的需求包括两部分，最低需求是要保证的，不能由 D 供应，令相应的运价为 M（充分大的正数），而另一部分需求满足或不满足都可以，因此可由虚构的化肥厂 D 供应，令相应的运价等于 0。凡是包含两部分的均可以作为两个地区对待，这样该问题的平衡表及运价表如表 4—25 所示：

表 4—25　　**三家化肥厂供应四个地区的化肥的最优平衡表**　　单位：万吨

	Ⅰ	Ⅰ′	Ⅱ	Ⅲ	Ⅳ	Ⅳ′	产量	Ⅰ	Ⅰ′	Ⅱ	Ⅲ	Ⅳ	Ⅳ′
A			50				50	16	16	13	22	17	17
B			20		10	30	60	14	14	13	19	15	15
C	30	20	0				50	19	19	20	23	M	M
D				30		20	50	M	0	M	0	M	0
销量	30	20	70	30	10	50	210						

用 LINGO 软件求解，就不必这么复杂，只需要用不等式来表示即可。

min＝16 * x11＋13 * x12＋22 * x13＋17 * x14＋14 * x21＋13 * x22＋19 * x23＋

```
15 * x24+19 * x31+20 * x32+23 * x33;
    x11+x12+x13+x14=50;
    x21+x22+x23+x24=60;
    x31+x32+x33 =50;
    x11+x21+x31>=30;
    x11+x21+x31<=50;
    x12+x22+x32=70;
    x13+x23+x33<=30;
    x14+x24 >=10;
    Objective value:                        2460.000
    Total solver iterations:                      6
    Variable      Value          Reduced Cost
    X11           0.000000        2.000000
    X12           50.00000        0.000000
    X13           0.000000        7.000000
    X14           0.000000        2.000000
    X21           0.000000        0.000000
    X22           20.00000        0.000000
    X23           0.000000        4.000000
    X24           40.00000        0.000000
    X31           50.00000        0.000000
    X32           0.000000        2.000000
    X33           0.000000        3.000000
```

于是得到总运费最省的化肥调拨方案(见表 4—26):

表 4—26　　三家化肥厂供应四个地区的化肥的计划表　　单位:万吨

	Ⅰ	Ⅱ	Ⅲ	Ⅳ	产量	Ⅰ	Ⅱ	Ⅲ	Ⅳ
A		50			50	16	13	22	17
B		20		40	60	14	13	19	15
C	50				50	19	20	23	—
最低需求	30	70	0	10					
最高需求	50	70	30	不限					

第四章习题

1. 用表上作业法求出表 4－27 和表 4－28 列出的运输问题的最优解，并用 LINGO 编程验证。

表 4－27　　运输问题的平衡表与运价表

平衡表					运价表		
	B_1	B_2	B_3	发量	B_1	B_2	B_3
A_1				12	5	1	8
A_2				14	2	4	0
A_3				4	3	6	7
收量	9	10	11	30			

表 4－28　　运输问题的平衡表与运价表

平衡表						运价表			
	B_1	B_2	B_3	B_4	发量	B_1	B_2	B_3	B_4
A_1					3	2	2	2	1
A_2					6	10	8	5	4
A_3					6	7	6	6	8
收量	4	3	4	4	15				

2. 某农场承包 1000 亩土地，但因土壤等自然条件不同，土地可分三类。现要在三类土地上种植三种农作物，各类土地面积（亩）、各类农作物的计划播种面积（亩）以及各种农作物在各类土地上的亩产量如表 4－29 所示。问：应如何因地制宜安排农作物布局才能使总产量最大？用表上作业法求出该农作物布局问题的最优解，并用 LINGO 编程验证。

表 4－29　　农作物布局问题的平衡表与产量表　　单位：亩

土地种类 / 农作物种类	B_1	B_2	B_3	播种面积	B_1	B_2	B_3
A_1				100	600	700	500
A_2				500	800	500	850
A_3				400	400	150	300
土地亩数	200	300	500	1000			

3. 某航空公司制订明年的计划，该公司有 17 架飞机开往四个地区，有 7 架 CD12 型、4 架 CD9 型、6 架 CD10 型。但该公司认为其中开往每个地区的飞机都不得少于 3 架，每架飞机可以派往任何地区，另外要留下 1 架飞机作为出租用(设为地区 5 的需求)，调运表及利润(万元)如表 4—30 所示。问：怎样安排可获利最大？用表上作业法求出该问题的最优解，并用 LINGO 编程验证。

表 4—30　　　　航空公司利润表

地区 飞机	1	2	3	4	5	飞机数量	1	2	3	4	5
CD12						7	3	7	7	5	4
CD9						4	5	6	3	3	5
CD10						6	2	4	4	2	3
需要飞机架数	≥3	≥3	≥3	≥3	1						

4. 在下列三个发点和三个收点的不平衡运输问题中(见表 4—31)，假定各收点的需求量没有满足时会造成经济损失(如罚款等)，收点 2 和收点 3 的单位损失费分别为 3 元和 2 元，而收点 1 的需求量一定要满足，为使总费用最小，求最优的调运方案。将其化为产销平衡的运输问题，用表上作业法求出其最优解，并用 LINGO 编程验证。

表 4—31　　　　产销不平衡问题的运价表与平衡表

收点 发点	B_1	B_2	B_3	发量	B_1	B_2	B_3
A_1				10	5	1	7
A_2				80	6	4	6
A_3				15	3	2	5
需求量	75	20	50				

案例　光明市的菜篮子工程

光明市是一个人口不到 15 万人的小城市。根据该市的蔬菜种植情况，分别在花市(A)、城乡路口(B)和下塘街(C)设三个收购点。清晨 5 点前菜农将蔬菜送至各收购点，再由各收购点分别送到全市的 8 个菜市场。该市道路情况、各路段距离(单位：100m)及各收购点、菜市场①，②，…，⑧的具体位置见图 4—1。

按常年情况，A、B、C 三个收购点每天的收购量分别为 200、170 和 160(单位：100kg)，各菜市场每天的需求量及发生供应短缺时带来的损失(元/100 kg)见表 4—32，设从收购点至各菜市场蔬菜调运费用为 1 元/(100 kg · 100m)。

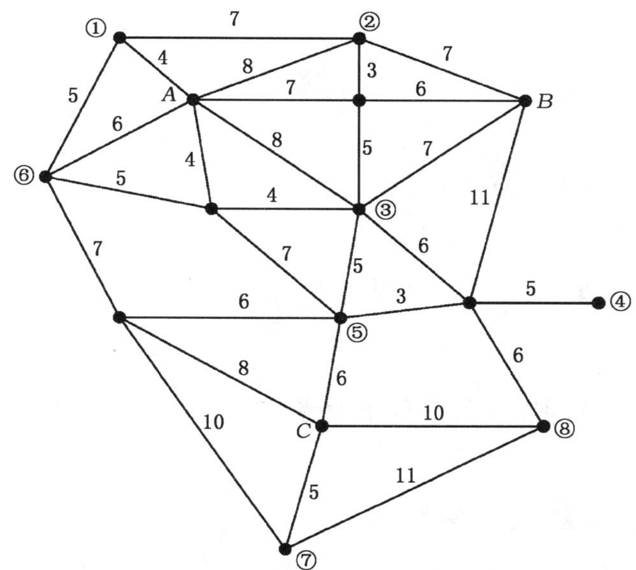

图 4—1 光明市蔬菜收购点和菜市场位置图

表 4—32　　各菜市场每天的需求量及供应短缺的单位损失

菜市场	①	②	③	④	⑤	⑥	⑦	⑧
每天的需求量(100kg)	75	60	80	70	100	55	90	80
短缺损失(元/100 kg)	10	8	5	10	10	8	5	8

(1)为该市设计一个从各收购点至各菜市场的定点供应方案,使用于蔬菜调运及预期的短缺损失最小;

(2)若规定各菜市场短缺量一律不超过需求量的 20%,重新设计定点供应方案;

(3)为了满足城市居民的蔬菜供应,光明市的领导规划增加蔬菜种植面积,试问:增产的蔬菜每天应分别向 A、B、C 三个收购点各供应多少最经济合理?

提示:先用确定最短路径的方法(见本书第十六章)求出三个收购点至八个菜市场的最短路线,距离(运价表)如表 4—33 所示。

表 4—33　　收购点菜市场的最短距离(100m)

收购点 \ 菜场	①	②	③	④	⑤	⑥	⑦	⑧
A	4	8	8	19	11	6	22	20
B	14	7	7	16	12	16	23	17
C	20	19	11	14	6	15	5	10

第五章　整数规划

第一节　整数规划问题的数学模型

一、整数规划问题的数学模型

在一般的线性规划问题中，决策变量可以是分数、小数。例如，每小时可以生产汽车 4.26 辆，它代表生产率是有意义的。但在许多实际问题中，要求最优解必须是整数。例如，在营销管理中要求派出的营销人员数、设置销售网点的个数等都必须是整数才有意义。因此，必须研究决策变量是非负整数的线性规划问题。

称所有变量都限制为非负整数的数学规划为纯整数规划（或全整数规划）；部分变量限制为非负整数的数学规划为混合整数规划；如果整数变量的取值为 0 或 1，则称为 0—1 规划，它是整数规划的特殊情况。

例 1　某饭店 24 小时中需要服务员数量如表 5—1 所示，如果每个服务员可以连续工作 8 小时，试问：在 2 点、6 点、10 点、14 点、18 点、22 点钟开始上班的服务员分别为多少时，一天所需服务员人数最少？

表 5—1　　饭店各段时间需要服务员人数

时间（小时）	2～6	6～10	10～14	14～18	18～22	22～2
最少服务员（名）	4	8	10	7	12	4

解：设在 2 点、6 点、10 点、14 点、18 点、22 点钟开始上班的服务员分别为 x_1，x_2，x_3，x_4，x_5，x_6 人，则可建立整数规划数学模型

$$\min Z = x_1 + x_2 + x_3 + x_4 + x_5 + x_6$$

$$s.t.\begin{cases} x_1 + x_6 \geqslant 4 \\ x_1 + x_2 \geqslant 8 \\ x_2 + x_3 \geqslant 10 \\ x_3 + x_4 \geqslant 7 \\ x_4 + x_5 \geqslant 12 \\ x_5 + x_6 \geqslant 4 \\ x_1, x_2, x_3, x_4, x_5, x_6 \geqslant 0, \text{整数} \end{cases}$$

利用 LINGO10.0 求解整数规划问题，程序为：

```
min＝x1＋x2＋x3＋x4＋x5＋x6；
x1＋x6＞＝4；
x1＋x2＞＝8；
x2＋x3＞＝10；
x3＋x4＞＝7；
x4＋x5＞＝12；
x5＋x6＞＝4；
@gin(x1)； @gin(x2)；@gin(x3)；
@gin(x4)；@gin(x5)；@gin(x6)；
```

说明：@gin(x1)表明 x_1 是普通整数，即 x_1 的取值可以是任何非负整数。

运行结果为：

```
Objective value:                          26.00000
Extended solver steps:                       0
Total solver iterations:                     6
Variable      Value          Reduced Cost
X1           4.000000         1.000000
X2           4.000000         1.000000
X3           6.000000         1.000000
X4           1.000000         1.000000
X5           11.00000         1.000000
X6           0.000000         1.000000
```

例 2　在高校篮球联赛中，某学院男子篮球队要从 8 名队员中选择平均身高最高的出场阵容，队员的编号、身高及擅长的位置如表 5－2 所示：

表 5—2 **8 名篮球队员的编号、身高及擅长位置**

队员编号	1	2	3	4	5	6	7	8
身高(cm)	1.92	1.90	1.88	1.86	1.85	1.83	1.80	1.78
位置	中锋	中锋	前锋	前锋	前锋	后卫	后卫	后卫

同时要求出场阵容满足以下条件：

(1)中锋只能有一个上场；

(2)至少有一名后卫；

(3)如果 1 号队员和 4 号队员都上场，则 6 号队员不能上场；

(4)2 号队员和 6 号队员必须保留一个不出场。

列出身高最高的出场阵容的数学模型。

解：设 $x_j=\begin{cases}1 & 第\ j\ 号队员出场\\0 & 第\ j\ 号队员不出场\end{cases}(j=1,2,3,4,5,6,7,8)$，则可建立 0—1 规划模型：

$$\max Z=1.92x_1+1.90x_2+1.88x_3+1.86x_4+1.85x_5+1.83x_6+1.80x_7+1.78x_8$$

$$s.t.\begin{cases}x_1+x_2+x_3+x_4+x_5+x_6+x_7+x_8=5\\x_1+x_2=1\\x_6+x_7+x_8\geqslant 1\\x_1+x_4\quad x_6\leqslant 2\\x_2+x_6\leqslant 1\\x_1,x_2,x_3,x_4,x_5,x_6,x_7,x_8=0\ 或\ 1\end{cases}$$

利用 LINGO10.0 求解 0—1 规划问题，程序为：

```
max=1.92*x1+1.9*x2+1.88*x3+1.86*x4+1.85*x5+1.83*x6+1.8*x7+
1.78*x8;
x1+x2+x3+x4+x5+x6+x7+x8=5;
x1+x2=1;
x6+x7+x8>=1;
x1+x4+x6<=2;
x2+x6<=1;
@bin(x1); @bin(x2);@bin(x3);@bin(x4);
@bin(x5);@bin(x6);@bin(x7);@bin(x8);
```

说明：@bin(x1)表明 x_1 是 0—1 变量，即 x_1 的取值只可能是 0 或 1。

运行结果为：

Objective value:		9.310000
Extended solver steps:		0
Total solver iterations:		0
Variable	Value	Reduced Cost
X1	1.000000	−1.920000
X2	0.000000	−1.900000
X3	1.000000	−1.880000
X4	1.000000	−1.860000
X5	1.000000	−1.850000
X6	0.000000	−1.830000
X7	1.000000	−1.800000
X8	0.000000	−1.780000

例 3 某工厂生产 A_1、A_2 两种产品，产品由 B_1、B_2 两种部件组装而成，每台产品所用部件数和有关部件的产量限额以及每件产品利润如表 5—3 所示。问：怎样安排 A_1、A_2 的生产数量，该厂才能有最大利润？

表 5—3 **两种产品组装问题的数据**

部件 产品	B_1	B_2	利润(万元)
A_1	6	1	15
A_2	4	3	20
部件的最大产量	25	10	

解：设生产 A_1、A_2 分别为 x_1、x_2 台，则可建立整数规划模型：

$$\max Z = 15x_1 + 20x_2$$

$$s.t.\begin{cases} 6x_1 + 4x_2 \leqslant 25 \\ x_1 + 3x_2 \leqslant 10 \\ x_1, x_2 \geqslant 0,\text{整数} \end{cases}$$

很容易用 LINGO10.0 求出它的最优解：

```
max=15 * x1+20 * x2;
6 * x1+4 * x2<25;
x1+3 * x2<10;
@gin(x1);@gin(x2);
```

运行结果：$x_1=1, x_2=3, \max Z=75$。

二、0—1 变量的作用

整数规划的数学模型对研究管理问题有着重要的意义。许多管理问题虽然无法归结为线性规划问题的数学模型，但却可以通过设置逻辑变量（0—1 变量）建立整数规划或者混合整数规划模型。下面从几个方面举例说明逻辑变量在建立数学模型中的作用。

1. m 个约束条件中只有 $k(k<m)$ 个起作用。

设 m 个约束条件可表示为 $\sum_{j=1}^{n} a_{ij}x_j \leqslant b_i (i=1,2,\cdots,m)$

定义 $y_i=\begin{cases}1 & \text{第 } i \text{ 个条件不起作用} \\ 0 & \text{第 } i \text{ 个条件起作用}\end{cases} \quad (i=1,2,\cdots,m)$

又 M 为任意大的正数，则 m 个约束条件中只有 k 个起作用，表示为：

$$\begin{cases}\sum_{j=1}^{n} a_{ij}x_j \leqslant b_i + My_i (i=1,2,\cdots,m) \\ y_1+y_2+\cdots+y_m=m-k \\ y_1,y_2,\cdots,y_m=0 \text{ 或 } 1\end{cases}$$

请读者思考，若某个约束条件为 $\sum_{j=1}^{n} a_{ij}x_j \geqslant b_i$，或者 m 个约束条件部分大于等于或者部分小于等于，如何通过 0—1 变量表达这 m 个约束条件中只有 $k(k<m)$ 个起作用？

2. 约束条件的右端项可能是 r 个值 $b_1,b_2,\cdots,b_r$ 中的某一个，即

$$\sum_{j=1}^{n} a_{ij}x_j \leqslant b_1 \text{ 或 } b_2 \text{ 或 } \cdots \text{ 或 } b_r$$

定义 $y_i=\begin{cases}1 & \text{约束条件右端是 } b_i \\ 0 & \text{约束条件右端不是 } b_i\end{cases} (i=1,2,\cdots,m)$

则约束条件可以化为

$$\begin{cases}\sum_{j=1}^{n} a_{ij}x_j \leqslant \sum_{i=1}^{r} b_i y_i \\ y_1+y_2+\cdots+y_r=1 \\ y_1,y_2,\cdots,y_r=0 \text{ 或 } 1\end{cases}$$

3. 两组条件中满足其中一组。

若 $x_1 \leqslant 4$，则 $x_2 \geqslant 1$；否则（即当 $x_1>4$ 时），$x_2 \leqslant -1$。

定义　　$y_i=\begin{cases}1 & 第\ i\ 组条件不起作用\\ 0 & 第\ i\ 组条件起作用\end{cases}\quad(i=1,2)$，

又 M 为充分大的正数，则

$$\begin{cases}x_1\leqslant 4+y_1M\\ x_2\geqslant 1-y_1M\\ x_1>4-y_2M\\ x_2\leqslant -1+y_2M\\ y_1+y_2=1\\ y_1,y_2=0\ 或\ 1\end{cases}$$

在数学规划模型中，若 a,b,c 均为常数，且 $c>0$，可以将带绝对值的不等式 $|ax_1+bx_2|\leqslant c$ 化为 $ax_1+bx_2\geqslant -c$ 且 $ax_1+bx_2\leqslant c$；但是，对 $|ax_1+bx_2|\geqslant c$，若化成 $ax_1+bx_2\leqslant -c$ 且 $ax_1+bx_2\geqslant c$，则是矛盾的。引入 0—1 变量 y，则可以化为：

$$\begin{cases}ax_1+bx_2\leqslant -c+My\\ ax_1+bx_2\geqslant c-M(1-y)，其中\ M\ 为充分大的正数\\ y=0\ 或\ 1\end{cases}$$

4. 用于表示含固定成本的成本函数。

例如，用 x_j 代表产品 j 的生产数量 $(j=1,2,\cdots,n)$，其生产费用函数通常可以表示为：

$$c_j(x_j)=\begin{cases}k_j+c_jx_j & x_j>0\\ 0 & x_j=0\end{cases}\quad(j=1,2,\cdots,n)$$

其中 k_j 是与产量无关的生产准备费用。

问题的目标是使生产总费用为最小，即 $\min Z=\sum_{j=1}^{n}c_j(x_j)$。

为清楚地表示这个表达式，需要设置逻辑变量 $y_j=\begin{cases}0 & x_j=0\\ 1 & x_j>0\end{cases}$，且满足 $x_j\leqslant My_j(j=1,2,\cdots,n)$，其中 M 为充分大的整数，则有

$$\min Z=\sum_{j=1}^{n}(c_jx_j+k_jy_j)$$

$$s.t.\begin{cases}0\leqslant x_j\leqslant My_j\\ y_j=0\ 或\ 1\\ j=1,2,\cdots,n\end{cases}$$

5. x 或者等于零或者大于等于某个正整数。

比如汽车生产过程中，由于生产条件或者工艺流程的要求，某种型号的汽车要么不生产，要么产量不低于500辆，即 x 或者等于零或者大于等于500，则可表示如下：

$$\begin{cases} x \leqslant My \\ x \geqslant 500y \\ y=0 \text{ 或 } 1 \\ M \text{ 为充分大的正数} \end{cases}$$

三、整数规划问题的求解

对于例3给定的整数规划问题去掉整数约束，得

$$\max Z = 15x_1 + 20x_2$$

$$s.t.\begin{cases} 6x_1 + 4x_2 \leqslant 25 \\ x_1 + 3x_2 \leqslant 10 \\ x_1, x_2 \geqslant 0 \end{cases}$$

它的最优解：$x_1 = 2.5, x_2 = 2.5, \max Z = 87.5$。

不是整数解，按四舍五入取整数得：$x_1 = 3, x_2 = 3$ 不满足两个约束条件，所以 $x_1 = 3, x_2 = 3$ 不是整数规划问题的可行解；若取整得 $x_1 = 2, x_2 = 2$，对应的目标函数值 $Z = 70$ 不是最优；而最优解 $x_1 = 1, x_2 = 3, \max Z = 75$。

由于整数线性规划问题的可行解集不是区域，而是离散点集(如图5—1所示)，用完全枚举法有时是不可能的，当整数规划问题的变量很多时，其可行解的个数是一个天文数字。对不同类型的整数规划有专门求解整数规划问题的方法，但在大多数情况下可以通过软件求解整数规划问题。

例4 某工厂生产甲、乙两种设备，需要消耗原料 A 和 B，有关数据如表5—4所示。问：应分别生产甲、乙两种设备多少台，可使总利润最大？

表5—4 两种设备生产问题的数据

设备 / 原料	单台所需原料数量		原料可供量
	甲	乙	
A(吨)	2	1	9
B(千克)	5	7	35
单台利润(万元)	6	5	

解 设生产甲、乙设备分别为 x_1, x_2 台，则可建立整数规划数学模型：

$$\max Z = 6x_1 + 5x_2$$

$$s.t.\begin{cases} 2x_1 + x_2 \leqslant 9 \\ 5x_1 + 7x_2 \leqslant 35 \\ x_1 \geqslant 0, x_2 \geqslant 0, \text{为整数} \end{cases}$$

该整数线性规划问题图解法如图 5—1 所示。

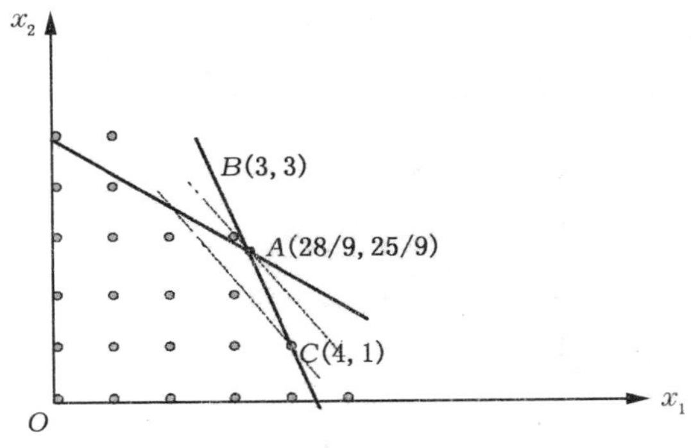

图 5—1　整数线性规划问题的图解法

最优解 $x_1=4, x_2=1, \max Z=29$。

一般来说,求解整数线性规划的方法有割平面法和分支定界法,还有求解 0—1 规划问题的隐枚举法等,此处从略。如要学习整数规划问题的求解方法,读者可以阅读相关书籍。

第二节　指派问题的数学模型与求解方法

指派问题是整数规划问题中 0—1 规划的特例,由于其结构具有特殊性,可以用专门的方法求解。下面介绍指派问题的求解方法——匈牙利算法。

一、指派问题(Assignment Problem)的数学模型

设有 n 件工作 $J_1, J_2, \cdots, J_n$ 分派给 n 个人 $O_1, O_2, \cdots, O_n$ 去做,每人只能做一件工作,且每一件工作只能分派给一个人去做。设 O_i 完成 J_j 的工时为 $c_{ij}(i,j=1,2,\cdots,n)$,见表 5—5。问:应如何分派,才能使完成全部工作所需的总工时最少?

表 5—5 **指派问题的时间表**

人 \ 工作	J_1	J_2	…	J_n
O_1	c_{11}	c_{12}	…	c_{1n}
O_2	c_{21}	c_{22}	…	c_{2n}
…	…	…	…	…
O_n	c_{n1}	c_{n2}	…	c_{nn}

设第 i 个人 O_i 完成工作 J_j 的情况为

$$x_{ij}=\begin{cases}1 & \text{分派 } O_i \text{ 完成工作 } J_j \\ 0 & \text{不分派 } O_i \text{ 完成工作 } J_j\end{cases}\quad (i,j=1,2,\cdots,n)$$

则可以建立指派问题的数学模型：

$$\min Z=\sum_{i=1}^{n}\sum_{j=1}^{n}c_{ij}x_{ij}$$

$$s.t.\begin{cases}\sum_{j=1}^{n}x_{ij}=1(i=1,2,\cdots,n)\\ \sum_{i=1}^{n}x_{ij}=1(j=1,2,\cdots,n)\\ x_{ij}=0\text{ 或 }1(i,j=1,2,\cdots,n)\end{cases}$$

例 5 现有 4 人，每人都能完成 4 项工作中的任何一项，但由于各自对不同工作的熟练程度或技术专长不同，完成每项工作花费的时间不同。表 5－6 给出了各人完成每项工作所需的时间，如果每项工作需要安排一人且仅需要一人去做，问：应如何安排 4 人完成 4 项工作，所花费的总时间最少？

表 5—6 **指派问题的时间(效率)表**

人 \ 工作	J_1	J_2	J_3	J_4
O_1	3	14	10	5
O_2	10	4	12	10
O_3	9	14	15	13
O_4	7	8	11	9

可以很容易建立该指派问题的数学模型。

解：设第 i 个人 O_i 完成工作 J_j 的情况为

$$x_{ij}=\begin{cases}1 & \text{分派 } O_i \text{ 完成工作 } J_j \\ 0 & \text{不分派 } O_i \text{ 完成工作 } J_j\end{cases}\quad (i,j=1,2,3,4),$$

则可以建立指派问题的数学模型：

$$\min Z=3x_{11}+14x_{12}+10x_{13}+5x_{14}+10x_{21}+4x_{22}+12x_{23}+10x_{24}+9x_{31}+14x_{32}+15x_{33}+13x_{34}+7x_{41}+8x_{42}+11x_{43}+9x_{44}$$

$$s.t.\begin{cases}x_{11}+x_{12}+x_{13}+x_{14}=1\\ x_{21}+x_{22}+x_{23}+x_{24}=1\\ x_{31}+x_{32}+x_{33}+x_{34}=1\\ x_{41}+x_{42}+x_{43}+x_{44}=1\\ x_{11}+x_{21}+x_{31}+x_{41}=1\\ x_{12}+x_{22}+x_{32}+x_{42}=1\\ x_{13}+x_{23}+x_{33}+x_{43}=1\\ x_{14}+x_{24}+x_{34}+x_{44}=1\\ x_{ij}=0 \text{ 或 } 1;i,j=1,2,3,4\end{cases}$$

二、匈牙利算法

由于该算法是由匈牙利数学家柯尼格(D. König)首先提出来的，所以称为匈牙利算法(The Hungarian Method of Assignment)。

定理 5.1　对效率矩阵某一行(或某一列)的各元素都加上或者都减去同一个常数，不改变指派问题的最优解。(证明略)

基于这个定理，有以下的匈牙利算法。匈牙利算法的步骤为：

步骤 1　变换效率矩阵 $C=(c_{ij})$，使变换后的效率矩阵 $B=(b_{ij})$ 每一行、每一列至少有一个零元素。具体做法是：把效率矩阵每行减去该行的最小元素，这样就保证每一行至少有一个零元素；然后每列减去该列的最小元素，这样就保证每一列至少有一个零元素。

针对例 5，这一步骤具体为：

$$(c_{ij})=\begin{pmatrix}3 & 14 & 10 & 5\\ 10 & 4 & 12 & 10\\ 9 & 14 & 15 & 13\\ 7 & 8 & 11 & 9\end{pmatrix}\begin{matrix}-3\\-4\\-9\\-7\end{matrix}\rightarrow\begin{pmatrix}0 & 11 & 7 & 2\\ 6 & 0 & 8 & 6\\ 0 & 5 & 6 & 4\\ 0 & 1 & 4 & 2\end{pmatrix}\rightarrow\begin{pmatrix}0 & 11 & 3 & 0\\ 6 & 0 & 4 & 4\\ 0 & 5 & 2 & 2\\ 0 & 1 & 0 & 0\end{pmatrix}=(b_{ij})$$
$$\qquad\qquad\qquad\qquad -4\ \ -2$$

步骤 2　试求最优解。具体做法是：在变换后的效率矩阵 (b_{ij}) 上，从 0 元素最少的行开始，对其中一个 0 元素标注 0^*，表示一种分派，同时对同行、同列的其他 0 元素标注 $\varnothing$，以防止下一次分派落到此行、此列上；如果该行被考虑的 0 元素(已标注 $\varnothing$ 的不再考虑)多于 1 个，则标注 0^* 的 0 元素应是所在之列 0 元素最少的。反复进行，直至 (b_{ij}) 中的所有 0 元素都被标注为止。

对例 5，有

$$\begin{pmatrix} \varnothing & 11 & 3 & 0^* \\ 6 & 0^* & 4 & 4 \\ 0^* & 5 & 2 & 2 \\ \varnothing & 1 & 0^* & \varnothing \end{pmatrix}$$

如果最后能得到 n 个 0^*，则必然是位于不同行、不同列的 n 个元素。将这 n 个 0^* 改为 1，其他元素改为 0，就形成一个完整的分配方案，即得到指派问题的一个最优解，计算终止；否则转入下一步。

例 5 的最优解为：

$$(x_{ij}) = \begin{pmatrix} 0 & 0 & 0 & 1 \\ 0 & 1 & 0 & 0 \\ 1 & 0 & 0 & 0 \\ 0 & 0 & 1 & 0 \end{pmatrix}$$

即最优方案是安排 O_1 做 J_4 工作，O_2 做 J_2 工作，O_3 做 J_1 工作，O_4 做 J_3 工作。花费的时间最少，$\min Z=5+4+9+11=29$。

例 6　有 5 个人 O_1,O_2,O_3,O_4,O_5 完成 5 项工作 J_1,J_2,J_3,J_4,J_5 的效率见表 5—7，求该指派问题的最优解。

表 5—7　　**指派问题的时间(效率)表**

人＼工作	J_1	J_2	J_3	J_4	J_5
O_1	12	7	9	7	9
O_2	8	9	6	6	6
O_3	7	17	12	14	12
O_4	15	14	6	6	10
O_5	4	10	7	10	6

解　首先变换效率矩阵并试求最优解

$$(c_{ij})=\begin{pmatrix}12 & 7 & 9 & 7 & 9\\ 8 & 9 & 6 & 6 & 6\\ 7 & 17 & 12 & 14 & 12\\ 15 & 14 & 6 & 6 & 10\\ 4 & 10 & 7 & 10 & 6\end{pmatrix}\begin{matrix}-7\\ -6\\ -7\\ -6\\ -4\end{matrix}\rightarrow\begin{pmatrix}5 & 0^{*} & 2 & \varnothing & 2\\ 2 & 3 & \varnothing & 0^{*} & \varnothing\\ 0^{*} & 10 & 5 & 7 & 5\\ 9 & 8 & 0^{*} & \varnothing & 4\\ \varnothing & 6 & 3 & 6 & 2\end{pmatrix}$$

试求最优解，没有成功，则进行下一步。

步骤 3　作能覆盖所有零元素(标注 0^{*} 及 $\varnothing$)的最少直线的集合，为此按以下方法进行：

(1)对没有 0^{*} 的行打“√”；

(2)对打了“√”的行上所有零元素所在的列打“√”；

(3)对打了“√”的列上所有 0^{*} 所在的行打“√”；

(4)重复(2)、(3)，直至打不出新的行、列为止。

(5)对没有打“√”的行画横线，对所有打“√”的列画竖线。这就是能覆盖所有零元素的最少直线集合。其中直线的条数等于标注 0＊的个数。

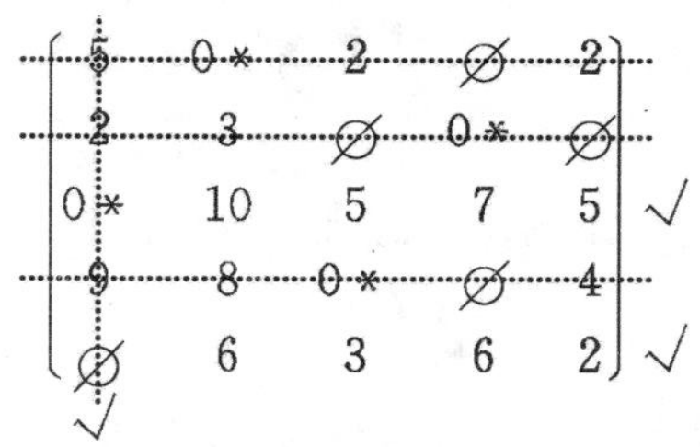

步骤 4　在没有被直线覆盖的元素中找出最小元素，并对没有画直线行的各元素都减去这个最小元素，对画直线列的各元素都加上这个最小元素，变换成新的效率矩阵，再试求最优解。重复以上步骤，直至得出最优解为止。

$$\begin{pmatrix}5 & 0^{*} & 2 & \varnothing & 2\\ 2 & 3 & \varnothing & 0^{*} & \varnothing\\ 0^{*} & 10 & 5 & 7 & 5\\ 9 & 8 & 0^{*} & \varnothing & 4\\ \varnothing & 6 & 3 & 6 & 2\end{pmatrix}\begin{matrix}\\ \\ -2\\ \\ -2\end{matrix}\rightarrow\begin{pmatrix}7 & 0* & 2 & \varnothing & 2\\ 4 & 3 & 0* & \varnothing & \varnothing\\ 0* & 8 & 3 & 5 & 3\\ 11 & 8 & \varnothing & 0* & 4\\ \varnothing & 4 & 1 & 4 & 0*\end{pmatrix}\quad\text{得到最优解。}$$

$+2$

$$(x_{ij})=\begin{pmatrix}0 & 1 & 0 & 0 & 0\\ 0 & 0 & 1 & 0 & 0\\ 1 & 0 & 0 & 0 & 0\\ 0 & 0 & 0 & 1 & 0\\ 0 & 0 & 0 & 0 & 1\end{pmatrix}$$

即最优指派是安排 O_1 做 J_2 工作，O_2 做 J_3 工作，O_3 做 J_1 工作，O_4 做 J_4 工作，O_5 做 J_5 工作。花费的时间最少，最少时间为 $\min Z=7+6+7+6+6=32$。

类似于运输问题用 LINGO10.0 求解，本指派问题的求解程序为：

```
model:
sets:
objects/o1..o5/: capacity;
jobs/j1..j5/: demand;
links(objects,jobs): time, volume;
endsets
min=@sum(links: time * volume);
@for(jobs(J):
@sum(objects(I): volume(I,J))=demand(J));
@for(objects(I):
@sum(jobs(J): volume(I,J))<=capacity(I));
data:
capacity=1,1,1,1,1;
demand=1,1,1,1,1;
time=12,7,9,7,9,8,9,6,6,6,7,17,12,14,12,15,14,6,6,10,4,10,7,10,6;
enddata
end
```

运行结果为：

```
Objective value:                          32.00000
Total solver iterations:                    10
Variable              Value          Reduced Cost
VOLUME( O1, J1)       0.000000        7.000000
VOLUME( O1, J2)       1.000000        0.000000
VOLUME( O1, J3)       0.000000        2.000000
VOLUME( O1, J4)       0.000000        0.000000
VOLUME( O1, J5)       0.000000        2.000000
VOLUME( O2, J1)       0.000000        4.000000
VOLUME( O2, J2)       0.000000        3.000000
VOLUME( O2, J3)       0.000000        0.000000
VOLUME( O2, J4)       1.000000        0.000000
```

```
VOLUME( O2, J5)        0.000000        0.000000
VOLUME( O3, J1)        1.000000        0.000000
VOLUME( O3, J2)        0.000000        8.000000
VOLUME( O3, J3)        0.000000        3.000000
VOLUME( O3, J4)        0.000000        5.000000
VOLUME( O3, J5)        0.000000        3.000000
VOLUME( O4, J1)        0.000000        11.00000
VOLUME( O4, J2)        0.000000        8.000000
VOLUME( O4, J3)        1.000000        0.000000
VOLUME( O4, J4)        0.000000        0.000000
VOLUME( O4, J5)        0.000000        4.000000
VOLUME( O5, J1)        0.000000        0.000000
VOLUME( O5, J2)        0.000000        4.000000
VOLUME( O5, J3)        0.000000        1.000000
VOLUME( O5, J4)        0.000000        4.000000
VOLUME( O5, J5)        1.000000        0.000000
```

几点需要说明的问题:

(1)若是求最大值的指派问题时(即效率矩阵改为利润矩阵)情况的处理。

例 7　运输公司现有 5 辆车,为 5 名顾客拉货,每辆车的收益见表 5—8,求指派问题的最优解。

表 5—8　　**指派问题的效益表**

货主 / 车	C_1	C_2	C_3	C_4	C_5
L_1	3	2	1	4	5
L_2	7	1	6	7	3
L_3	4	2	5	4	3
L_4	2	1	5	6	8
L_5	6	4	3	9	4

由于是效益最大化,则指派问题的数学模型是求最大值。取效率矩阵中的最大值 C ,将效率矩阵中的每一个元素都被 C 去减,以 $(C-c_{ij})$ 为效率矩阵就可以按照最小化问题进行求解。

$C=\max\{c_{ij}\}=9$

$$(C-c_{ij})=(9-c_{ij})=\begin{pmatrix}6&7&8&5&4\\2&8&3&2&6\\5&7&4&5&6\\7&8&4&3&1\\3&5&6&0&5\end{pmatrix}\begin{matrix}-4\\-2\\-4\\-1\\ \\ \end{matrix}\rightarrow\begin{matrix}\begin{pmatrix}2&3&4&1&0\\0&6&1&0&4\\1&3&0&1&2\\6&7&3&2&0\\3&5&6&0&5\end{pmatrix}\\ \quad -3\qquad\qquad\qquad\end{matrix}\rightarrow$$

$$\begin{pmatrix}2&0^*&4&1&\varnothing\\0^*&3&1&\varnothing&4\\1&\varnothing&0^*&1&2\\6&4&3&2&0^*\\3&2&6&0^*&5\end{pmatrix}$$

$$\text{最优解}\ (x_{ij})=\begin{pmatrix}0&1&0&0&0\\1&0&0&0&0\\0&0&1&0&0\\0&0&0&0&1\\0&0&0&1&0\end{pmatrix}$$

$\max Z=2+7+5+8+9=31$

用 LINGO10.0 求解的程序：

```
model:
sets:
lorry/l1..l5/: capacity;
customer/c1..c5/: demand;
links(lorry, customer):income, volume;
endsets
max=@sum(links:income * volume);
@for(customer (J):
@sum(lorry(I): volume(I,J))=demand(J));
@for(lorry (I):
@sum(customer (J): volume(I,J))<=capacity(I));
data:
capacity=1,1,1,1,1;
demand=1,1,1,1,1;
```

```
income=3,2,1,4,5,7,1,6,7,3,4,2,5,4,3,2,1,5,6,8,6,4,3,9,4;
enddata
end
```

运行结果：

```
Objective value:                              31.00000
Total solver iterations:                          0
Variable                    Value          Reduced Cost
VOLUME( L1, C1)           0.000000           3.000000
VOLUME( L1, C2)           1.000000           0.000000
VOLUME( L1, C3)           0.000000           4.000000
VOLUME( L1, C4)           0.000000           3.000000
VOLUME( L1, C5)           0.000000           3.000000
VOLUME( L2, C1)           1.000000           0.000000
VOLUME( L2, C2)           0.000000           2.000000
VOLUME( L2, C3)           0.000000           0.000000
VOLUME( L2, C4)           0.000000           1.000000
VOLUME( L2, C5)           0.000000           6.000000
VOLUME( L3, C1)           0.000000           2.000000
VOLUME( L3, C2)           0.000000           0.000000
VOLUME( L3, C3)           1.000000           0.000000
VOLUME( L3, C4)           0.000000           3.000000
VOLUME( L3, C5)           0.000000           5.000000
VOLUME( L4, C1)           0.000000           4.000000
VOLUME( L4, C2)           0.000000           1.000000
VOLUME( L4, C3)           0.000000           0.000000
VOLUME( L4, C4)           0.000000           1.000000
VOLUME( L4, C5)           1.000000           0.000000
VOLUME( L5, C1)           0.000000           2.000000
VOLUME( L5, C2)           0.000000           0.000000
VOLUME( L5, C3)           0.000000           4.000000
VOLUME( L5, C4)           1.000000           0.000000
VOLUME( L5, C5)           0.000000           6.000000
```

(2)当人员数与任务数不相等时，可以虚设人员或任务，使其相等。但是用软件进行求解时，不需要虚设人员或任务，可以直接求解。

(3)特殊情况的处理，如下面的例 8。

例 8 表 5—9 表示四个对象甲、乙、丙、丁完成三项任务 A、B、C 所创造的利润情况，其中“—”分别表示甲不能胜任 C 的工作，丁不能胜任 B 的工作。问：如何安排工作任务，可使总利润最大？

表 5—9 非标准指派问题的利润表

人 工件	甲	乙	丙	丁
A	3	2	−2	1
B	2	−2	0	—
C	—	−1	1	0

解：由于是求总利润最大，并且人员数与任务数不相等，则可以先将其化为求最小值的问题，然后再增加一个虚的任务“D”，则可化为标准形的指派问题。

取 $C=\max\{c_{ij}\}=3$，则利润表可化为“成本”表。“M”是一个充分大的正数，由于成本充分大，即可表示“不适合”。

表 5—10 非标准指派问题处理后的利润表

人 工件	甲	乙	丙	丁
A	0	1	5	2
B	1	5	3	M
C	M	4	2	3
D	0	0	0	0

于是求解过程变得很方便。此处略。

第五章习题

1. 某游泳队教练需要选派一组运动员去参加 4×200 米混合接力赛，候选的运动员有甲、乙、丙、丁、戊 5 位，他们游仰泳、蛙泳、蝶泳和自由泳的成绩，根据统计资料算得平均值(以秒计)如表 5—11 所示。教练员应选派哪 4 个运动员，各游哪种泳姿，才能使总成绩最好？

表 5—11　　5 名运动员 4 个泳姿的时间

泳姿＼运动员	甲	乙	丙	丁	戊
仰泳	37.7	32.9	33.8	37.0	35.4
蛙泳	43.4	33.1	42.2	34.7	41.8
蝶泳	33.3	28.5	38.9	30.4	33.6
自由泳	29.2	26.4	29.6	28.5	31.1

2. 分配甲、乙、丙、丁四个人去完成 A、B、C、D、E 五项任务，每个人完成各项任务的时间(单位：小时)如表 5—12 所示。由于任务数多于人数，故考虑：

(1)任务 E 必须完成，其他 4 项中可任选 3 项完成。(提示：可先将各人完成 E 的时间都减少 30，然后增加虚人员戊完成各项任务的时间都是 0，求得指派问题的最优解。)

(2)其中有一人完成两项，其他每人完成一项。(提示：增加虚人员戊，其完成 A、B、C、D、E 五项任务的时间分别取甲、乙、丙、丁的最小值。)

(3)任务 A 由甲或丙完成，任务 C 由丙或丁完成，任务 E 由甲、乙或丁完成，且规定 4 人中丙和丁完成两项任务，其他每人完成一项。(提示：先把乙和丁完成 A 的时间改为 M，甲和乙完成 C 的时间改成 M，丙完成 E 的时间改成 M，然后增加虚人员戊，其完成 A、B、C、D、E 五项任务的时间分别取丙、丁的最小值，M 为充分大的正数。)

试分别确定最优指派方案，使完成任务的总时间为最少。

表 5—12　　四人完成五项任务的时间

人＼任务	A	B	C	D	E
甲	25	29	31	42	37
乙	39	38	26	20	33
丙	34	27	28	40	32
丁	24	42	36	23	45

3. 一个公司要分派 5 个推销员去 5 个地区推销某种产品，5 个推销员在各个地区推销这种产品的预期利润(单位：万元)如表 5—13 所示。问：应如何分派这 5 个推销员才能使公司的利润为最大？

表 5—13　　5 名推销员在不同地区的利润表

推销员＼地区	A	B	C	D	E
甲	15	10	12	10	12
乙	11	12	9	9	9

续表

推销员＼地区	A	B	C	D	E
丙	10	20	15	17	12
丁	18	17	9	9	13
戊	7	13	10	13	12

4. 牧城畜产品公司计划在市区的东、西、南、北四区建立销售门市部，拟议中有 10 个位置 $A_i(i=1,2,3,4,5,6,7,8,9,10)$ 可供选择，考虑到各地区居民的消费水平及居民居住密集程度，规定：

在东区有 A_1,A_2,A_3 三个点至多选择两个；在西区有 A_4,A_5 两个点至少选择一个；

在南区有 A_6,A_7 两个点至少选择一个；在北区有 A_8,A_9,A_{10} 三个点至多选择两个。

$A_i(i=1,2,3,4,5,6,7,8,9,10)$ 各点的设备投资及每年可获利润预测情况如表 5—14 所示（单位：万元）。

表 5—14　　不同位置的投资额和利润表

	A_1	A_2	A_3	A_4	A_5	A_6	A_7	A_8	A_9	A_{10}
投资额	100	120	150	80	70	90	80	140	160	180
利润	36	40	50	22	20	30	25	48	58	61

若总投资额不能超过 720 万元，应选择哪几个地点销售，可使年利润最大？建立 0—1 规划数学模型，并用 LINGO 求出最优解。

5. 高压容器公司制造小、中、大三种尺寸的金属容器，所用资源为金属板、劳动力和机械设备，制造一个容器所需的各种资源的数量如表 5—15 所示。

表 5—15　　不同容器的单位资源消耗表

资源＼容器	小号容器	中号容器	大号容器
金属板（吨）	2	4	8
劳动力（人月）	2	3	4
机械设备（台月）	1	2	3

小、中、大号容器各售出一只，所得利润分别为 4 万元、5 万元、6 万元，可使用的金属板有 500 吨，劳动力有 300 人月，机械有 100 台月，此外，不管每种容器制造的数量是多少，都要支付一笔固定费用，小号为 100 万元，中号为 150 万元，大号为 200 万元。现在要制订一个生产计划，使获得的利润最大。建立整数规划数学模型，并用 LINGO 求出最优解。

6. 通过使用逻辑变量将下列规划问题化成混合整数规划问题，并用 LINGO 求解。

(1) $\max Z = x_1 + 2x_2 + 5x_3$

$$s.t.\begin{cases}|-x_1+10x_2-3x_3|\geqslant 15\\2x_1+x_2+x_3\leqslant 10\\x_1,x_2,x_3\geqslant 0\end{cases}$$

(2) $\max Z=x_1+2x_2-3x_3$

$$s.t.\begin{cases}20x_1+15x_2+x_3\leqslant 10\text{ 或 }12x_1-3x_2+4x_3\leqslant 20\\x_1,x_2,x_3=0\text{ 或 }1\end{cases}$$

7. 一个企业需要生产 2000 件某种产品，该种产品可利用 A、B、C、D 设备中的任意一种加工。已知每种设备的生产准备费用、生产该产品的单件成本以及每种设备限定的最大加工数量（件）如表 5－16 所示。

表 5－16　　设备利用的数据表

设备	准备费用（元）	生产成本（元/件）	生产能力（件）
A	1000	20	900
B	980	24	1000
C	800	16	1200
D	700	28	1600

（1）为使生产的总费用最小，建立该问题的整数规划模型，并用 LINGO 求出最优解；

（2）如果每种设备要么不加工，要么加工不少于 900 件，为使生产的总费用最小，建立该问题的整数规划模型，并用 LINGO 求出最优解。

8. 某汽车厂生产小型、中型和大型三种类型的汽车。已知各类型每辆车对钢材、劳动时间的需求量，利润及工厂每月的钢材和劳动时间现有量如表 5－17 所示。

表 5－17　　汽车制造厂生产三种类型汽车的相关数据

	小型	中型	大型	现有量
钢材（t）	1.5	3	5	600（t）
劳动时间（h）	280	250	400	60000（h）
利润（万元）	2	3	4	

（1）制订月生产计划，使工厂的利润最大；

（2）如果生产某一类型汽车，则至少要生产 80 辆，制订月生产计划，使工厂的利润最大。

建立该问题的整数规划模型，并用 LINGO 求出最优解。

案例　组合投资方案的决策方法[①]

在第一篇内容结束之前，作为线性规划模型的应用介绍 1998 年全国大学生数学建模竞赛 A 题的建模求解过程。解决问题的方法不是唯一的，这里重点介绍建立线性规划模型的处理方法，期望

① 1998 年全国大学生数学建模竞赛 A 题。

对读者有所启发。

一、问题的重述

某公司准备用资金 M 作为一个时期内对市场上 n 种资产(如股票、债券等)的投资。经评估,该时期内购买 S_i 的平均收益率为 r_i ,风险损失率为 q_i ,所付交易费率为 p_i ,当购买额不超过给定值 u_i 时,交易费按 $u_i(i=1,2,\cdots,n)$ 计算。同期存款利率是 5%,既无交易费又无风险。

考虑到投资越分散,总的风险越小,公司确定,当用这笔资金购买若干种资产时,总体风险可用所投资的 S_i 中最大的一个风险来度量。

现已知 4 种资产的相关数据(见表 5—18),要求设计一种投资组合方案,用给定的资金 M,有选择地购买若干种资产或存银行生息,使净收益尽可能大,总体风险尽可能小,在此基础上就一般情况进行讨论,并用表 5—19 中的数据进行计算。

表 5—18　　投资 4 种风险资产的收益率、风险和交易费率

S_i	r_i (%)	q_i (%)	p_i (%)	u_i(元)
S_1	28	2.5	1	103
S_2	21	1.5	2	198
S_3	23	5.5	4.5	52
S_4	25	2.6	6.5	40

表 5—19　　投资 15 种风险资产的收益率、风险和交易费率

S_i	r_i (%)	q_i (%)	p_i (%)	u_i(元)
S_1	9.6	42	2.1	181
S_2	18.5	54	3.2	407
S_3	49.4	60	6.0	428
S_4	23.9	42	1.5	549
S_5	8.1	1.2	7.6	270
S_6	14	39	3.4	397
S_7	40.7	68	5.6	178
S_8	31.2	33.4	3.1	220
S_9	33.6	53.3	2.7	475
S_{10}	36.8	40	2.9	248
S_{11}	11.8	31	5.1	195
S_{12}	9	5.5	5.7	320
S_{13}	35	46	2.7	267
S_{14}	9.4	5.3	4.5	328
S_{15}	15	23	7.6	131

二、合理的假设

为了解决此问题,做以下合理假设:

(1)在投资期内银行利率不会改变;

(2)题目中的"总体风险可用所投资的 S_i 中最大的一个风险来度量"可理解为"资产组合的风险采用所投资的 S_i 对资产组合的风险损失率贡献值中的最大值来度量"；

(3)公司投资决策者是风险厌恶型投资者，即在控制资产组合平均净收益率的前提下，使风险最小是该公司所期望的；

(4)公司投资决策者是收益非满足型投资者，即在控制资产组合风险的前提下，使平均净收益率最大是该公司所期望的；

(5)将银行存款也当作一种资产，无风险。

三、符号的说明

x_i	投资于 S_i 的投资额，$i = 0,1,2,\cdots,n$，S_0 表示存入银行；
$X = (x_0, x_1, x_2, \cdots, x_n)^T$	资产组合的投资向量；
r_i	第 i 种资产收益率，$i = 0,1,2,\cdots,n$；
R_i	投资 S_i 的净收益，$i = 0,1,2,\cdots,n$；
R	投资的总收益；
h	投资的总收益率(%)；
q_i	第 i 种资产的风险损失率，$i = 0,1,2,\cdots,n$；
Q	资产组合的风险损失；
k	资产组合的风险损失率(%)；
$f_i(x_i)$	投资 S_i 需要的资金额，$i = 0,1,2,\cdots,n$；
$F(X)$	投资需要的资金总和。

四、问题的分析

这是一个优化问题。决策变量是每种资产的投资额 $x_i (i = 0,1,2,\cdots,n)$，当 $M = 1$ 时，它就是投资比例，决定了投资组合。目标函数是净收益最大和整体风险最小，然而这两者是相互矛盾的。只能考虑以下三种情况：(1)在一定的风险之下收益最大的决策；(2)在一定的收益之下风险最小的决策；(3)收益和风险按一定的比例组合最优的决策。这样可以得到一组解，对应着不同的投资方案，有不同的收益和不同的风险。冒险型投资者从中选择高风险下收益最大的决策，保守型投资者则可以从低风险下取其收益最大的决策。约束条件是在不允许卖空的条件下，所有投资总额和交易费之和不超过 M。

五、模型的建立与求解

1. 收益与风险的度量。

设投资于资产 S_i 的投资额为 x_i $(i = 0,1,2,\cdots,n)$，S_0 表示存入银行，x_0 为无风险投资。因此投资组合向量为 $X = (x_0, x_1, x_2, \cdots, x_n)^T$，在不允许卖空的条件下，则有 $X \geqslant 0$。

(1)收益的计算。

投资 S_i 的净收益 $R_i(x_i)$ 等于按照平均收益率计算的收益 $r_i x_i$ 减去交易费 $c_i(x_i)$，总收益 R 可以表示成所有投资 S_i 的各净收益 $R_i(x_i)$ 之和，即

$$R(X) = \sum_{i=0}^{n} R_i(x_i) = \sum_{i=0}^{n} [r_i x_i - c_i(x_i)] \tag{5.1}$$

(2)风险的计算。

投资 S_i 的风险为 $q_i x_i (i=1,2,\cdots,n)$，但组合投资的风险是

$$Q(X)=\max_{1\leqslant i\leqslant n}\{q_i x_i\} \tag{5.2}$$

(3)约束条件。

主要是资金约束和非负约束。资金约束为对所有资产的投资额加上交易费，不超过 M，即

$$F(X)=\sum_{i=0}^{n} f_i(x_i)=\sum_{i=0}^{n}[x_i+c_i(x_i)]\leqslant M \tag{5.3}$$

2. 合理的简化。

(1)对交易费的简化。

根据已知条件，投资 S_i 的交易费 $c_i(x_i)$ 的表达式如下：

$$c_i(x_i)=\begin{cases}0 & x_i=0\\ p_i u_i & 0<x_i<u_i\ (i=1,2,\cdots,n)\\ p_i x_i & x_i\geqslant u_i\end{cases} \tag{5.4}$$

由于 M 相当大，u_i 是经纪人为保护每笔交易的最低收入而设置的，考虑到公司为了聚集社会闲散资金，必然会面向众多投资者包括中小投资者，所以 u_i 的取值通常较小。因此，一般来说，只要 $x_i>0$，则必满足 $x_i\geqslant u_i$ 的条件，所以，(5.4)式可以简化为

$$c_i(x_i)=p_i x_i,\quad x_i\geqslant 0,\ i=1,2,\cdots,n$$

那么，表示收益的(5.1)式可以简化为

$$R(X)=\sum_{i=0}^{n}R_i(x_i)=\sum_{i=0}^{n}[r_i x_i-c_i(x_i)]=\sum_{i=0}^{n}(r_i-p_i)x_i \tag{5.5}$$

资金约束条件(5.3)式可以简化为

$$F(X)=\sum_{i=0}^{n}f_i(x_i)=\sum_{i=0}^{n}(1+p_i)x_i \tag{5.6}$$

(2)对风险度量的化简。

由于组合投资的风险(5.2)式 $Q(X)=\max\limits_{1\leqslant i\leqslant n}\{q_i x_i\}$，如果要使 $Q(X)$ 达到最小，那么 $\min Q(X)=\min\max\limits_{1\leqslant i\leqslant n}\{q_i x_i\}$ 不是对线性函数优化。引进人工变量 $x_{n+1}\geqslant 0$，那么将(5.2)式简化为：

$$\begin{cases}Q(X)=x_{n+1}\\ q_i x_i\leqslant x_{n+1}(i=1,2,\cdots,n)\end{cases} \tag{5.7}$$

然后使 x_{n+1} 达到最小。

3. 建立两目标规划模型。

根据问题要求，首先可以建立两目标优化模型为

$$\min Q(X)=\min\max_{1\leqslant i\leqslant n}\{q_i x_i\}$$

$$\max R(X)=\sum_{i=0}^{n}R_i(x_i)=\sum_{i=0}^{n}[r_i x_i-c_i(x_i)]$$

$$s.t.\begin{cases}F(X)=\sum\limits_{i=0}^{n}f_i(x_i)=\sum\limits_{i=0}^{n}[x_i+c_i(x_i)]\leqslant M\\ X\geqslant 0\end{cases}$$

这个多目标规划从形式上容易理解，但不易求解，况且两个目标之间相互矛盾，因此我们考虑以下三个单目标规划模型。

4. 在一定的风险水平之下使收益最大的线性规划模型。

确定风险水平 $\bar{q}$ ，记 $k=\bar{q}M$ ，建立在风险不超过 k 的前提下使收益最大的模型 $M1$：

$$\max \quad R(X)$$
$$s.t.\begin{cases} Q(X)\leqslant k \\ F(X)=M \\ X\geqslant 0 \end{cases}$$

如果设 $M=1$，X 就是投资比例向量，写成如下的线性规划模型

$$\max R=\sum_{i=0}^{n}(r_i-p_i)x_i$$
$$s.t.\begin{cases} q_i x_i\leqslant k(i=1,2,\cdots,n) \\ \sum_{i=0}^{n}(1+p_i)x_i=1 \\ x_i\geqslant 0(i=0,1,2,\cdots,n) \end{cases} \tag{5.8}$$

根据式(5.8)，对于四种风险资产和一种无风险资产的线性规划数学模型为：

$$\max R=5x_0+27x_1+19x_2+18.5x_3+18.5x_4$$
$$s.t.\begin{cases} 2.5x_1\leqslant k \\ 1.5x_2\leqslant k \\ 5.5x_3\leqslant k \\ 2.6x_4\leqslant k \\ x_0+1.01x_1+1.02x_2+1.045x_3+1.065x_4=1 \\ x_i\geqslant 0(i=0,1,2,3,4) \end{cases} \tag{5.9}$$

用 LINGO 求解的程序：

```
! 比如针对风险损失率为 1.5%；
k=1.5；
max=5*x0+27*x1+19*x2+18.5*x3+18.5*x4；
2.5*x1<k；
1.5*x2<k；
5.5*x3<k；
2.6*x4<k；
x0+1.01*x1+1.02*x2+1.045*x3+1.065*x4=1；
```

在模型(5.9)中风险水平取 k 在 $0\sim 2.5\%$之间，用 LINGO10.0 求解，得到对应的收益率 R 和投资比例 x_0,x_1,x_2,x_3,x_4，见表 5－20，将风险与收益绘成折线图，见图 5－2。

表 5—20　　风险、收益与组合投资比例

风险 k(%)	收益 R(%)	x_0	x_1	x_2	x_3	x_4
0	5.0000	1.0000	0	0	0	0
0.1	7.5528	0.8316	0.0404	0.0680	0.0190	0.0410
0.2	10.1055	0.6633	0.0808	0.1360	0.0380	0.0819
0.3	12.6583	0.4949	0.1212	0.2040	0.0570	0.1229
0.4	15.2110	0.3266	0.1616	0.2720	0.0760	0.1638
0.5	17.7638	0.1582	0.2020	0.3400	0.0950	0.2048
0.6	20.1908	0	0.2424	0.4080	0.1140	0.2356
0.7	20.6607	0	0.2828	0.4760	0.1330	0.1082
0.8	21.1243	0	0.3232	0.5440	0.1328	0
0.9	21.5520	0	0.3636	0.6120	0.0244	0
1.0	21.9020	0	0.4040	0.5960	0	0
1.5	23.5392	0	0.6060	0.3940	0	0
2.0	25.1765	0	0.8080	0.1920	0	0
2.1	25.5039	0	0.8484	0.1516	0	0
2.2	25.8314	0	0.8888	0.1112	0	0
2.3	26.1588	0	0.9292	0.0708	0	0
2.4	26.4863	0	0.9696	0.0304	0	0
2.5	26.7327	0	1.0000	0	0	0

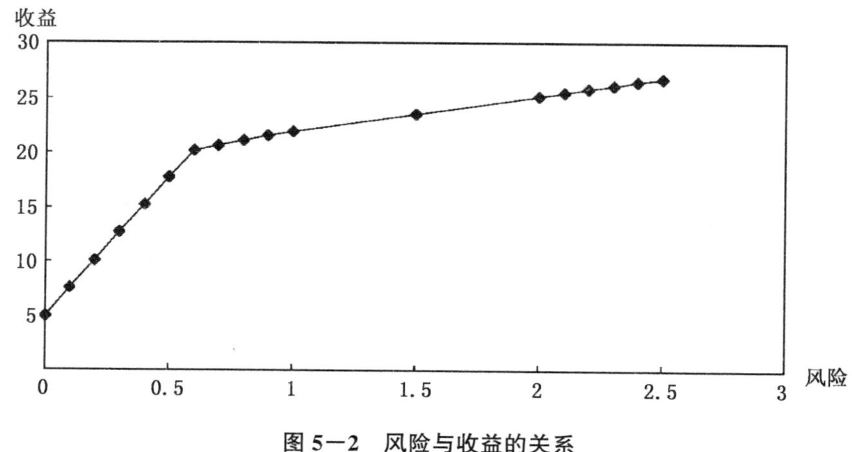

图 5—2　风险与收益的关系

对于具有 15 种风险资产的组合投资可以类似地计算(略)。

5. 在一定的盈利水平之下使风险最小的线性规划模型。

确定盈利水平 $\bar{r}$，记 $h=\bar{r}M$，建立在收益不低于 h 的前提下使风险最小的模型 $M2$：

$$\min Q(X)$$
$$s.t.\begin{cases}R(X)\geqslant h\\F(X)=M\\X\geqslant 0\end{cases}$$

如果设 $M=1$，X 就是投资比例向量，写成如下的线性规划模型：

$$\min Q=x_{n+1}$$
$$s.t.\begin{cases}q_i x_i\leqslant x_{n+1}(i=1,2,\cdots,n)\\ \sum\limits_{i=0}^{n}(r_i-p_i)x_i\geqslant h\\ \sum\limits_{i=0}^{n}(1+p_i)x_i=1\\ x_i\geqslant 0(i=0,1,2,\cdots,n)\end{cases}\tag{5.10}$$

根据式(5.10)，对于四种风险资产和一种无风险资产的线性规划数学模型为：

$$\min Q=x_5$$
$$s.t.\begin{cases}5x_0+27x_1+19x_2+18.5x_3+18.5x_4\geqslant h\\2.5x_1\leqslant x_5\\1.5x_2\leqslant x_5\\5.5x_3\leqslant x_5\\2.6x_4\leqslant x_5\\x_0+1.01x_1+1.02x_2+1.045x_3+1.065x_4=1\\x_i\geqslant 0(i=0,1,2,3,4)\end{cases}\tag{5.11}$$

```
! 比如针对收益率为 23.5392%；
h=23.53922；
min=x5；
5*x0+27*x1+19*x2+18.5*x3+18.5*x4>h；
2.5*x1<x5；
1.5*x2<x5；
5.5*x3<x5；
2.6*x4<x5；
x0+1.01*x1+1.02*x2+1.045*x3+1.065*x4=1；
```

取收益水平 h，范围为 5% ～ 26.7327%，得对应的风险 Q 和投资比例 x_0,x_1,x_2,x_3,x_4，与模型 $M1$ 得到的结果是一致的(见表 5－20)，因为在一定意义上这是两个互相对偶的线性规划问题。因此，这两个模型具有等价意义。

6. 确定投资者对风险和收益的相对偏好参数 $\rho>0$ 的线性规划模型。

引进相对偏好系数 $0 < \rho < 1$，建立线性规划模型 $M3$

$$\min L(X) = \rho Q(X) - (1-\rho)R(X)$$

$$s.t. \begin{cases} F(X) = M \\ X \geqslant 0 \end{cases}$$

如果设 $M = 1$，X 就是投资比例向量，写成如下的线性规划模型

$$\min L(X) = \rho x_{n+1} - (1-\rho)\sum_{i=0}^{n}(r_i - p_i)x_i$$

$$s.t. \begin{cases} q_i x_i \leqslant x_{n+1} (i = 1,2,\cdots,n) \\ \sum_{i=0}^{n}(1+p_i)x_i = 1 \\ x_i \geqslant 0 (i = 0,1,2,\cdots,n) \end{cases} \tag{5.12}$$

对于四种风险资产和一种无风险资产的线性规划数学模型为：

$$\min Q = \rho x_5 - (1-\rho)(5x_0 + 27x_1 + 19x_2 + 18.5x_3 + 18.5x_4)$$

$$s.t. \begin{cases} 2.5x_1 \leqslant x_5 \\ 1.5x_2 \leqslant x_5 \\ 5.5x_3 \leqslant x_5 \\ 2.6x_4 \leqslant x_5 \\ x_0 + 1.01x_1 + 1.02x_2 + 1.045x_3 + 1.065x_4 = 1 \\ x_i \geqslant 0 (i = 0,1,2,3,4) \end{cases} \tag{5.13}$$

```
! 比如针对 ρ = 0.83;
ru=0.83;
min=ru*x5-(1-ru)*(5*x0+27*x1+19*x2+18.5*x3+18.5*x4);
2.5*x1<x5;
1.5*x2<x5;
5.5*x3<x5;
2.6*x4<x5;
x0+1.01*x1+1.02*x2+1.045*x3+1.065*x4=1;
Q=x5;
m=5*x0+27*x1+19*x2+18.5*x3+18.5*x4;
```

模型(5.13)中取偏好系数 ρ，取值为 0.76～0.97，用 LINGO10.0 求解，得出结果见表 5－21。

表 5－21　　不同风险偏好系数对应的风险收益与组合投资比例

风险偏好系数 (ρ)	风险 k(%)	收益 R(%)	x_0	x_1	x_2	x_3	x_4
0.76	2.4752	26.7327	0	1.0000	0	0	0
0.77	0.9225	21.6482	0	0.3727	0.6273	0	0

续表

风险偏好系数（ρ）	风险 k（%）	收益 R（%）	x_0	x_1	x_2	x_3	x_4
0.81	0.9225	21.6482	0	0.3727	0.6273	0	0
0.82	0.7849	21.0599	0	0.3171	0.5338	0.1491	0
0.83	0.5940	20.1624	0	0.2400	0.4039	0.1129	0.2432
0.96	0.5940	20.1624	0	0.2400	0.4039	0.1129	0.2432
0.97	0.0000	5.0000	1.0000	0	0	0	0

将表 5—20 中风险与收益对应关系绘成折线图，见图 5—3。

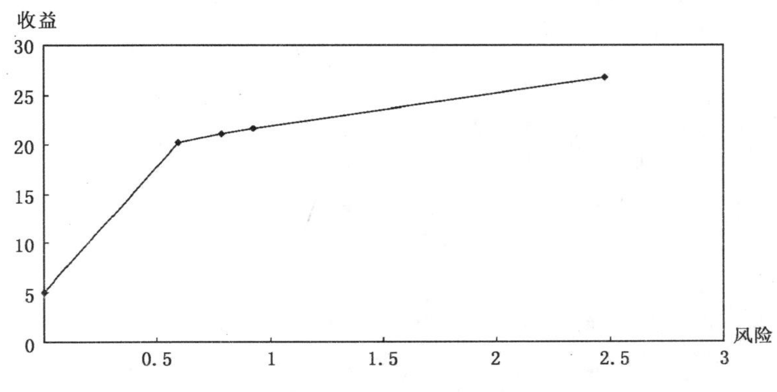

图 5—3　风险与收益之间的关系

通过图 5—2 和图 5—3 可以看出，对四种风险资产建立线性规划模型(5.9)、(5.11)和(5.13)，求解结果是基本一致的，它们是模型(5.8)、(5.10)与(5.12)的直接应用，由此可见这三种模型是等价的。对于题目中给定的 15 种风险资产，将数据代入模型(5.8)、(5.10)与(5.12)，同样可以得出对应不同风险、收益和投资比例向量的结果。投资者可以根据自己选定的风险参数 k（收益率参数 h），选择组合投资的收益率最大(风险最小)以及所对应的投资比例向量。

至于 15 种风险资产和一种无风险资产的情况与此类似，根据求解结果绘出净收益和风险的关系，如图 5—4 所示。

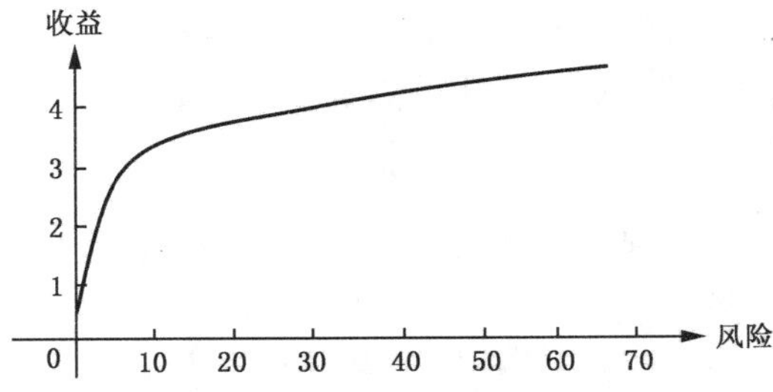

图 5—4　15 种风险资产与无风险资产组合投资方案的净收益和风险的关系

六、模型的结果分析

1. 结合图 5－2、图 5－3、图 5－4 和表 5－19 不难得出以下结论：

(1)当解向量 X 中非零分量越少，则投资者所承担风险的 k 值越小，也就是说，投资越分散，投资者所承担的风险值越小；

(2)在给定的风险 k 值的前提下，对应的收益是最大的；

(3)在不同的 k 值区间内，新增的单位风险值所增加的收益率值也不同；

(4)单位风险收益率与 k 呈类似反比例的函数关系。

2. 由问题的结论可为投资者提供一些参考意见：

(1)投资要量力而行，投资者在作投资决策之前必须衡量自己承担风险的能力，确定投资的最大可承受风险目标，以免造成过度损失，甚至破产；

(2)按风险等级和获利大小的最佳组合方式，在风险水平一定时，投资者应使收益最大化，在收益水平一定时，投资者应使风险最小化；

(3)考虑自己的承受能力，适当分散投资于多种资产；

(4)对净收益率小于同期银行存款利率，投资者便不必投资。

七、误差分析

1. 含有四种风险资产和银行存款的资产组合选择模型

模型中对净收益率计算的简化导致资产组合的净收益产生的误差不超过 $\sum_{i=1}^{4} u_i p_i = 9.93$，资产组合的净收益率的误差范围是 $0 < \Delta R < 9.93/M$（ΔR 为增加值），当 M 很大时，误差范围很小，可忽略。

2. 含有 n 种风险资产和银行存款的资产组合选择模型

模型中对净收益率计算的简化导致资产组合的净收益产生的误差不超过 $\sum_{i=1}^{n} u_i p_i$，资产组合的净收益率的误差范围是 $0 < \Delta R < \sum_{i=1}^{n} u_i p_i / M$，当 $n = 15$ 时，净收益率增加值的范围是 $0 < \Delta R < 181.673/M$，当 M 相当大时，误差范围很小，可忽略不计。

八、模型的评价

模型把净收益与总体风险的关系转化为平均净收益率 h 与 k 之间的关系，这样不仅使模型简单明了，而且用相对量表示方法更容易令人接受。模型(5.8)、(5.10)、(5.12)在总体上还对问题的算法作了较明确的操作，通过在限定 k 的情况下使 h 达到最大值。模型(5.8)、(5.10)、(5.12)是在能保证反映 h 与 k 关系的前提下，使非线性规划问题转化为线性规划问题，从而使模型算法简化到可以用手工操作，规模更大的投资问题可以用 LINGO 求解。

虽然模型可以用手工求解，但是若 n 值相当大($n \geq 50$)，则手工算法绝非易事，故可采用 LINGO 软件或编程的方法求解。求解结果的数据只能作（风险，收益）的散点图，不能连续表示 h 与 k 的关系；而采用手工算法思想的编程则可避免这一缺陷，且需时较短。

同时，由于本模型将购买额不超过给定的 u_i 交易费仍然近似地按购买额 u_i 计算，存在着一定的不足之处，尤其是对于小投资者而言，用本模型计算会带来一定的误差。

九、参考文献

[1]利益平.风险投资纵横谈[M].上海:上海人民出版社,1994.12.
[2]郑毅.财务管理学[M].长沙:中南工业大学出版社,1996.5.
[3]邱北祥.证券投资学概要[M].北京:北京工业大学出版社,1993.9.
[4]戴晓凤等.证券投资分析与组合管理[M].北京:中国金融出版社,1997.6.
[5]戈登·亚历山大等.证券投资原理[M].成都:西南财经大学出版社,1992.2.
[6]唐小我.预测理论及其应用[M].成都:电子科技大学出版社,1992.11.

第二篇

模糊数学模型及应用

第六章　模糊集合

第一节　模糊子集及其表示法

一、模糊子集的概念

在经典集合中，对于某一集合 A，元素 a 要么属于 A，要么不属于 A，二者必居其一且仅居其一，这是经典集合的特征。基于这一特征，经典集合 A 中的元素 a 与集合 A 的关系可以用一个特征函数来刻画。集合 A 的特征函数（也称示性函数）是指：

$$I_A(a)=\begin{cases}1 & a\in A\\ 0 & a\notin A\end{cases}$$

也就是说，若 a 是 A 中的元素，则其特征函数 $I_A(a)$ 的值为 1；若 a 不是 A 中的元素，则特征函数 $I_A(a)$ 的值为 0。上述特征函数体现了经典集合论中的"非此即彼"的二值逻辑关系。

然而在实际的工作和生活中，我们常常遇到并非都是"非此即彼"的二值逻辑关系，而是介于"是"与"不是"之间，表现出"亦此亦彼"的性质。现实世界中有许多事物并不能明确表示，如"年轻人"、"长头发"、"小雨"、"产品质量好"等，都没有明确的界限。为了解决实际工作中的这类问题，我们必须把元素属于集合的概念模糊化，变经典集合的"非此即彼"关系为"亦此亦彼"关系；承认论域上存在并非完全属于某集合又非完全不属于该集合的元素。美国控制论专家 L. A. Zadeh 于 1965 年在 *Information and Control* 刊物上发表了开创性的论文 *Fuzzy Sets*，提出将经典集合的绝对属于的概念变为相对属于的概念，将经典集合中的特征函数只取 0 和 1 两个值的情形推广到可取闭区间[0,1]上的值，承认论域上的不同元素对同一集合有不同的隶属程度。类似特征函数，我们引入隶属度概念，借以描述元素与集合的关系并进行度量。下面，我们给出模糊子集的定义。

定义 6.1　设给定论域 U，所谓 U 上的一个模糊子集 $\underset{\sim}{A}$ 是指对于任意的 $x\in U$，

都能确定实数 $\mu_{\underset{\sim}{A}}(x)\in[0,1]$,用这个数表示 x 属于 $\underset{\sim}{A}$ 的隶属程度。映射

$$\mu_{\underset{\sim}{A}}:U\rightarrow[0,1];\qquad x\rightarrow\mu_{\underset{\sim}{A}}(x)\in[0,1]$$

称为 $\underset{\sim}{A}$ 的隶属函数,实数 $\mu_{\underset{\sim}{A}}(x)$ 叫做 U 中的元素 x 对模糊子集 $\underset{\sim}{A}$ 的隶属度。

可以看出,模糊子集 $\underset{\sim}{A}$ 是由隶属函数 $\mu_{\underset{\sim}{A}}$ 唯一确定的,隶属度 $\mu_{\underset{\sim}{A}}(x)$ 表示 x 属于 $\underset{\sim}{A}$ 的隶属程度:$\mu_{\underset{\sim}{A}}(x)$ 越接近于 0,表示 x 隶属于 $\underset{\sim}{A}$ 的程度越小;$\mu_{\underset{\sim}{A}}(x)$ 越接近于 1,表示 x 隶属于 $\underset{\sim}{A}$ 的程度越大;若 $\mu_{\underset{\sim}{A}}(x)$ 越接近于 0.5,则表示 x 隶属于模糊集合 $\underset{\sim}{A}$ 的程度越模糊。

例 1 邀请 100 名消费者,对五种商品 x_1,x_2,x_3,x_4,x_5 的质量进行评价。结果如下:81 人认为 x_1 质量好,53 人认为 x_2 质量好,所有的人都认为 x_3 质量好,没有人认为 x_4 质量好,24 人认为 x_5 质量好。

于是对论域 $U=\{x_1,x_2,x_3,x_4,x_5\}$ 中的每一个元素,都规定了一个隶属度:

$$x_1\rightarrow0.81,x_2\rightarrow0.53,x_3\rightarrow1,x_4\rightarrow0,x_5\rightarrow0.24$$

这样就确定了 U 上的一个模糊子集 $\underset{\sim}{A}$,它表示“质量好”这一模糊概念。其中:

$$\mu_{\underset{\sim}{A}}(x_1)=0.81,\mu_{\underset{\sim}{A}}(x_2)=0.53,\mu_{\underset{\sim}{A}}(x_3)=1,\mu_{\underset{\sim}{A}}(x_4)=0,\mu_{\underset{\sim}{A}}(x_5)=0.24$$

即五种商品 x_1,x_2,x_3,x_4,x_5 对模糊子集 $\underset{\sim}{A}$ 的隶属度。

二、模糊集合的表示方法

当论域 $U=\{x_1,x_2,\cdots,x_n\}$ 为有限集时,U 上的模糊子集 $\underset{\sim}{A}$ 的隶属函数为 $\mu_{\underset{\sim}{A}}(x)$,则 $\underset{\sim}{A}$ 可以有以下几种表示方法:

1. 向量表示法。

$$\underset{\sim}{A}=(\mu_{\underset{\sim}{A}}(x_1),\mu_{\underset{\sim}{A}}(x_2),\cdots,\mu_{\underset{\sim}{A}}(x_n))$$

2. Zadeh 表示法。

$$\underset{\sim}{A}=\frac{\mu_{\underset{\sim}{A}}(x_1)}{x_1}+\frac{\mu_{\underset{\sim}{A}}(x_2)}{x_2}+\cdots+\frac{\mu_{\underset{\sim}{A}}(x_n)}{x_n}$$

(注意:以上仅为记号,而不表示分式运算。)

3. 序偶表示法。

$$\underset{\sim}{A}=\{(x_1,\mu_{\underset{\sim}{A}}(x_1)),(x_2,\mu_{\underset{\sim}{A}}(x_2)),\cdots,(x_n,\mu_{\underset{\sim}{A}}(x_n))\}$$

当论域 U 是无限集时,U 上的模糊子集 $\underset{\sim}{A}$ 的隶属函数为 $\mu_{\underset{\sim}{A}}(x)$,则 $\underset{\sim}{A}$ 可以有以下表示方法:

$$\underset{\sim}{A}=\int_{x\in U}\frac{\mu_{\underset{\sim}{A}}(x)}{x}$$

（注意：此处$\int$不是积分符号。）

例 2　以年龄为论域$U=[0,100]$，Zadeh 给出的两个模糊子集$\underset{\sim}{O}$＝“年老”，$\underset{\sim}{Y}$＝“年轻”的隶属函数分别为：

$$\mu_{\underset{\sim}{O}}(x)=\begin{cases}0 & 0\leqslant x\leqslant 50\\ \left[1+\left(\dfrac{x-50}{5}\right)^{-2}\right]^{-1} & 50<x\leqslant 100\end{cases}$$

$$\mu_{\underset{\sim}{Y}}(x)=\begin{cases}1 & 0\leqslant x\leqslant 25\\ \left[1+\left(\dfrac{x-25}{5}\right)^{2}\right]^{-1} & 25<x\leqslant 100\end{cases}$$

则模糊子集$\underset{\sim}{O}$与$\underset{\sim}{Y}$可分别表示为：

$$\underset{\sim}{O}=\int_{0\leqslant x\leqslant 50}\frac{0}{x}+\int_{50<x\leqslant 100}\frac{\left[1+\left(\dfrac{x-50}{5}\right)^{-2}\right]^{-1}}{x}$$

$$\underset{\sim}{Y}=\int_{0\leqslant x\leqslant 25}\frac{1}{x}+\int_{25<x\leqslant 100}\frac{\left[1+\left(\dfrac{x-25}{5}\right)^{2}\right]^{-1}}{x}$$

三、模糊集合的运算

由于模糊集合中没有元素与集合之间的绝对属于关系，所以模糊集合运算的定义是由隶属函数间的关系来确定的。

1. $\underset{\sim}{A}\subseteq\underset{\sim}{B}\Leftrightarrow\mu_{\underset{\sim}{A}}(x)\leqslant\mu_{\underset{\sim}{B}}(x)，\forall x\in U$

2. $\underset{\sim}{A}=\underset{\sim}{B}\Leftrightarrow\mu_{\underset{\sim}{A}}(x)=\mu_{\underset{\sim}{B}}(x)，\forall x\in U$

3. 若$\underset{\sim}{C}=\underset{\sim}{A}\cup\underset{\sim}{B}$，则$\mu_{\underset{\sim}{C}}(x)=\mu_{\underset{\sim}{A}}(x)\vee\mu_{\underset{\sim}{B}}(x)$

4. 若$\underset{\sim}{D}=\underset{\sim}{A}\cap\underset{\sim}{B}$，则$\mu_{\underset{\sim}{D}}(x)=\mu_{\underset{\sim}{A}}(x)\wedge\mu_{\underset{\sim}{B}}(x)$

其中“$\vee$”和“$\wedge$”分别为取大和取小运算。

5. 若$\underset{\sim}{E}=\underset{\sim}{A}^c$，则$\mu_{\underset{\sim}{E}}(x)=1-\mu_{\underset{\sim}{A}}(x)$

6. 若$\underset{\sim}{A}=\varnothing$，则$\mu_{\underset{\sim}{A}}(x)=0$

7. 若$\underset{\sim}{A}=U$，则$\mu_{\underset{\sim}{A}}(x)=1$

例 3　设$\underset{\sim}{A}=\dfrac{0.80}{x_1}+\dfrac{0.55}{x_2}+\dfrac{0.15}{x_3}+\dfrac{0.30}{x_4}+\dfrac{1}{x_5}$，

$$\underset{\sim}{B}=\frac{0.10}{x_1}+\frac{0.21}{x_2}+\frac{0.86}{x_3}+\frac{0.60}{x_4}+\frac{0}{x_5},$$

计算$\underset{\sim}{A}\cup\underset{\sim}{B}$，$\underset{\sim}{A}\cap\underset{\sim}{B}$，$\underset{\sim}{A}^c$，$\underset{\sim}{A}\cup\underset{\sim}{A}^c$，$\underset{\sim}{A}\cap\underset{\sim}{A}^c$。

解：$\underset{\sim}{A}\cup\underset{\sim}{B}=\frac{0.80}{x_1}+\frac{0.55}{x_2}+\frac{0.86}{x_3}+\frac{0.60}{x_4}+\frac{1}{x_5}$

$$\underset{\sim}{A}\cap\underset{\sim}{B}=\frac{0.10}{x_1}+\frac{0.21}{x_2}+\frac{0.15}{x_3}+\frac{0.30}{x_4}+\frac{0}{x_5}$$

$$\underset{\sim}{A}^c=\frac{0.20}{x_1}+\frac{0.45}{x_2}+\frac{0.85}{x_3}+\frac{0.70}{x_4}+\frac{0}{x_5}$$

$$\underset{\sim}{A}\cup\underset{\sim}{A}^c=\frac{0.80}{x_1}+\frac{0.55}{x_2}+\frac{0.85}{x_3}+\frac{0.70}{x_4}+\frac{1}{x_5}$$

$$\underset{\sim}{A}\cap\underset{\sim}{A}^c=\frac{0.20}{x_1}+\frac{0.45}{x_2}+\frac{0.15}{x_3}+\frac{0.30}{x_4}+\frac{0}{x_5}$$

模糊集合运算满足以下运算律：

1. 幂等律：$\underset{\sim}{A}\cup\underset{\sim}{A}=\underset{\sim}{A},\underset{\sim}{A}\cap\underset{\sim}{A}=\underset{\sim}{A}$
2. 交换律：$\underset{\sim}{A}\cup\underset{\sim}{B}=\underset{\sim}{B}\cup\underset{\sim}{A},\underset{\sim}{A}\cap\underset{\sim}{B}=\underset{\sim}{B}\cap\underset{\sim}{A}$
3. 结合律：$\underset{\sim}{A}\cup(\underset{\sim}{B}\cup\underset{\sim}{C})=(\underset{\sim}{A}\cup\underset{\sim}{B})\cup\underset{\sim}{C},\underset{\sim}{A}\cap(\underset{\sim}{B}\cap\underset{\sim}{C})=(\underset{\sim}{A}\cap\underset{\sim}{B})\cap\underset{\sim}{C}$
4. 吸收律：$\underset{\sim}{A}\cup(\underset{\sim}{A}\cap\underset{\sim}{B})=\underset{\sim}{A},\underset{\sim}{A}\cap(\underset{\sim}{A}\cup\underset{\sim}{B})=\underset{\sim}{A}$
5. 分配律：$\underset{\sim}{A}\cap(\underset{\sim}{B}\cup\underset{\sim}{C})=(\underset{\sim}{A}\cap\underset{\sim}{B})\cup(\underset{\sim}{A}\cap\underset{\sim}{C}),\underset{\sim}{A}\cup(\underset{\sim}{B}\cap\underset{\sim}{C})=(\underset{\sim}{A}\cup\underset{\sim}{B})\cap(\underset{\sim}{A}\cup\underset{\sim}{C})$
6. 0—1 律：$\underset{\sim}{A}\cup\varnothing=\underset{\sim}{A},\underset{\sim}{A}\cap\varnothing=\varnothing,\underset{\sim}{A}\cup U=U,\underset{\sim}{A}\cap U=\underset{\sim}{A}$
7. 还原律：$(\underset{\sim}{A}^c)^c=\underset{\sim}{A}$
8. 对偶律：$(\underset{\sim}{A}\cup\underset{\sim}{B})^c=\underset{\sim}{A}^c\cap\underset{\sim}{B}^c,(\underset{\sim}{A}\cap\underset{\sim}{B})^c=\underset{\sim}{A}^c\cup\underset{\sim}{B}^c$

注意：模糊集合的运算律不满足互补律，即

$$\underset{\sim}{A}\cup\underset{\sim}{A}^c\neq U,\underset{\sim}{A}\cap\underset{\sim}{A}^c\neq\varnothing$$

第二节　隶属函数的确定方法

由于模糊子集 $\underset{\sim}{A}$ 与隶属函数 $\mu_{\underset{\sim}{A}}(x)$ 是一一对应的关系，因此要建立某种特性的模糊子集 $\underset{\sim}{A}$，就必须建立反映这种特性所具有的程度函数即隶属函数。

一、模糊统计法

模糊统计所研究的事物本身具有模糊性，例如“高个子”、“年轻人”等，因此在统计的过程中不可避免地带有人的心理感受，所以它随不同条件、不同场合、不同观点而变化。

例如，身高 1.85 米，一般人认为是高个子的可能性比较大，但是如果在 NBA 球员中去问这一问题时，得到的结果恰好相反。

我们定义的模糊统计是这样的：设论域 U，选定元素 $x_0 \in U$，然后考虑 U 的一个运动着的边界可变的模糊子集 $\underset{\sim}{A}$，每次试验可理解为让不同观点的人讨论 x_0 是否属于 $\underset{\sim}{A}$，于是 $x_0 \in \underset{\sim}{A}$ 的隶属度为：

$$\mu_{\underset{\sim}{A}}(x_0)=\lim_{n\to\infty}\frac{N(\underset{\sim}{A})}{n}$$

其中，$N(\underset{\sim}{A})$表示 $x_0 \in \underset{\sim}{A}$ 的次数。

在实际工作中，我们常取 $\mu_{\underset{\sim}{A}}(x_0)=\dfrac{N(\underset{\sim}{A})}{n}$ 为 x_0 属于模糊子集 $\underset{\sim}{A}$ 的隶属度。

模糊统计与概率统计的区别是：若把概率统计比喻为“变动的点”是否落在“不动的圈”内，则可把模糊统计比喻为“变动的圈”是否盖住“不动的点”。

二、借助于概率论的方法

在概率论中，A 是随机事件，$P(A)$表示事件 A 发生的概率。由于 $P(A)\in[0,1]$，$\mu_{\underset{\sim}{A}}(x)\in[0,1]$，所以我们很自然地想到可以利用概率论的结果建立模糊集合的隶属函数。

例 4　设 $U=(0,3)$，代表身高的变化区间，单位为米。$\underset{\sim}{A}=$“矮个子”，$\underset{\sim}{B}=$“中等个”，$\underset{\sim}{C}=$“高个子”，ξ 是 $\underset{\sim}{A}$ 与 $\underset{\sim}{B}$ 的分界点，η 是 $\underset{\sim}{B}$ 与 $\underset{\sim}{C}$ 的分界点。我们首先利用概率统计的方法，确定两个随机变量 ξ,η，求出 $\xi\sim N(a_1,\sigma_1^2)$，$\eta\sim N(a_2,\sigma_2^2)$ $(a_1<a_2)$，于是对任意的 $x\in U$，可以建立如下的隶属函数：

$$\mu_{\underset{\sim}{A}}(x)=P(\xi\geqslant x)=1-\Phi\left(\frac{x-a_1}{\sigma_1}\right)$$

$$\mu_{\underset{\sim}{C}}(x)=P(\eta<x)=\Phi\left(\frac{x-a_2}{\sigma_2}\right)$$

$$\mu_{\underset{\sim}{B}}(x)=P(\xi<x\leqslant\eta)=\Phi\left(\frac{x-a_1}{\sigma_1}\right)-\Phi\left(\frac{x-a_2}{\sigma_2}\right)$$

三、分段函数表示的方法

例 5　设某污染河水中酚的含量 $t=0.0028$mg/L，给定酚的水质分级标准为：

级别	1	2	3
含量	0.001	0.002	0.01

试建立各级水的隶属函数，并计算 $t=0.0028$mg/L 对各级水的隶属度。

$$
\textbf{解}:\mu_1(t)=\begin{cases}1 & 0\leqslant t<0.001\\ \dfrac{0.002-t}{0.002-0.001} & 0.001\leqslant t<0.002\\ 0 & \text{其他}\end{cases}
$$

$$
\mu_2(t)=\begin{cases}\dfrac{t-0.001}{0.002-0.001} & 0.001\leqslant t<0.002\\ \dfrac{0.01-t}{0.01-0.002} & 0.002\leqslant t<0.01\\ 0 & \text{其他}\end{cases}
$$

$$
\mu_3(t)=\begin{cases}0 & t<0.002\\ \dfrac{t-0.002}{0.01-0.002} & 0.002\leqslant t<0.01\\ 1 & t\geqslant 0.01\end{cases}
$$

$\mu_1(0.0028)=0$，$\mu_2(0.0028)=0.9$，$\mu_3(0.0028)=0.1$。

四、借助已知的模糊分布

在模糊数学中已经针对有关的变量建立了一些隶属函数，我们可以根据所研究问题的性质，套用现成的某些形式的模糊分布作为隶属函数，但应注意两个问题：

1. 根据实际问题中指标的不同类型选择不同的分布。

通常指标集分为以下几种类型：成本型、效益型、适度型、区间型等。成本型是指数值越小越好的指标；效益型是指数值越大越好的指标；适度型也称固定型，是指数值越接近某个常数越好的指标；区间型是指数值越接近某个区间（包括落在该区间）越好的指标。成本型指标应选取单调不增的分布；效益型指标应选取单调不减的分布；适度型和区间型指标应选取对称型先增后减的分布。

2. 选取分布中的参数要根据已知数据和经验恰当地确定。

五、函数（数据）变换方法

由于实际问题的数据具有不同的属性与量纲，因此建立隶属度函数可以根据模糊集合的实际意义，通过函数变换将原始数据压缩在[0,1]之间，同时也可把数据无量纲化。

设原始数据为 $x=(x_1,x_2,\cdots,x_n)$，常用的变换公式如下：

1. $y_i=\dfrac{x_i-\min x}{\max x-\min x}(i=1,2,\cdots,n)$；正向变换

2. $y_i=\dfrac{\max x-x_i}{\max x-\min x}(i=1,2,\cdots,n)$；逆向变换

3. $y_i=\dfrac{x_i}{\max x}(x_i>0,i=1,2,\cdots,n)$；正向变换

4. $y_i=\dfrac{\min x}{x_i}(x_i>0,i=1,2,\cdots,n)$；逆向变换

第六章习题

1. 公交公司希望每辆车的载客率不低于50%，一般不超过120%；乘客希望等车的时间不超过5分钟，高峰期不超过3分钟。建立公交公司满意度的隶属函数以及乘客的等车满意度的隶属函数。

2. 设 $U=R$（实数集），对 $x\in R$，有 $\mu_{\underset{\sim}{A}}(x)=e^{-(\frac{x-1}{2})^2}$，$\mu_{\underset{\sim}{B}}(x)=e^{-(\frac{x-2}{2})^2}$，试求 $\underset{\sim}{A}^c$，$\underset{\sim}{A}\cup\underset{\sim}{B}$，$\underset{\sim}{A}\cap\underset{\sim}{B}$。

3. 设6种商品的集合为 $U=\{u_1,u_2,u_3,u_4,u_5,u_6\}$，在 U 上

滞销商品模糊集为：$\underset{\sim}{A}=\dfrac{1}{u_1}+\dfrac{0.1}{u_2}+\dfrac{0}{u_3}+\dfrac{0.6}{u_4}+\dfrac{0.5}{u_5}+\dfrac{0.4}{u_6}$

脱销商品模糊集为：$\underset{\sim}{B}=\dfrac{0}{u_1}+\dfrac{0.1}{u_2}+\dfrac{0.6}{u_3}+\dfrac{0}{u_4}+\dfrac{0}{u_5}+\dfrac{0.05}{u_6}$

畅销商品模糊集为：$\underset{\sim}{C}=\dfrac{0}{u_1}+\dfrac{0.8}{u_2}+\dfrac{1}{u_3}+\dfrac{0.4}{u_4}+\dfrac{0.4}{u_5}+\dfrac{0.5}{u_6}$

(1)求不滞销商品模糊集 $\underset{\sim}{D}$；

(2)求 $\underset{\sim}{D}$ 与 $\underset{\sim}{C}$ 的关系；

(3)求既滞销又畅销的商品模糊集；

(4)当 $\lambda=0.5$ 时 $\mu(x)\geqslant\lambda$，滞销、脱销和畅销的商品分别是指哪些？当 $\lambda=0.7$ 时 $\mu(x)\geqslant\lambda$，情形又是怎样的呢？

4. 1978～1987年我国水产品产量(单位：千吨)如表6－1所示，$\underset{\sim}{A}$ 表示“高产”，试用几种不同的方法建立隶属度函数。

表6－1　　1978～1987年我国水产品产量

年份	1978	1979	1980	1981	1982	1983	1984	1985	1986	1987
产量	4653.5	4304.7	4497.0	4605.7	5155.1	5458.1	6193.4	7051.5	8235.6	9953.5

5. 试根据某地区12个县1981～1990年的降水量数据，解决以下问题：

(1)首先对 x_2 的数据分别建立模糊集合：$\underset{\sim}{A}_2$＝“降水量偏大”，$\underset{\sim}{B}_2$＝“降水量偏小”，$\underset{\sim}{C}_2$＝“降水量适中”，然后对 x_{12} 的数据建立 $\underset{\sim}{A}_{12}$，$\underset{\sim}{B}_{12}$，$\underset{\sim}{C}_{12}$，比较两个地区“降水量偏小”的隶属度大小，由此你会发现什么问题？

(2)根据问题(1)中的发现，对该地区建立 $\underset{\sim}{A}$＝“降水量偏大”，$\underset{\sim}{B}$＝“降水量偏小”，$\underset{\sim}{C}$＝“降水量适中”的模糊集合。

表 6—2　　某地区 12 个县 1981～1990 年的降水量

年份＼地区	x_1	x_2	x_3	x_4	x_5	x_6	x_7	x_8	x_9	x_{10}	x_{11}	x_{12}
1981	276.2	324.5	158.6	412.5	292.8	258.4	334.1	303.2	292.9	243.2	159.7	331.2
1982	251.6	287.3	349.5	297.4	227.8	453.6	321.5	451.0	466.2	307.5	421.1	455.1
1983	192.7	433.2	289.9	366.3	466.2	239.1	357.4	219.7	245.7	411.1	357.0	353.2
1984	246.2	232.4	243.7	372.5	460.4	158.9	298.7	314.5	256.6	327.0	296.5	423.0
1985	291.7	311.0	502.4	254.0	245.6	324.8	401.0	266.5	251.3	289.9	255.4	362.1
1986	466.5	158.9	223.5	425.1	251.4	321.0	315.4	317.4	246.2	277.5	304.2	410.7
1987	258.6	327.4	432.1	403.9	256.6	282.9	389.7	413.2	466.5	199.3	282.1	387.6
1988	453.4	365.5	357.6	258.1	278.8	467.2	355.2	228.5	453.6	315.6	456.3	407.2
1989	158.2	271.0	410.2	344.2	250.0	360.7	376.4	179.4	159.2	342.4	331.2	377.7
1990	324.8	406.5	235.7	288.8	192.6	284.9	290.5	343.7	283.4	281.2	243.7	411.1

第七章　模糊聚类分析

在科学技术、经济管理中需要按一定的标准进行分类。按一定的标准进行分类的数学方法称为聚类分析，由于待分类的一些事物常具有模糊性，所以模糊聚类的方法就是通过建立模糊相似（或模糊等价）矩阵而后将客观事物予以分类的方法。

第一节　模糊相似矩阵与模糊等价矩阵

一、模糊矩阵

定义 7.1　（模糊矩阵）如果对于任意的 i,j 都有 $r_{ij}\in[0,1]$，则称矩阵 $\underset{\sim}{R}=(r_{ij})_{m\times n}$ 为模糊矩阵。

例如，$\underset{\sim}{R}=\begin{pmatrix}1 & 0.2 & 0.3 & 0.4\\ 0.2 & 0.1 & 0.7 & 0.5\\ 0.3 & 0.7 & 0 & 0.8\end{pmatrix}$就是一个 3×4 阶的模糊矩阵。

二、模糊矩阵的运算

设 $\underset{\sim}{A}=(a_{ij})_{m\times n}$，$\underset{\sim}{B}=(b_{ij})_{m\times n}$ 都是模糊矩阵，则

1. 相等：$\underset{\sim}{A}=\underset{\sim}{B}\Leftrightarrow a_{ij}=b_{ij}(i=1,2,\cdots,m;j=1,2,\cdots,n)$；

2. 包含：$\underset{\sim}{A}\leqslant\underset{\sim}{B}\Leftrightarrow a_{ij}\leqslant b_{ij}(i=1,2,\cdots,m;j=1,2,\cdots,n)$；

3. 并：$\underset{\sim}{A}\cup\underset{\sim}{B}\triangleq(a_{ij}\vee b_{ij})_{m\times n}$；

4. 交：$\underset{\sim}{A}\cap\underset{\sim}{B}\triangleq(a_{ij}\wedge b_{ij})_{m\times n}$；

5. 余：$\underset{\sim}{A}^c\triangleq(1-a_{ij})_{m\times n}$；

6. 合成运算：设 $\underset{\sim}{A}=(a_{ik})_{m\times s}$，$\underset{\sim}{B}=(b_{kj})_{s\times n}$，则称模糊矩阵

$$\underset{\sim}{A}\circ\underset{\sim}{B}=(c_{ij})_{m\times n}$$

为 $\underset{\sim}{A}$ 与 $\underset{\sim}{B}$ 的合成，其中 $c_{ij}=\bigvee_{k=1}^{s}(a_{ik}\wedge b_{kj})$；

7. 设 $\underset{\sim}{A}=(a_{ij})_{m\times m}$，则 $\underset{\sim}{A}^k \triangleq \overbrace{\underset{\sim}{A}\circ\underset{\sim}{A}\circ\cdots\circ\underset{\sim}{A}}^{k}$。

例 1 $\underset{\sim}{A}=\begin{pmatrix}1 & 0.1\\0.3 & 0.5\end{pmatrix}$ $\quad \underset{\sim}{B}=\begin{pmatrix}0.7 & 0\\0.4 & 0.9\end{pmatrix}$

计算 $\underset{\sim}{A}\cup\underset{\sim}{B}$，$\underset{\sim}{A}\cap\underset{\sim}{B}$，$\underset{\sim}{A}^c$，$\underset{\sim}{A}\circ\underset{\sim}{B}$，$\underset{\sim}{A}^2$。

解：$\underset{\sim}{A}\cup\underset{\sim}{B}=\begin{pmatrix}1\vee 0.7 & 0.1\vee 0\\0.3\vee 0.4 & 0.5\vee 0.9\end{pmatrix}=\begin{pmatrix}1 & 0.1\\0.4 & 0.9\end{pmatrix}$

$$\underset{\sim}{A}\cap\underset{\sim}{B}=\begin{pmatrix}1\wedge 0.7 & 0.1\wedge 0\\0.3\wedge 0.4 & 0.5\wedge 0.9\end{pmatrix}=\begin{pmatrix}0.7 & 0\\0.3 & 0.5\end{pmatrix}$$

$$\underset{\sim}{A}^c=\begin{pmatrix}1-1 & 1-0.1\\1-0.3 & 1-0.5\end{pmatrix}=\begin{pmatrix}0 & 0.9\\0.7 & 0.5\end{pmatrix}$$

$$\underset{\sim}{A}\circ\underset{\sim}{B}=\begin{pmatrix}1 & 0.1\\0.3 & 0.5\end{pmatrix}\circ\begin{pmatrix}0.7 & 0\\0.4 & 0.9\end{pmatrix}=\begin{pmatrix}0.7\vee 0.1 & 0\vee 0.1\\0.3\vee 0.4 & 0\vee 0.5\end{pmatrix}=\begin{pmatrix}0.7 & 0.1\\0.4 & 0.5\end{pmatrix}$$

$$\underset{\sim}{A}^2=\begin{pmatrix}1 & 0.1\\0.3 & 0.5\end{pmatrix}\circ\begin{pmatrix}1 & 0.1\\0.3 & 0.5\end{pmatrix}=\begin{pmatrix}1\vee 0.1 & 0.1\vee 0.1\\0.3\vee 0.3 & 0.1\vee 0.5\end{pmatrix}=\begin{pmatrix}1 & 0.1\\0.3 & 0.5\end{pmatrix}=\underset{\sim}{A}$$

注意：合成运算不满足交换律，即 $\underset{\sim}{A}\circ\underset{\sim}{B}\neq\underset{\sim}{B}\circ\underset{\sim}{A}$；只有模糊矩阵 $\underset{\sim}{A}$ 的列数与模糊矩阵 $\underset{\sim}{B}$ 的行数相等时，合成运算 $\underset{\sim}{A}\circ\underset{\sim}{B}$ 才有意义。

三、模糊矩阵的 λ—截矩阵

定义 7.2 设 $\underset{\sim}{R}=(r_{ij})_{m\times n}$ 为模糊矩阵，对任意的 $\lambda\in[0,1]$，称 $\underset{\sim}{R}_\lambda=(r_{ij}{}^{(\lambda)})_{m\times n}$ 为模糊矩阵 $\underset{\sim}{R}$ 的 λ—截矩阵，其中

$$r_{ij}{}^{(\lambda)}=\begin{cases}1 & r_{ij}\geqslant\lambda\\0 & r_{ij}<\lambda\end{cases}$$

显然，$\underset{\sim}{R}$ 的 λ—截矩阵为布尔(Boole)矩阵。

例如，若 $\underset{\sim}{R}=\begin{pmatrix}0.5 & 0.2 & 0.7\\0.8 & 0.3 & 0.6\\0.3 & 0.9 & 0.2\end{pmatrix}$，则 $\underset{\sim}{R}_{0.6}=\begin{pmatrix}0 & 0 & 1\\1 & 0 & 1\\0 & 1 & 0\end{pmatrix}$。

四、模糊相似矩阵与模糊等价矩阵

定义 7.3 若模糊矩阵 $\underset{\sim}{R}=(r_{ij})_{n\times n}$ 满足：

(1)$r_{ii}=1$，$i=1,2,\cdots,n$(自反性)

(2)$r_{ij}=r_{ji}$，$i,j=1,2,\cdots,n$(对称性)

则称 $\underset{\sim}{R}$ 为模糊相似矩阵。

例如：$\underset{\sim}{R}_1=\begin{pmatrix}1 & 0.2\\0.2 & 1\end{pmatrix}$，$\underset{\sim}{R}_2=\begin{pmatrix}1 & 0.3 & 0.4\\0.3 & 1 & 0\\0.4 & 0 & 1\end{pmatrix}$都是模糊相似矩阵 。

定义 7.4　若模糊矩阵 $\underset{\sim}{R}=(r_{ij})_{n\times n}$ 满足：

(1)$r_{ii}=1,i=1,2,\cdots,n$(自反性)

(2)$r_{ij}=r_{ji},i,j=1,2,\cdots,n$(对称性)

(3)$\underset{\sim}{R}^2\leqslant\underset{\sim}{R}$(传递性)

则称 $\underset{\sim}{R}$ 为模糊等价矩阵。

显然，一个模糊矩阵是模糊等价矩阵的前提是该矩阵是模糊相似矩阵。

例 2　上述的模糊相似矩阵 $\underset{\sim}{R}_1,\underset{\sim}{R}_2$ 是否为模糊等价矩阵？

解　$\underset{\sim}{R}_1\circ\underset{\sim}{R}_1=\begin{pmatrix}1 & 0.2\\0.2 & 1\end{pmatrix}\circ\begin{pmatrix}1 & 0.2\\0.2 & 1\end{pmatrix}=\begin{pmatrix}1 & 0.2\\0.2 & 1\end{pmatrix}$

因为 $\underset{\sim}{R}_1^2\leqslant\underset{\sim}{R}_1$，故 $\underset{\sim}{R}_1$ 为模糊等价矩阵。

$$\underset{\sim}{R}_2^2=\underset{\sim}{R}_2\circ\underset{\sim}{R}_2=\begin{pmatrix}1 & 0.3 & 0.4\\0.3 & 1 & 0\\0.4 & 0 & 1\end{pmatrix}\circ\begin{pmatrix}1 & 0.3 & 0.4\\0.3 & 1 & 0\\0.4 & 0 & 1\end{pmatrix}=\begin{pmatrix}1 & 0.3 & 0.4\\0.3 & 1 & 0.3\\0.4 & 0.3 & 1\end{pmatrix}$$

因为 $\underset{\sim}{R}_2$ 不满足 $\underset{\sim}{R}_2^2\leqslant\underset{\sim}{R}_2$，故 $\underset{\sim}{R}_2$ 不是模糊等价矩阵。

模糊相似矩阵和模糊等价矩阵的性质有：

定理 7.1　若 $\underset{\sim}{R}$ 是模糊相似矩阵，则对任意的自然数 k，$\underset{\sim}{R}^k$ 也是模糊相似矩阵。

定理 7.2　$\underset{\sim}{R}$ 是模糊等价矩阵的充要条件是对任意的 $\lambda\in[0,1]$，$\underset{\sim}{R}_\lambda$ 都是等价的布尔矩阵。

定理 7.3　若 $\underset{\sim}{R}$ 是模糊等价矩阵，则对任意的 $0\leqslant\lambda<\mu\leqslant1$，$\underset{\sim}{R}_\mu$ 所决定的分类中的每一个类是 $\underset{\sim}{R}_\lambda$ 决定的分类中的某个类的子类。

定理 7.3 表明，当 $\lambda<\mu$ 时，$\underset{\sim}{R}_\mu$ 的分类是 $\underset{\sim}{R}_\lambda$ 分类的加细，当 λ 由 1 变到 0 时，$\underset{\sim}{R}_\lambda$ 的分类将由细变粗，形成一个动态的聚类图。

定理 7.4　若 $\underset{\sim}{R}$ 是 n 阶模糊相似矩阵，则存在一个最小自然数 k $(k\leqslant n)$，对于一切大于 k 的自然数 l，恒有 $\underset{\sim}{R}^k=\underset{\sim}{R}^l$，即 $\underset{\sim}{R}^k$ 是模糊等价矩阵。此时称 $\underset{\sim}{R}^k$ 为 $\underset{\sim}{R}$ 的传递闭包，记作 $t(\underset{\sim}{R})=\underset{\sim}{R}^k$。

定理 7.4 表明，任一个模糊相似矩阵可诱导出一个模糊等价矩阵。下面介绍逐次平方法求传递闭包：从模糊相似矩阵 $\underset{\sim}{R}$ 出发，依次求二次方，即

$$\underset{\sim}{R} \Rightarrow \underset{\sim}{R}^2 \Rightarrow \underset{\sim}{R}^4 \Rightarrow \cdots \Rightarrow \underset{\sim}{R}^{2^m} \Rightarrow \cdots$$

当第一次出现 $\underset{\sim}{R}^k \circ \underset{\sim}{R}^k = \underset{\sim}{R}^k$ 时，$\underset{\sim}{R}^k$ 就是所求的传递闭包 $t(\underset{\sim}{R})$。

例 3　设模糊矩阵 $\underset{\sim}{R}=\begin{pmatrix} 1 & 0.1 & 0.2 \\ 0.1 & 1 & 0.3 \\ 0.2 & 0.3 & 1 \end{pmatrix}$，求传递闭包 $t(\underset{\sim}{R})$。

解：容易验证 $\underset{\sim}{R}$ 是模糊相似矩阵，则

$$\underset{\sim}{R}^2=\underset{\sim}{R}\circ\underset{\sim}{R}=\begin{pmatrix} 1 & 0.1 & 0.2 \\ 0.1 & 1 & 0.3 \\ 0.2 & 0.3 & 1 \end{pmatrix}\circ\begin{pmatrix} 1 & 0.1 & 0.2 \\ 0.1 & 1 & 0.3 \\ 0.2 & 0.3 & 1 \end{pmatrix}=\begin{pmatrix} 1 & 0.2 & 0.2 \\ 0.2 & 1 & 0.3 \\ 0.2 & 0.3 & 1 \end{pmatrix}$$

$$\underset{\sim}{R}^4=\underset{\sim}{R}^2\circ\underset{\sim}{R}^2=\begin{pmatrix} 1 & 0.2 & 0.2 \\ 0.2 & 1 & 0.3 \\ 0.2 & 0.3 & 1 \end{pmatrix}\circ\begin{pmatrix} 1 & 0.2 & 0.2 \\ 0.2 & 1 & 0.3 \\ 0.2 & 0.3 & 1 \end{pmatrix}=\begin{pmatrix} 1 & 0.2 & 0.2 \\ 0.2 & 1 & 0.3 \\ 0.2 & 0.3 & 1 \end{pmatrix}=\underset{\sim}{R}^2$$

所以传递闭包为：$t(\underset{\sim}{R})=\underset{\sim}{R}^2$。

第二节　模糊聚类分析方法及步骤

所谓聚类分析，是指按照一定的要求和规律将事物进行分类的一种数学方法，它原本是数理统计中多元分析的一个分支。传统的聚类分析是一种硬划分，它把每个待辨识的对象严格地划分到某个类中，具有非此即彼的性质，因此这种分类的类别界限是分明的。而实际上大多数对象并没有严格的属性，它们在性态和类属方面存在着中介性，适合进行软划分。Zadeh 提出的模糊集合理论为这种软划分提供了有力的分析工具，人们开始用模糊的方法来处理聚类问题，并称为模糊聚类分析。由于模糊聚类得到了样本属于各个类别的不确定性程度，表达了样本类属的中介性，即建立了样本对于类别的不确定性的描述，能更客观地反映现实世界。

设论域 $\boldsymbol{U}=\{x_1,x_2,\cdots,x_n\}$ 为被分类的对象，每个对象又由 m 个指标表示其性状，即

$$x_j=(x_{1j},x_{2j},\cdots,x_{mj})^T,(j=1,2,\cdots,n)$$

于是得到原始数据矩阵为

$$\begin{pmatrix} x_{11} & x_{12} & \cdots & x_{1n} \\ x_{21} & x_{22} & \cdots & x_{2n} \\ \vdots & \vdots & \vdots & \vdots \\ x_{m1} & x_{m2} & \cdots & x_{mn} \end{pmatrix}$$

步骤1 数据无量纲标准化

在实际问题中，不同的数据一般有不同的量纲，为了使有不同的量纲的量也能进行比较，首先应对原始数据作适当的无量纲化，通常无量纲化的方法有以下几种：

(1) $y_{ij}=\dfrac{x_{ij}-\bar{x}_i}{\sigma_i}\qquad(i=1,2,\cdots,m;j=1,2,\cdots,n)$

其中 $\bar{x}_i=\dfrac{1}{n}\sum\limits_{j=1}^{n}x_{ij},\quad \sigma_i=\sqrt{\dfrac{1}{n-1}\sum\limits_{j=1}^{n}(x_{ij}-\bar{x}_i)^2}$

(2) $y_{ij}=\dfrac{x_{ij}-\min\limits_{1\leqslant j\leqslant n}\{x_{ij}\}}{\max\limits_{1\leqslant j\leqslant n}\{x_{ij}\}-\min\limits_{1\leqslant j\leqslant n}\{x_{ij}\}}\qquad(i=1,2,\cdots,m;j=1,2,\cdots,n)$

(3) $y_{ij}=\dfrac{x_{ij}-\bar{x}_i}{\max\limits_{1\leqslant j\leqslant n}\{x_{ij}\}-\min\limits_{1\leqslant j\leqslant n}\{x_{ij}\}}\qquad(i=1,2,\cdots,m;j=1,2,\cdots,n)$

步骤2 建立模糊相似矩阵

依照传统聚类方法确定相似系数，建立模糊相似矩阵 $\underset{\sim}{R}=(r_{ij})_{n\times n}$，$r_{ij}$ 表示 y_i 与 y_j 的相似程度，确定的方法有以下几种：

(1)相关系数法

$$r_{ij}=\frac{\sum\limits_{k=1}^{m}|(y_{ki}-\bar{y}_i)(y_{kj}-\bar{y}_j)|}{\sqrt{\sum\limits_{k=1}^{m}(y_{ki}-\bar{y}_i)^2\cdot\sum\limits_{k=1}^{n}(y_{kj}-\bar{y}_j)^2}}$$

其中 $\bar{y}_i=\dfrac{1}{m}\sum\limits_{k=1}^{m}x_{ki},\bar{y}_j=\dfrac{1}{m}\sum\limits_{k=1}^{m}x_{kj},(i,j=1,2,\cdots,n)$

(2)夹角余弦法

$$r_{ij}=\frac{\sum\limits_{k=1}^{m}y_{ki}\cdot y_{kj}}{\sqrt{\sum\limits_{k=1}^{m}y_{ki}^2}\cdot\sqrt{\sum\limits_{k=1}^{m}y_{kj}^2}},(i,j=1,2,\cdots,n)$$

(3)数量积法

$$r_{ij}=\begin{cases}1 & i=j\\ \dfrac{1}{M}\sum\limits_{k=1}^{m}y_{ki}\cdot y_{kj} & i\neq j\end{cases}$$

其中 $M=\max\limits_{i\neq j}\left(\sum\limits_{k=1}^{m}y_{ki}\cdot y_{kj}\right),(i,j=1,2,\cdots,n)$

(4)绝对值指数法

$$r_{ij}=\exp\left\{-\sum_{k=1}^{m}|y_{ki}-y_{kj}|\right\},(i,j=1,2,\cdots,n)$$

(5)距离法

$$r_{ij}=1-c\cdot d(y_i,y_j),(i,j=1,2,\cdots,n)$$

其中 c 为适当选取的参数,使得 $0\leqslant r_{ij}\leqslant 1$,$d(y_i,y_j)$表示 y_i 与 y_j 的距离,经常采用的有:

海明(Hamming)距离: $d(y_i,y_j)=\sum_{k=1}^{m}|y_{ki}-y_{kj}|$

欧几里得(Euclid)距离: $d(y_i,y_j)=\sqrt{\sum_{k=1}^{m}(y_{ki}-y_{kj})^2}$

切比雪夫(Chebyshev)距离: $d(y_i,y_j)=\bigvee_{k=1}^{m}|y_{ki}-y_{kj}|$

(6)贴近度法

$$r_{ij}=N(y_i,y_j),(i,j=1,2,\cdots,n)$$

其中,$N(y_i,y_j)$表示 y_i 与 y_j 的某种贴近度(具体详见第八章)。

在实际中,究竟采取上述哪种方法,应视不同问题具体分析。

步骤 3　聚类

(1)若 $\underset{\sim}{R}$ 为模糊相似矩阵,则有如下的编网法:

给定模糊相似矩阵 $\underset{\sim}{R}$,求 λ—截矩阵 $\underset{\sim}{R}_\lambda$,在 $\underset{\sim}{R}_\lambda$ 对角线上填入元素序号,在对角线的左下方以"*"代替 1,以空格代替 0,称"*"为节点。由每个节点"*"向对角线引横线和竖线,凡能通过节点连在一起的横线和竖线末端对应的元素归于一类,其余的元素各为一类。

(2)若 $\underset{\sim}{R}$ 为模糊等价矩阵,则有如下的 λ—截矩阵法:

给定模糊等价矩阵 $\underset{\sim}{R}$,取 $\lambda\in[0,1]$,求出 $\underset{\sim}{R}_\lambda$,如果 $r_{ij}=1,i\neq j$,则 x_i 与 x_j 归为一类,其余元素各为一类。

例 4　设论域 $U=\{x_1,x_2,x_3,x_4,x_5\}$ 通过步骤 1 和步骤 2 后得到模糊矩阵

$$\underset{\sim}{R}=\begin{pmatrix}1 & 0.1 & 0.9 & 0.5 & 0.3\\0.1 & 1 & 0.2 & 0.7 & 0.8\\0.9 & 0.2 & 1 & 0.1 & 0.5\\0.5 & 0.7 & 0.1 & 1 & 0.7\\0.3 & 0.8 & 0.5 & 0.7 & 1\end{pmatrix}$$

试进行聚类分析。

解:可验证 $\underset{\sim}{R}$ 是模糊相似矩阵,采用编网法进行聚类

取 $\lambda=1$，有：

$$\begin{pmatrix} x_1 & & & & \\ & x_2 & & & \\ & & x_3 & & \\ & & & x_4 & \\ & & & & x_5 \end{pmatrix}$$

此时 U 分为五类：$\{x_1\},\{x_2\},\{x_3\},\{x_4\},\{x_5\}$。

取 $\lambda=0.9$，有：

$$\begin{pmatrix} x_1 & & & & \\ \vdots & x_2 & & & \\ * & \cdots & x_3 & & \\ & & & x_4 & \\ & & & & x_5 \end{pmatrix}$$

此时 U 分为四类：$\{x_1,x_3\},\{x_2\},\{x_4\},\{x_5\}$。

取 $\lambda=0.8$，有：

$$\begin{pmatrix} x_1 & & & & \\ \vdots & x_2 & & & \\ * & \cdots & x_3 & & \\ & \vdots & & x_4 & \\ & * & \cdots & \cdots & x_5 \end{pmatrix}$$

此时 U 分为三类：$\{x_1,x_3\},\{x_2,x_5\},\{x_4\}$。

取 $\lambda=0.7$，有：

$$\begin{pmatrix} x_1 & & & & \\ \vdots & x_2 & & & \\ * & \cdots & x_3 & & \\ & * & \cdots & x_4 & \\ & * & \cdots & * & x_5 \end{pmatrix}$$

此时 U 分为两类：$\{x_1,x_3\},\{x_2,x_4,x_5\}$。

取 $\lambda=0.5$，有：

$$\begin{pmatrix} x_1 & & & & \\ \vdots & x_2 & & & \\ * & \cdots & x_3 & & \\ * & * & \vdots & x_4 & \\ & * & * & * & x_5 \end{pmatrix}$$

此时 U 分为一类：$\{x_1,x_2,x_3,x_4,x_5\}$。

例 5　设论域 $U=\{x_1,x_2,x_3,x_4,x_5\}$ 通过步骤 1 和步骤 2 后得到模糊矩阵

$$\underset{\sim}{R}=\begin{pmatrix}1 & 0.8 & 0.8 & 0.2 & 0.8\\0.8 & 1 & 0.85 & 0.2 & 0.85\\0.8 & 0.85 & 1 & 0.2 & 0.9\\0.2 & 0.2 & 0.2 & 1 & 0.2\\0.8 & 0.85 & 0.9 & 0.2 & 1\end{pmatrix}$$

试进行聚类分析。

解:可验证 $\underset{\sim}{R}$ 是模糊等价矩阵,故采用 λ—截矩阵的方法进行聚类

取 $\lambda=1$,有:$\underset{\sim}{R}_1=\begin{pmatrix}1 & 0 & 0 & 0 & 0\\0 & 1 & 0 & 0 & 0\\0 & 0 & 1 & 0 & 0\\0 & 0 & 0 & 1 & 0\\0 & 0 & 0 & 0 & 1\end{pmatrix}$

此时 U 分为五类:$\{x_1\}$,$\{x_2\}$,$\{x_3\}$,$\{x_4\}$,$\{x_5\}$。

取 $\lambda=0.9$,有:$\underset{\sim}{R}_{0.9}=\begin{pmatrix}1 & 0 & 0 & 0 & 0\\0 & 1 & 0 & 0 & 0\\0 & 0 & 1 & 0 & 1\\0 & 0 & 0 & 1 & 0\\0 & 0 & 1 & 0 & 1\end{pmatrix}$

此时 U 分为四类:$\{x_1\}$,$\{x_2\}$,$\{x_3,x_5\}$,$\{x_4\}$。

取 $\lambda=0.85$,有:$\underset{\sim}{R}_{0.85}=\begin{pmatrix}1 & 0 & 0 & 0 & 0\\0 & 1 & 1 & 0 & 1\\0 & 1 & 1 & 0 & 1\\0 & 0 & 0 & 1 & 0\\0 & 1 & 1 & 0 & 1\end{pmatrix}$

此时 U 分为三类:$\{x_1\}$,$\{x_2,x_3,x_5\}$,$\{x_4\}$。

取 $\lambda=0.8$,有:$\underset{\sim}{R}_{0.8}=\begin{pmatrix}1 & 1 & 1 & 0 & 1\\1 & 1 & 1 & 0 & 1\\1 & 1 & 1 & 0 & 1\\0 & 0 & 0 & 1 & 0\\1 & 1 & 1 & 0 & 1\end{pmatrix}$

此时 U 分为两类:$\{x_1,x_2,x_3,x_5\}$,$\{x_4\}$。

取 $\lambda=0.2$，有：$\underset{\sim}{R}_{0.2}=\begin{pmatrix}1&1&1&1&1\\1&1&1&1&1\\1&1&1&1&1\\1&1&1&1&1\\1&1&1&1&1\end{pmatrix}$

此时 U 分为一类：$\{x_1,x_2,x_3,x_4,x_5\}$。

第三节　模糊 C 均值聚类

一、模糊 C 均值聚类

模糊 C 均值聚类是把 N 个向量 $x_i(i=1,2,\cdots,N)$ 分为 c 个模糊组，并求每组的聚类中心，使得非相似性指标的目标函数达到最小，而每个给定数据点用 0 与 1 之间的隶属度来确定其属于各个组的程度。

设 $X=\{x_1,x_2,\cdots,x_N\}\subset R^p$，$R^p$ 表示 p 维实数向量空间，令 u_{ik} 表示第 k 个样本属于第 i 类的隶属度，$0\leqslant u_{ik}\leqslant 1$，$\sum\limits_{i=1}^{c}u_{ik}=1$，$0<\sum\limits_{k=1}^{N}u_{ik}<N$，$1\leqslant k\leqslant N$，$1\leqslant i\leqslant c$，记 v_i 表示第 i 类的聚类中心，则 X 的一个模糊 C 均值聚类的就是求在上述条件下目标函数的最小值：

$$J(X,v_1,v_2,\cdots,v_c)=\sum_{k=1}^{N}\sum_{i=1}^{c}(u_{ik})^m(d_{ik})^2$$

其中，$d_{ik}=\|x_k-v_i\|$ 为第 k 个序列到第 i 类中心的欧氏距离。

由拉格朗日乘数法构造新的辅助函数：

$$\begin{aligned}L(X,v_1,v_2,\cdots,v_c,\lambda_1,\lambda_2,\cdots,\lambda_N)&=J(X,v_1,v_2,\cdots,v_c)+\sum_{j=1}^{N}\lambda_j\left(\sum_{i=1}^{c}u_{ij}-1\right)\\&=\sum_{k=1}^{N}\sum_{i=1}^{c}(u_{ik})^m(d_{ik})^2+\sum_{j=1}^{N}\lambda_j\left(\sum_{i=1}^{c}u_{ij}-1\right)\end{aligned}$$

当 $J(X,v_1,v_2,\cdots,v_c)$ 取得最小值时的必要条件是：

$$v_i=\frac{\sum\limits_{k=1}^{N}(u_{ik})^m x_k}{\sum\limits_{k=1}^{N}(u_{ik})^m}\quad(i=1,2,\cdots,c;1<m)$$

和

$$u_{ik}=\frac{1}{\sum\limits_{j=1}^{c}\left(\frac{d_{ik}}{d_{jk}}\right)^{\frac{2}{m-1}}}\qquad\forall i,\forall k$$

由上述两个必要条件,模糊 C 均值聚类算法是一个简单的迭代过程,具体步骤如下:

(1)取定 c, m 和初始隶属度矩阵 U^0,迭代步数 $I=0$;

(2)计算聚类中心 V 为:

$$v_i^{(l)}=\frac{\sum_{k=1}^{N}(u_{ik}^{(l)})^m x_k}{\sum_{k=1}^{N}(u_{ik}^{(l)})^m}\quad(i=1,2,\cdots,c;1<m)$$

(3)修正 U:

$$u_{ik}^{(l+1)}=\frac{1}{\sum_{j=1}^{c}\left(\frac{d_{ik}}{d_{jk}}\right)^{\frac{2}{m-1}}}\qquad\forall i,\forall k$$

(4)对给定的 $\varepsilon>0$,实际计算时应对取定的初始值进行迭代计算,直至 $\max\{|u_{ik}^l-u_{ik}^{l-1}|\}<\varepsilon$,则算法终止,否则 $l=l+1$,转向(2)。

若 $u_{jk}=\max\{u_{ik}\}$,则 x_k 属于第 j 类。

在 MATLAB 中(m=2),我们只要直接调用如下程序即可:

[center,U,obj_fcn] = fcm(data,cluster_n)

data:　　要聚类的数据集合,每一行为一个样本;

cluster_n:聚类数(大于 1);

Center:　最终的聚类中心矩阵,其每一行为聚类中心的坐标值;

U:　　　最终的模糊分区矩阵;

obj_fcn:在迭代过程中的目标函数值。

注意:在使用上述 Matlab 方法时,要根据中心坐标 Center 的特点分清楚每一类中心代表的是实际中的哪一类,然后才能将待聚类的各方案准确地分为各自所属的类别,否则就会出现张冠李戴的现象。

二、聚类的有效性检验——Friedman 检验

通常对于聚类结果的有效性分析是指各类之间差距较大,同一类中个体之间差异较小,为此,我们给出非参数检验的一种方法——Friedman 检验的思想。Friedman 检验,是利用秩和实现对总体分布是否存在显著性差异的一种非参数检验方法。

设被划分为第 i 类的 N 个个体的秩的平均值为 $R_{i\cdot}$,即

$$R_{i\cdot}=\frac{1}{N}(R_{i1}+R_{i2}+\cdots+R_{iN})(i=1,2,\cdots,s)$$

若各类别之间有显著差异,则隶属于某些类别的 N 个个体的秩将普遍偏大,而属于其他类别的 N 个个体的秩相对较小,因而各 $R_{i\cdot}$ 间的差异比较大。若 H_0 为真,则

各 $R_{i}.$ 集中在秩的总平均值

$$R..=\frac{1}{sN}[(R_{11}+R_{21}+\cdots+R_{s1})+\cdots+(R_{1N}+R_{2N}+\cdots+R_{sN})]$$
$$=\frac{1}{sN}[N(1+2+\cdots+s)]=\frac{s+1}{2}$$

的周围，而统计量

$$Q=\frac{12N}{s(s+1)}\sum_{i=1}^{s}(R_{i}.-\frac{s+1}{2})^{2}\sim\chi^{2}(s-1)$$

反映了 $R_{i}.$ 在 $R..$ 附近的分散程度，若 H_0 不真，则 Q 有偏大的趋势，因此拒绝域为

$$Q\geqslant c$$

其中，临界值 c 由 $P_{H_0}\{Q\geqslant c\}=\alpha$ 确定，此检验称为 Friedman 检验。

若令 $R_{i+}=NR_{i}.=R_{i1}+R_{i2}+\cdots+R_{iN}(i=1,2,\cdots,s)$，则 Friedman 统计量可简化为

$$Q=\frac{12}{Ns(s+1)}\sum_{i=1}^{s}R_{i+}^{2}-3N(s+1)$$

例 6 根据汶川地震受灾数据(如表 7—1 所示)，利用模糊 C 均值聚类方法，将受灾地区按照极重灾区、重灾区以及一般灾区分为三类。

表 7—1 **四川省汶川地震各县市受灾数据统计**

编号	县市	遇难(人)	受伤(人)	房屋破坏(m^2)
1	成都市	4276	26413	645
2	都江堰市	3069	4388	811
3	彭州市	952	5770	741
4	广元市	4819	28241	732
5	青川县	4695	15453	634
6	北川县	860	34564	987
7	江油市	394	35554	545
8	平武县	1546	32145	962
9	安　县	1571	13476	655
10	什邡市	5924	31970	766
11	绵竹市	11104	31560	856
12	阿坝州	20160	44669	896
13	汶川县	15941	34583	954
14	理　县	103	1612	452
15	茂　县	3933	8183	877
16	雅安市	28	1351	464
17	内江市	7	225	425

续表

编号	县市	遇难(人)	受伤(人)	房屋破坏(m^2)
18	广安市	1	44	132
19	遂宁市	27	402	242
20	南充市	30	7632	364
21	眉山市	10	315	233
22	巴中市	10	258	134
23	资阳市	20	633	345
24	甘孜州	9	23	264
25	自贡市	2	87	352
26	达州市	4	67	234
27	凉山州	3	4	123
28	乐山市	8	534	144

数据来源:新浪新闻、四川统计年鉴 2009。

解:利用模糊 C 均值聚类的 MATLAB 程序求解如下:

```
clear,clc
A=[4276,26413,645;3069,4388,811;952,5770,741;4819,28241,732;4695,15453,634;860,34564,987;394,35554,545;1546,32145,962;1571,13476,655;5924,31970,766;11104,31560,856;20160,44669,896;15941,34583,954;103,1612,452;3933,8183,877;28,1351,464;7,225,425;1,44,132;27,402,242;30,7632,364;10,315,233;10,258,134;20,633,345;9,23,264;2,87,352;4,67,234;3,4,123;8,534,144];            %原始数据输入
AA=A./[ones(28,1)*std(A)]; %无量纲化
[c,u,fcn]=fcm(AA,3)            %模糊C均值聚类(分为三类)
[F,J]=sort(u);                 %隶属度排序
t1=find(J(3,:)==1),
t2=find(J(3,:)==2),
t3=find(J(3,:)==3),            %各灾区编号
```

注:t1,t2,t3 是一般灾区、极重灾区、重灾区的编号,依据数据越大,表明灾害越严重。而软件输出的 c 就是 AA 中每一类的均值向量。

运行结果为:

```
c=
0.0120    0.0787    1.0014
3.1712    2.4650    3.1371
0.6119    1.5599    2.6086
```

u=

Columns 1 through 7

0.9239　0.5778　0.5767　0.9327　0.7994　0.7836　0.7287

0.0322　0.0776　0.0667　0.0357　0.0563　0.1167　0.0943

0.0439　0.3445　0.3566　0.0316　0.1443　0.0997　0.1770

Columns 8 through 14

0.8297　0.7459　0.8216　0.2658　0.0601　0.0074　0.0792

0.0912　0.0430　0.1162　0.6733　0.9113　0.9898　0.0157

0.0791　0.2110　0.0622　0.0610　0.0286　0.0028　0.9051

Columns 15 through 21

0.7226　0.0903　0.0508　0.0388　0.0052　0.0684　0.0070

0.0946　0.0178　0.0110　0.0124　0.0014　0.0130　0.0020

0.1828　0.8919　0.9383　0.9488　0.9934　0.9186　0.9910

Columns 22 through 28

0.0380　0.0078　0.0025　0.0106　0.0071　0.0423　0.0343

0.0121　0.0019　0.0007　0.0025　0.0020　0.0136　0.0107

0.9499　0.9903　0.9968　0.9869　0.9909　0.9441　0.9550

(fcn)′=[33.3925，24.8066，20.5699，18.2149，16.4659，14.8518，14.4071，14.1863，13.9337，13.5765，13.08，12.5293，12.104，11.8675，11.7618，11.7204，11.7055，11.7003，11.6985，11.6979，11.6977，11.6977，11.6977，11.6976]；

t1 =[14，16，17，18，19，20，21，22，23，24，25，26，27，28]；

t2 =[11，12，13]；

t3 =[1，2，3，4，5，6，7，8，9，10，15]。

(数字代表的是各灾区的编号。)

具体对应的三类受灾地区见表 7—2：

表 7—2　　**各灾区受灾程度的聚类**

类　别	地区名称
一般灾区(t1)	理县、雅安、南充、内江、资阳、自贡、甘孜州、遂宁、眉山、达州、乐山、巴中、广安、凉山州
极重灾区(t2)	绵竹市、阿坝州、汶川县
重灾区(t3)	成都、都江堰、彭州、广元、青川县、北川县、江油市、平武县、安县、茂县、什邡市

聚类效果分析：

利用 MATLAB 软件，对上例聚类的结果进行 Friedman 检验，对于检验水平为 $\alpha=0.05$，分别采取各类别之间检验与其中两类合并以后检验，结果如表 7—3 所示：

表 7—3 各类别之间的 Friedman 检验

各灾区之间	一般灾区(t1)	极重灾区(t2)	重灾区(t3)
	0.004	0.0970	0.5523
合并两类灾区	合并 t1,t2	合并 t1，t3	合并 t2，t3
	0.0004	1.3920e-005	0.0881

显然，各类别之间的检验接受原假设比其中两类合并以后检验接受原假设要充分的多，反映各类之间差距较大，同一类中个体之间差异较小，结果符合聚类的基本原则。

第七章习题

1. 设 $\underset{\sim}{R}=\begin{pmatrix}1 & 0.1 & 0.5 & 0.4\\ 0.1 & 1 & 0.7 & 0.5\\ 0.5 & 0.7 & 1 & 0.1\\ 0.4 & 0.5 & 0.1 & 1\end{pmatrix}$，判断 $\underset{\sim}{R}$ 是否为模糊等价矩阵。

2. 设 $\underset{\sim}{R}=\begin{pmatrix}1 & 0.5 & 0.4 & 0.8\\ 0.5 & 1 & 0.7 & 0.5\\ 0.4 & 0.7 & 1 & 0.6\\ 0.8 & 0.5 & 0.6 & 1\end{pmatrix}$，求传递闭包 $t(\underset{\sim}{R})$，并作聚类图。

3. 2002 年，安徽省各地市工业企业效益指标如表 7—4 所示，利用模糊 C 均值聚类方法将其分为三类。

表 7—4 2002 年安徽省各地市工业企业效益指标

地区	利税总额（万元）	资产贡献率	流动资金周转次数	成本费用利润率	全员劳动生产率	产品销售利润率
合肥	39.63	9.41	1.49	4.49	79521	98.5
淮北	11.13	7.14	1.37	2.24	13401	98.3
亳州	2.85	4.54	0.72	2.51	21840	97.5
宿州	2.08	4.21	1.14	0.06	21939	95.8
蚌埠	21.88	15.14	1.26	5.23	46333	103.1
阜阳	7.44	8.47	1.09	1.65	28652	97.8

续表

地区	利税总额（万元）	资产贡献率	流动资金周转次数	成本费用利润率	全员劳动生产率	产品销售利润率
淮南	12.11	5.1	1.8	1.93	12820	98.6
滁州	10.52	9.27	1.66	2.93	51785	96.3
六安	5.5	9.21	1.8	3.14	27355	97.8
马鞍山	18.13	7.5	1.72	3.81	42792	99.3
巢湖	6.09	6.7	1.3	3.66	31193	96.7
芜湖	33.64	15.38	1.72	7.28	109070	99
宣城	5.96	7.25	1.08	5.41	36191	97.3
铜陵	5.56	5.09	1.48	2.02	37784	97.6
池州	1.33	6.19	1.57	2.13	20020	94.5
安庆	14.19	9.46	2.35	1.64	31024	98.8
黄山	1.92	7.33	1.49	3.61	55660	97

4. 根据我国大陆部分地区技术市场成交额数据(单位:万元),借助 MATLAB 软件利用模糊 C 均值聚类方法将其分为四类。(1)用原始数据;(2)对原始数据处理后再次聚类,并对两次聚类的结果进行比较。

表 7—5　　我国大陆部分地区技术市场成交额

地区＼年份	1994	1995	1996	1997	1998	1999	2000
北　京	371821	411681	458152	543192	815591	921889	1402871
天　津	95188	121200	133475	150074	200298	220296	262581
河　北	68371	84278	97853	115256	139090	153795	94143
山　西	10723	18454	11644	10284	9758	3955	5258
辽　宁	215709	228615	242570	250372	280977	301546	347817
吉　林	60485	51217	76492	85793	93167	103498	71390
黑龙江	95107	110522	114177	145752	152569	157121	152382
上　海	220927	230409	256499	287568	314060	366324	738952
江　苏	138057	181563	238126	284473	330684	416683	449568
浙　江	71966	97768	107293	133232	162275	188496	276275
安　徽	11531	21853	24904	29585	39545	48544	61012
福　建	25117	30550	46205	57454	69363	80868	172601

续表

地区＼年份	1994	1995	1996	1997	1998	1999	2000
江　西	14176	21555	24929	31058	38332	51444	69299
山　东	166977	185946	222509	241583	261922	275121	288135
河　南	106797	122798	142122	157766	176492	201661	211621
湖　北	115265	125912	105576	145733	187596	230161	276000
湖　南	94955	105434	140209	161392	220189	246605	286833
广　东	95885	125972	131112	195993	248122	344528	482104
广　西	13543	20622	25181	17293	37021	25344	17741
四　川	201929	221882	200630	158004	152000	125931	104150
贵　州	582	9561	53397	1150	14071	762	620
云　南	11927	39125	1606	54515	127222	172339	187742
陕　西	32173	55501	44756	71782	57765	82537	92560
甘　肃	21513	25157	24180	26427	28137	25816	26413
宁　夏	1630	1822	2121	2351	2643	4654	6402
新　疆	18252	20074	24519	18370	30606	42822	66168

案例　DNA序列分类①

2000年6月，人类基因组计划中DNA全序列草图完成，预计2001年可以完成精确的全序列图，此后人类将拥有一本记录着自身生老病死及遗传进化的全部信息的“天书”。这本大自然写成的“天书”是由4个字符a,t,c,g按一定顺序排成的长约30亿的序列，其中没有“断句”也没有标点符号，除了这4个字符表示4种碱基以外，人们对它包含的“内容”知之甚少，难以读懂。破译这部世界上巨量信息的“天书”是二十一世纪最重要的任务之一。在这个目标中，研究DNA全序列具有什么结构，由这4个字符排成的看似随机的序列中隐藏着什么规律，又是解读这部天书的基础，是生物信息学(Bioinformatics)最重要的课题之一。

虽然人类对这部“天书”知之甚少，但也发现了DNA序列中的一些规律性和结构。例如，在全序列中有一些是用于编码蛋白质的序列片段，即由这4个字符组成的64种不同的3字符串，其中大多数用于编码构成蛋白质的20种氨基酸。又例如，在不用于编码蛋白质的序列片段中，a和t的含量特别多些，于是以某些碱基特别丰富作为特征去研究DNA序列的结构也取得了一些结果。此外，利用统计的方法还发现序列的某些片段之间具有相关性，等等。这些发现让人们相信，DNA序列中存在着局部的和全局性的结构，充分发掘序列的结构对理解DNA全序列是十分有意义的。目前在这项研究中最普通的思想是省略序列的某些细节，突出特征，然后将其表示成适当的数学对

① 本题选自2000年网易杯全国大学生数学建模竞赛A题。

象。这种被称为粗粒化和模型化的方法往往有助于研究规律性和结构。

作为研究 DNA 序列的结构的尝试，提出以下对序列集合进行分类的问题：

(1)下面有 20 个已知类别的人工制造的序列，其中序列标号 1～10 为 A 类，11～20 为 B 类。请从中提取特征，构造分类方法，并用这些已知类别的序列，衡量你的方法是否足够好。然后用你认为满意的方法，对另外 20 个未标明类别的人工序列(标号 21～40)进行分类，把结果用序号(按从小到大的顺序)标明它们的类别(无法分类的不写入)：

A 类____________________；

B 类____________________。

请详细描述你的方法，给出计算程序。如果你部分地使用了现成的分类方法，也要将方法名称准确注明。

(2)在同样网址的数据文件 Nat-model-data 中给出了 182 个自然 DNA 序列，它们都较长。用你的分类方法对它们进行分类，像(1)一样地给出分类结果。

提示：衡量分类方法优劣的标准是分类的正确率，构造分类方法有许多途径，例如提取序列的某些特征，给出它们的数学表示：几何空间或向量空间的元素等，然后再选择或构造适合这种数学表示的分类方法；又例如构造概率统计模型，然后用统计方法分类等。

Art-model-data

1. aggcacggaaaaacgggaataacggaggaggacttggcacggcattacacggaggacgaggtaaaggaggcttgtctacggccggaagtgaaggggggatatgaccgcttgg

2. cggaggacaaacgggatggcggtattggaggtggcggactgttcggggaattattcggtttaaacgggacaaggaaggcggctggaacaaccggacggtggcagcaaagga

3. gggacggatacggattctggccacggacggaaaggaggacacggcggacatacacggcggcaacggacggaacggaggaaggagggcggcaatcggtacggaggcggcgga

4. atggataacggaaacaaaccagacaaacttcggtagaaatacagaagcttagatgcatatgtttttaaataaaatttgtattattatggtatcataaaaaaaggttgcga

5. cggctggcggacaacggactggcggattccaaaaacggaggaggcggacggaggctacaccaccgtttcggcggaaaggcggagggctggcaggaggctcattacggggag

6. atggaaaattttcggaaaggcggcaggcaggaggcaaaggcggaaaggaaggaaacggcggatatttcggaagtggatattaggagggcggaataaaggaacggcggcaca

7. atgggattattgaatggcggaggaagatccggaataaaatatggcggaaagaacttgttttcggaaatggaaaaaggactaggaatcggcggcaggaaggatatggaggcg

8. atggccgatcggcttaggctggaaggaacaaataggcggaattaaggaaggcgttctcgcttttcgacaaggaggcggaccataggaggcggattaggaacggttatgagg

9. atggcggaaaaaggaaatgtttggcatcggcgggctccggcaactggaggttcggccatggaggcgaaaatcgtgggcggcggcagcgctggccggagtttgaggagcgcg

10. tggccgcggaggggcccgtcgggcgcggatttctacaagggcttcctgttaaggaggtggcatccaggcgtcgcacgctcggcgcggcaggaggcacgcgggaaaaaacg

11. gttagatttaacgtttttatggaatttatggaattataaatttaaaaatttatatttttaggtaagtaatccaacgtttttattactttttaaaa ttaaatatttatt

12. gtttaattactttatcatttaatttaggttttaattttaaatttaatttaggtaagatgaatttggttttttttaaggtagttatttaattatcg ttaaggaaagttaaa

13. gtattacaggcagaccttatttaggttattattattatttggatttttttttttttttttttaagttaaccgaattattttctttaaagacgtt acttaatgtcaatgc

14. gttagtctttttagattaaattattagattatgcagtttttttacataagaaaattttttttcggagttcatattctaatctgtctttattaaat cttagagatatta

15. gtattatatttttttattttattattttagaatataatttgaggtatgtgtttaaaaaaaatttttttttttttttttttttttttttttaaaatttat aaatttaa

16. gttatttttaaatttaattttaattttaaaatacaaaatttttactttctaaaattggtctctggatcgataatgtaaacttattgaatctataga attacattattgat

17. gtatgtctatttcacggaagaatgcaccactatatgatttgaaattatctatggctaaaaaccctcagtaaaatcaatccctaaaccct taaaaaacggcggcctatccc

18. gttaattatttattccttacgggcaattaattatttattacggttttatttacaattttttttttttgtcctatagagaaattacttacaaaac gttattttacatactt

19. gttacattatttattattatccgttatcgataatttttttacctctttttttcgctgagttttttattcttacttttttttcttctttatataggatctca tttaatatcttaa

20. gtatttaactctctttacttttttttttcactctctacattttcatcttctaaaactgtttgatttaaacttttgtttctttaaggattttttttact tatcctctgttat

21. tttagctcagtccagctagctagtttacaatttcgacaccagtttcgcaccatcttaaatttcgatccgtaccgtaatttagcttagatttg gatttaaaggatttagattga

22. tttagtacagtagctcagtccaagaacgatgtttaccgtaacgtqacgtaccgtacgctaccgttaccggattccggaaagccgatt aaggaccgatcgaaaggg

23. cgggcggatttaggccgacggggacccgggattcgggacccgaggaaattcccggattaaggtttagcttcccgggatttaggg cccggatggctgggaccc

24. tttagctagctactttagctatttttagtagctagccagcctttaaggctagctttagctagcattgttctttattgggacccaagttcgactt ttacgatttagttttgaccgt

25. gaccaaaggtgggctttagggacccgatgctttagtcgcagctggaccagttccccagggtattaggcaaaagctgacgggcaa ttgcaatttaggcttaggcca

26. gatttactttagcatttttagctgacgttagcaagcattagctttagccaatttcgcatttgccagtttcgcagctcagttttaacgcgggat ctttagcttcaagctttttac

27. ggattcggatttacccggggattggcggaacgggacctttaggtcgggacccattaggagtaaatgccaaaggacgctggtttagcc agtccgttaaggcttag

28. tccttagatttcagttactatatttgacttacagtctttgagatttcccttacgattttgacttaaaatttagacgttagggcttatcagtt atggattaatttagcttattttcga

29. ggccaattccggtaggaaggtgatggcccgggggttcccgggaggatttaggctgacgggccggccatttcggtttagggagggccg ggacgcgttagggc

30. cgctaagcagctcaagctcagtcagtcacgtttgccaagtcagtaatttgccaaagttaaccgttagctgacgctgaacgctaaacagt attagctgatgactcgta

31. ttaaggacttaggctttagcagttactttagtttagttccaagctacgtttacgggaccagatgctagctagcaatttattatccgtatt aggcttaccgtaggtttagcgt

32. gctaccgggcagtctttaacgtagctaccgtttagtttgggcccagccttgcggtgtttcggattaaattcgttgtcagtcgctctrt gggtttagtcattcccaaaagg

33. cagttagctgaatcgtttagccatttgacgtaaacatgattttacgtacgtaaattttagccctgacgtttagctaggaatttatgctg acgtagcgatcgactttagcac

34. cggttagggcaaaggttggatttcgacccagggggaaagcccgggacccgaacccagggctttagcgtaggctgacgctaggctt aggttggaacccggaaa

35. gcggaagggcgtaggtttgggatgcttagccgtaggctagctttcgacacgatcgattcgcaccacaggataaaagttaagggacc ggtaagtcgcggtagcc

36. ctagctacgaacgctttaggcgcccccgggagtagtcgttaccgttagtatagcagtcgcagtcgcaattcgcaaaagtccccagc tttagccccagagtcgacg

37. gggatgctgacgctggttagctttaggcttagcgtagctttagggccccagtctgcaggaaatgcccaaaggaggcccaccgggtag atgccasagtgcaccgt

38. aacttttagggcatttccagttttacgggttattttcccagttaaactttgcaccattttacgtgttacgatttacgtataatttgacctta ttttggacactttagtttgggttac

39. ttagggccaagtcccgaggcaaggaattctgatccaagtccaatcacgtacagtccaagtcaccgtttgcagctaccgtttaccgta cgttgcaagtcaaatccat

40. ccattagggtttatttacctgtttatttttcccgagaccttaggtttaccgtactttttaacggtttacctttgaaatttttggactagctta ccctggatttaacggccagttt

本问题的求解可以用模糊聚类分析，参阅书后参考文献[13]；也可以用模糊模型识别，参阅书后参考文献[13]。

第八章　模糊模型识别

已知某类事物的若干标准模型，现有这类事物中的一个具体对象，确定它和哪一个模型相类同的过程称为模型识别。如果标准模型库中提供的模型是模糊的，则是模糊模型识别。下面介绍模糊模型识别的两种基本方法：最大隶属原则方法和择近原则方法。

第一节　最大隶属原则

最大隶属原则(Ⅰ)：给定论域 U 上的一个模糊子集 $\underset{\sim}{A}$，其隶属函数为 $\mu_{\underset{\sim}{A}}(x)$。现给定 U 中待考察的对象 $x_1,x_2,\cdots,x_n$，若存在 x_k，使得

$$\mu_{\underset{\sim}{A}}(x_k)=\max_{1\leqslant i\leqslant n}\mu_{\underset{\sim}{A}}(x_i)$$

则应使 x_k 最属于 $\underset{\sim}{A}$。

最大隶属原则(Ⅱ)：给定论域 U 上的 n 个模糊子集 $\underset{\sim}{A}_1,\underset{\sim}{A}_2,\cdots,\underset{\sim}{A}_n$，其隶属函数分别为 $\mu_{\underset{\sim}{A}_1}(x),\mu_{\underset{\sim}{A}_2}(x),\cdots,\mu_{\underset{\sim}{A}_n}(x)$；若对于任意的 $x_0\in U$，存在 $\underset{\sim}{A}_k$ 使得

$$\mu_{\underset{\sim}{A}_k}(x_0)=\max_{1\leqslant i\leqslant n}\mu_{\underset{\sim}{A}_i}(x_0)$$

则应使 x_0 优先属于 $\underset{\sim}{A}_k$。

例 1　表 8－1 给出了湖泊水质评价标准，现测得杭州西湖、武汉东湖、青海湖、巢湖和滇池总磷的含量分别为 130，105，20，30，25，使用最大隶属原则判别这些湖泊总磷含量所属级别。

表 8－1　　**湖泊水质评价标准**

评价指标	极贫营养	贫营养	中营养	富营养	极富营养
总磷	<1	4	23	110	>660
耗氧量	<0.09	0.36	1.8	7.1	>27.1
透明度	>37	12	2.4	0.55	<0.17
总氮	<0.02	0.06	0.31	1.2	4.6

解:虽然湖泊水质评价指标有 4 个,但这里只给出一个总磷指标,建立只有一个指标的隶属函数。设 $\underset{\sim}{A},\underset{\sim}{B},\underset{\sim}{C},\underset{\sim}{D},\underset{\sim}{E}$ 分别表示总磷属于从极贫营养到极富营养各级别,其隶属函数分别为:

$$\mu_{\underset{\sim}{A}}(x)=\begin{cases}1 & x\leqslant 1\\ \dfrac{4-x}{3} & 1<x<4\\ 0 & x\geqslant 4\end{cases};\mu_{\underset{\sim}{B}}(x)=\begin{cases}\dfrac{x-1}{3} & 1<x\leqslant 4\\ \dfrac{23-x}{19} & 4<x<23\\ 0 & \text{其他}\end{cases};$$

$$\mu_{\underset{\sim}{C}}(x)=\begin{cases}\dfrac{x-4}{19} & 4<x\leqslant 23\\ \dfrac{110-x}{87} & 23<x<110\\ 0 & \text{其他}\end{cases};\mu_{\underset{\sim}{D}}(x)=\begin{cases}\dfrac{x-23}{87} & 23<x\leqslant 110\\ \dfrac{660-x}{550} & 110<x<660\\ 0 & \text{其他}\end{cases};$$

$$\mu_{\underset{\sim}{E}}(x)=\begin{cases}\dfrac{x-110}{550} & 110<x\leqslant 660\\ 1 & x>660\\ 0 & \text{其他}\end{cases}$$

$\mu_{\underset{\sim}{A}}(130)=0,\mu_{\underset{\sim}{B}}(130)=0,\mu_{\underset{\sim}{C}}(130)=0,\mu_{\underset{\sim}{D}}(130)=0.964,\mu_{\underset{\sim}{E}}(130)=0.036$

$\mu_{\underset{\sim}{A}}(105)=0,\mu_{\underset{\sim}{B}}(105)=0,\mu_{\underset{\sim}{C}}(105)=0.057,\mu_{\underset{\sim}{D}}(105)=0.943,\mu_{\underset{\sim}{E}}(105)=0$

$\mu_{\underset{\sim}{A}}(20)=0,\mu_{\underset{\sim}{B}}(20)=0.158,\mu_{\underset{\sim}{C}}(20)=0.842,\mu_{\underset{\sim}{D}}(20)=0,\mu_{\underset{\sim}{E}}(20)=0$

$\mu_{\underset{\sim}{A}}(30)=0,\mu_{\underset{\sim}{B}}(30)=0,\mu_{\underset{\sim}{C}}(30)=0.92,\mu_{\underset{\sim}{D}}(30)=0.08,\mu_{\underset{\sim}{E}}(30)=0$

$\mu_{\underset{\sim}{A}}(25)=0,\mu_{\underset{\sim}{B}}(25)=0,\mu_{\underset{\sim}{C}}(25)=0.977,\mu_{\underset{\sim}{D}}(25)=0.023,\mu_{\underset{\sim}{E}}(25)=0$

由最大隶属原则(Ⅱ)可知,就总磷指标而言,杭州西湖和武汉东湖属于富营养,青海湖、巢湖、滇池均属于中营养。

如果杭州西湖、武汉东湖、青海湖、巢湖和滇池的水质包含总磷、耗氧量、透明度和总氮 4 个指标的值,对其水质判别就不能用这种方法,就要用下面所讲的模糊集合的择近原则。

第二节 择近原则

一、模糊集合的贴近度

定义 8.1 设 $\underset{\sim}{A}(x),\underset{\sim}{B}(x)$是论域 U 上两个模糊子集的隶属函数,定义

$\underset{\sim}{A}$ 与 $\underset{\sim}{B}$ 的内积：$\underset{\sim}{A}\circ\underset{\sim}{B}=\bigvee\limits_{x\in U}\{\underset{\sim}{A}(x)\wedge\underset{\sim}{B}(x)\}$

$\underset{\sim}{A}$ 与 $\underset{\sim}{B}$ 的外积：$\underset{\sim}{A}\odot\underset{\sim}{B}=\bigwedge\limits_{x\in U}\{\underset{\sim}{A}(x)\vee\underset{\sim}{B}(x)\}$

由定义可知，$\underset{\sim}{A}\circ\underset{\sim}{B}$ 与 $\underset{\sim}{A}\odot\underset{\sim}{B}$ 都是 $[0,1]$ 的一个实数。

内积与外积的性质：

性质 1 $(\underset{\sim}{A}\circ\underset{\sim}{B})^c=\underset{\sim}{A}^c\odot\underset{\sim}{B}^c$

性质 2 $(\underset{\sim}{A}\odot\underset{\sim}{B})^c=\underset{\sim}{A}^c\circ\underset{\sim}{B}^c$

性质 3 $\underset{\sim}{A}\circ\underset{\sim}{A}^c\leqslant\frac{1}{2}$

性质 4 $\underset{\sim}{A}\odot\underset{\sim}{A}^c\geqslant\frac{1}{2}$

例 2 设论域 $U=\{x_1,x_2,x_3,x_4,x_5,x_6\}$，

$$\underset{\sim}{A}=\frac{0.6}{x_1}+\frac{0.8}{x_2}+\frac{1}{x_3}+\frac{0.8}{x_4}+\frac{0.6}{x_5}+\frac{0.4}{x_6},$$

$$\underset{\sim}{B}=\frac{0.4}{x_1}+\frac{0.6}{x_2}+\frac{0.8}{x_3}+\frac{1}{x_4}+\frac{0.8}{x_5}+\frac{0.6}{x_6},$$

则 $\underset{\sim}{A}\circ\underset{\sim}{B}=\bigvee\limits_{x\in U}\{\underset{\sim}{A}(x)\wedge\underset{\sim}{B}(x)\}=0.8$

$\underset{\sim}{A}\odot\underset{\sim}{B}=\bigwedge\limits_{x\in U}\{\underset{\sim}{A}(x)\vee\underset{\sim}{B}(x)\}=0.6$

定义 8.2 设映射 $N:F(U)\times F(U)\to[0,1]$，满足条件：

①$N(\underset{\sim}{A},\underset{\sim}{B})=N(\underset{\sim}{B},\underset{\sim}{A})$

②$N(\underset{\sim}{A},\underset{\sim}{A})=1$

③若 $\underset{\sim}{A}\subseteq\underset{\sim}{B}\subseteq\underset{\sim}{C}$，或 $\underset{\sim}{A}\supseteq\underset{\sim}{B}\supseteq\underset{\sim}{C}$，则 $N(\underset{\sim}{A},\underset{\sim}{B})\geqslant N(\underset{\sim}{A},\underset{\sim}{C})$

则称 $N(\underset{\sim}{A},\underset{\sim}{B})$ 为 $\underset{\sim}{A}$ 与 $\underset{\sim}{B}$ 的贴近度。

从贴近度的定义可知，贴近度的概念与距离的概念恰好相反。贴近度越接近于1，表明两个模糊集越接近；贴近度越接近于0，表明两个模糊集越相离，贴近度描述了模糊集之间彼此贴近的程度。下面，我们给出一些常见的贴近度函数。

(1)海明(Hamming)贴近度

$$N_H(\underset{\sim}{A},\underset{\sim}{B})=1-\frac{1}{n}\sum_{i=1}^{n}|\underset{\sim}{A}(x_i)-\underset{\sim}{B}(x_i)|$$

(2)欧几里得(Euclid)贴近度

$$N_E(\underset{\sim}{A},\underset{\sim}{B})=1-\sqrt{\frac{1}{n}\sum_{i=1}^{n}[\underset{\sim}{A}(x_i)-\underset{\sim}{B}(x_i)]^2}$$

(3)最大—最小贴近度

$$N_M(\underset{\sim}{A},\underset{\sim}{B})=\frac{\sum_{i=1}^{n}[\underset{\sim}{A}(x_i)\wedge\underset{\sim}{B}(x_i)]}{\sum_{i=1}^{n}[\underset{\sim}{A}(x_i)\vee\underset{\sim}{B}(x_i)]}$$

(4)最小算术平均贴近度

$$N_A(\underset{\sim}{A},\underset{\sim}{B})=\frac{2\sum_{i=1}^{n}[\underset{\sim}{A}(x_i)\wedge\underset{\sim}{B}(x_i)]}{\sum_{i=1}^{n}[\underset{\sim}{A}(x_i)+\underset{\sim}{B}(x_i)]}$$

(5)格贴近度

$$N_L(\underset{\sim}{A},\underset{\sim}{B})=\frac{1}{2}[\underset{\sim}{A}\circ\underset{\sim}{B}+(1-\underset{\sim}{A}\odot\underset{\sim}{B})]$$

例 3　设 $\underset{\sim}{A}=(0.1,0.2,0.8)$，$\underset{\sim}{B}=(0.3,0.4,0.5)$，求 $N_H(\underset{\sim}{A},\underset{\sim}{B})$，$N_E(\underset{\sim}{A},\underset{\sim}{B})$，$N_M(\underset{\sim}{A},\underset{\sim}{B})$，$N_A(\underset{\sim}{A},\underset{\sim}{B})$，$N_L(\underset{\sim}{A},\underset{\sim}{B})$。

解：$N_H(\underset{\sim}{A},\underset{\sim}{B})=1-\frac{1}{3}(|0.1-0.3|+|0.2-0.4|+|0.8-0.5|)=0.7667$

$$N_E(\underset{\sim}{A},\underset{\sim}{B})=1-\sqrt{\frac{1}{3}[(0.1-0.3)^2+(0.2-0.4)^2+(0.8-0.5)^2]}=0.7620$$

$$N_M(\underset{\sim}{A},\underset{\sim}{B})=\frac{(0.1\wedge 0.3)+(0.2\wedge 0.4)+(0.8\wedge 0.5)}{(0.1\vee 0.3)+(0.2\vee 0.4)+(0.8\vee 0.5)}=0.5333$$

$$N_A(\underset{\sim}{A},\underset{\sim}{B})=\frac{2\times(0.1+0.2+0.5)}{(0.1+0.3)+(0.2+0.4)+(0.8+0.5)}=0.6957$$

$$N_L(\underset{\sim}{A},\underset{\sim}{B})=\frac{1}{2}[(0.1\vee 0.2\vee 0.5)+(1-0.3\wedge 0.4\wedge 0.8)]=0.6000$$

需要说明一点，对于格贴近度而言，模糊子集 $\underset{\sim}{A}$ 一般有 $N_L(\underset{\sim}{A},\underset{\sim}{A})\neq 1$，不满足贴近度的定义，但由于其计算简单，人们还是乐意采用格贴近度来解决一些实际问题的。

二、择近原则

设论域 U 上有 n 个模糊子集 $\underset{\sim}{A}_1,\underset{\sim}{A}_2,\cdots,\underset{\sim}{A}_n$，被识别的对象也是 U 上的一个模糊子集 $\underset{\sim}{B}$，若存在 $i\in\{1,2,\cdots,n\}$，使得

$$N(\underset{\sim}{B},\underset{\sim}{A}_i)=\max_{1\leqslant j\leqslant n}N(\underset{\sim}{B},\underset{\sim}{A}_j)$$

则优先将 $\underset{\sim}{B}$ 划归于 $\underset{\sim}{A}_i$。

例 4　设论域 $U=\{x_1,x_2,x_3,x_4\}$ 上的三个模糊子集 $\underset{\sim}{A}_1=(0.9,0.1,0.6,0.3)$，$\underset{\sim}{A}_2=(0,0.3,0.4,0.8)$，$\underset{\sim}{A}_3=(0.2,0.7,1,0)$，

问：U 上的模糊子集 $\underset{\sim}{B}=(0.1,0.3,0.3,0.4)$应相对归于哪个模糊子集 $\underset{\sim}{A}_i(i=1,2,3)$？

解：计算 $\underset{\sim}{B}$ 与 $\underset{\sim}{A}_i(i=1,2,3)$的海明贴近度：

$$N_H(\underset{\sim}{B},\underset{\sim}{A}_1)=0.65,N_H(\underset{\sim}{B},\underset{\sim}{A}_2)=0.85,N_H(\underset{\sim}{B},\underset{\sim}{A}_3)=0.60$$

$$N_H(\underset{\sim}{B},\underset{\sim}{A}_2)=\max_{1\leqslant i\leqslant 3}N_H(B,A_i)$$

计算 $\underset{\sim}{B}$ 与 $\underset{\sim}{A}_i(i=1,2,3)$的欧几里得贴近度：

$$N_E(\underset{\sim}{B},\underset{\sim}{A}_1)=0.5584,N_E(\underset{\sim}{B},\underset{\sim}{A}_2)=0.7879,N_E(\underset{\sim}{B},\underset{\sim}{A}_3)=0.5472$$

$$N_E(\underset{\sim}{B},\underset{\sim}{A}_2)=\max_{1\leqslant i\leqslant 3}N_E(B,A_i)$$

计算 $\underset{\sim}{B}$ 与 $\underset{\sim}{A}_i(i=1,2,3)$的最大—最小贴近度：

$$N_M(\underset{\sim}{B},\underset{\sim}{A}_1)=0.3636,N_M(\underset{\sim}{B},\underset{\sim}{A}_2)=0.6250,N_M(\underset{\sim}{B},\underset{\sim}{A}_3)=0.3043$$

$$N_M(\underset{\sim}{B},\underset{\sim}{A}_2)=\max_{1\leqslant i\leqslant 3}N_M(B,A_i)$$

计算 $\underset{\sim}{B}$ 与 $\underset{\sim}{A}_i(i=1,2,3)$的最小算术平均贴近度：

$$N_A(\underset{\sim}{B},\underset{\sim}{A}_1)=0.5333,N_A(\underset{\sim}{B},\underset{\sim}{A}_2)=0.7692,N_A(\underset{\sim}{B},\underset{\sim}{A}_3)=0.4667$$

$$N_A(\underset{\sim}{B},\underset{\sim}{A}_2)=\max_{1\leqslant i\leqslant 3}N_A(B,A_i)$$

计算 $\underset{\sim}{B}$ 与 $\underset{\sim}{A}_i(i=1,2,3)$的格贴近度：

$$N_L(\underset{\sim}{B},\underset{\sim}{A}_1)=0.50,N_L(\underset{\sim}{B},\underset{\sim}{A}_2)=0.65,N_L(\underset{\sim}{B},\underset{\sim}{A}_3)=0.55$$

$$N_L(\underset{\sim}{B},\underset{\sim}{A}_2)=\max_{1\leqslant i\leqslant 3}N_L(B,A_i)$$

综上可知，利用几种不同的贴近度计算，根据择近原则判定都将 $\underset{\sim}{B}$ 划归于 $\underset{\sim}{A}_2$。

第三节 误差估计分析

为了研究某判别准则的可靠性，通常我们利用回代误判率和交叉误判率进行误差的估计。若属于 G_1 的样品被误判为属于 G_2 的个数，为 N_{12}，属于 G_2 的样品被误判为属于 G_1 的个数，为 N_{21}，两类总体的样品总数为 n，则误判率为

$$p=\frac{N_{12}+N_{21}}{n}$$

一、回代误判率

设 G_1,G_2 为两个总体，$X_1,X_2,\cdots,X_m$ 和 $Y_1,Y_2,\cdots,Y_n$ 是分别来自 G_1,G_2 的训练样本，以全体训练样本作为 $m+n$ 个新样品，逐个代入已建立的判别准则中判别其

归属，这个过程称为回判。若属于 G_1 的样品被误判为属于 G_2 的个数，为 N_{12}，属于 G_2 的样品被误判为属于 G_1 的个数，为 N_{21}，则误判率估计为

$$\hat{p}=\frac{N_{12}+N_{21}}{m+n}$$

二、交叉误判率估计

交叉误判率估计是每次剔除一个样品，利用其余的 $m+n-1$ 个训练样本建立判别准则，再用所建立的准则对删除的样品进行判别。对训练样本中每个样品都做如上分析，以其误判的比例作为误判率，具体步骤如下：

(1)从总体为 G_1 的训练样本开始，剔除其中一个样品，剩余的 $m-1$ 个样品与 G_2 中的全部样品建立判别函数。

(2)用建立的判别函数对剔除的样品进行判别。

(3)重复步骤(1)、(2)，直到 G_1 中的全部样品依次被删除，又进行判别，其误判的样品个数记为 m_{12}。

(4)对 G_2 的样品重复步骤(1)、(2)、(3)，直到 G_2 中的全部样品依次被删除，又进行判别，其误判的样品个数记为 n_{21}。

于是交叉误判率估计为

$$\hat{p}=\frac{m_{12}+n_{21}}{m+n}$$

第八章习题

1. 设论域 U 为实数域，其上有两个正态模糊子集 $\underset{\sim}{A}$ 和 $\underset{\sim}{B}$，它们的隶属函数分别为：

$$\underset{\sim}{A}(x)=e^{-\left(\frac{x-a_1}{\sigma_1}\right)^2},\underset{\sim}{B}(x)=e^{-\left(\frac{x-a_2}{\sigma_2}\right)^2}\quad(\sigma_1,\sigma_2>0)$$

求 $\underset{\sim}{A}$ 和 $\underset{\sim}{B}$ 的格贴近度。

2. 从珠穆朗玛峰地区采集不同地质时代的碳酸岩标本，进行了化学分析，按地质年代可分为古生代和中新生代；部分岩石标本数据如表 8－2 所示。利用模糊识别的方法判别未知地质年代的标本 JDR_1 到底属于哪个地质年代？

表 8－2　　岩石标本数据

地质年代 \ 化学成分		SiO_2	Al_2O_3	MgO	CaO	K_2O	NaO_2
古生代	JBR_{52}	20.92	4.50	3.13	36.7	1.20	0.75

续表

地质年代 \ 化学成分		SiO_2	Al_2O_3	MgO	CaO	K_2O	NaO_2
古生代	JBR_{12}	37.5	3.10	1.30	29.78	2.05	0.20
中新生代	JDR_{10}	0.75	0	1.51	53.99	0.05	0.50
中新生代	JDR_{100}	2.81	0.42	1.02	52.64	0.05	0.50
未知标本	JDR_1	16.01	1.83	2.59	41.36	0.80	0.40

3. 两种蠓虫 Af 和 Apf 已由生物学家 W. L. Grogan 和 W. W. Wirth(1981)根据它们的触角长度和翅长加以区分。现测得 6 只 Apf 和 9 只 Af 蠓虫的触长、翅长的数据如下：

Apf:(1.14,1.78),(1.18,1.96),(1.20,1.86),(1.26,2.00),(1.28,2.00),(1.30,1.96)

Af:(1.24,1.72),(1.36,1.74),(1.38,1.64),(1.38,1.82),(1.38,1.90),(1.40,1.70),(1.48,1.82),(1.54,1.82),(1.56,2.08)

(1)如何依据以上数据制订一种方法,正确区分两类蠓虫?

(2)对于触长、翅长分别为(1.24,1.80),(1.28,1.84),(1.40,2.04)的 3 个样本进行识别。

(3)设 Af 是宝贵的传粉益虫,Apf 是某种疾病的载体,是否应该修改分类方法?

注:本题也可参阅文献[13]。

4. 2000 年,农、林、牧、渔总产值(单位:亿元)如表 8—3 所示,建立一种方法区分两类不同地区,并对内蒙古、上海、湖南三地进行分类判别。

表 8—3　　农、林、牧、渔总产值

地　区	总产值	农	林	牧	渔	类别
北　京	195.2	91.1	5.4	90.6	8.1	2
天　津	156.3	83.4	1.4	51.8	19.8	2
河　北	1544.7	846.7	25.4	613.7	58.9	1
山　西	322.4	218.3	12.7	89.7	1.6	2
内蒙古	543.2	308.4	23.6	205.5	5.7	待判
辽　宁	967.4	463.5	19.7	304.2	180.0	2
吉　林	609.4	320.3	11.4	268.7	9.0	2
黑龙江	625.1	414.4	18.3	175.7	16.8	2
上　海	216.5	89.8	1.4	87.4	37.9	待判
江　苏	1869.7	1096.0	30.2	430.5	313.0	1
浙　江	1062.9	520.4	67.8	177.3	297.4	1
安　徽	1220.0	675.3	64.0	349.4	131.3	1

续表

地　区	总产值	农	林	牧	渔	类别
福　建	1037.3	421.0	82.3	208.2	325.8	1
江　西	760.3	387.3	51.1	221.8	100.1	2
山　东	2294.3	1300.4	47.6	599.2	347.1	1
河　南	1981.5	1264.3	56.2	641.6	19.5	1
湖　北	1125.6	615.7	40.2	338.8	130.9	1
湖　南	1221.7	633.8	51.0	455.9	80.9	待判
广　东	1640.7	807.9	59.6	389.7	383.4	1
广　西	829.0	418.8	38.8	275.3	96.1	2
海　南	311.9	145.0	48.1	50.3	68.6	2
重　庆	412.6	244.7	10.8	142.0	15.1	2
四　川	1413.3	785.4	49.1	541.5	37.3	1
贵　州	413.0	279.6	18.0	110.7	4.6	2
云　南	680.9	416.4	49.7	201.5	13.3	2
陕　西	464.9	327.8	27.2	106.4	3.5	2
甘　肃	323.0	239.0	11.2	71.7	1.2	2
青　海	57.0	24.9	1.5	30.5	0.1	2
宁　夏	77.8	47.0	3.1	25.7	1.9	2
新　疆	487.2	360.5	8.3	114.5	3.8	2

第九章　模糊综合评价

第一节　评价指标权重的确定

在对许多事物进行客观评价时，其评价因素可能较多，我们不能只根据某一个指标的好坏就做出判断，而应该依据多种因素进行综合评价。

设 $U=\{u_1,u_2,\cdots,u_n\}$ 是待评价的 n 个方案集合，$V=\{v_1,v_2,\cdots,v_m\}$ 是评价因素集合，将 U 中的每个方案用 V 中的每个因素进行衡量，得到一个观测值矩阵

$$A=\begin{pmatrix} a_{11} & a_{12} & \cdots & a_{1n} \\ a_{21} & a_{22} & \cdots & a_{2n} \\ \cdots & \cdots & \cdots & \cdots \\ a_{m1} & a_{m2} & \cdots & a_{mn} \end{pmatrix}$$

其中，a_{ij} 表示第 j 个方案关于第 i 项评价因素的指标值。向量 $a_j=(a_{1j},a_{2j},\cdots,a_{mj})^T(j=1,2,\cdots,n)$ 表示第 j 个方案关于 m 项评价指标的评价向量。

为了客观、公正地对各方案进行综合评价，通常有以下两种方法：一是将各方案数值（根据各评价指标的属性）进行无量纲化，然后根据各指标的重要程度对各指标赋权，在此基础上建立目标函数，并且求出该函数的极大值或极小值。二是由观测值矩阵 A，依据各指标的属性构造出一个理想方案，然后考察已知方案中哪个方案与此理想方案最接近。

确定各指标的权重通常有主观赋权法和客观赋权法。主观赋权法（又称专家评测法）是指请若干专家就各指标的重要性进行评分，然后将各专家的评分值平均就得到各指标的权重。客观赋权法是根据各指标值之间的内在联系，利用数学的方法计算出各指标的权重。下面我们举例说明如何确定指标的权重。

一、利用环境质量分数确定因子权数

在进行环境监测、污染评估等综合评价时通常利用环境质量分数确定因子权数。

其计算公式如下：

(1) $p_i=C_i/C_{0i}$，其中，C_i 为第 i 种污染物在水中的实测浓度，C_{0i} 为第 i 种污染物在水中浓度的平均允许值。

(2) 将 p_i 归一化，即 $w_i=\dfrac{p_i}{\sum p_i}$ 为第 i 种污染指标的权重。

注意：如果在实际工作中没有给出各污染物在水中的平均允许值，则用第 i 项评价指标的各级标准值的平均值代替 C_{0i}。

例 1　现给出水质分级标准，如表 9－1 所示。

表 9－1　**水质分级标准**

	酚	氰	汞	铬	砷
一级水	0.001	0.02	0.00025	0.002	0.02
二级水	0.002	0.05	0.001	0.05	0.04
三级水	0.01	0.2	0.005	0.2	0.2

若测得某水井所含上述污染物含量分别为 0.008，0.185，0.004，0.164，0.140，试确定酚、氰、汞、铬、砷的权重。

解：$C_1=0.008$，$C_{01}=(0.001+0.002+0.01)/3=0.0043$，$p_1=0.008/0.0043=1.86$

$C_2=0.185$，$C_{02}=(0.02+0.05+0.2)/3=0.09$，$p_2=0.185/0.09=2.06$

$C_3=0.004$，$C_{03}=(0.00025+0.001+0.005)/3=0.002$，$p_3=0.004/0.002=2$

$C_4=0.164$，$C_{04}=(0.002+0.05+0.2)/3=0.084$，$p_4=0.164/0.084=1.95$

$C_5=0.140$，$C_{05}=(0.02+0.04+0.2)/3=0.087$，$p_5=0.14/0.087=1.61$

归一化得各评价指标的权重向量为(0.196，0.217，0.213，0.205，0.169)。

一级水、二级水、三级水和某井水的综合评价值分别为 0.0085，0.0288，0.1228 和 0.1011。由此可知，某井水的水质比较接近于三级水。

二、变异系数法

综合评价是通过多项指标来进行的，如果某项指标的数值能明确区分开各个被评价对象，说明该指标在该项评价上的分辨信息丰富，因而应给该指标以较大的权重；反之，若各个被评价对象在某项指标上的数值差异较小，那么该项指标区分各评价对象的能力较弱，因而应给该指标较小的权重。计算各指标的变异系数公式为：

$$v_i=\frac{s_i}{|\bar{x}_i|}$$

其中，$\bar{x}_i=\frac{1}{n}\sum_{j=1}^{n}a_{ij}$ 为第 i 项指标的平均值，$s_i^2=\frac{1}{n-1}\sum_{j=1}^{n}(a_{ij}-\bar{x}_i)^2$ 是第 i 项指标值的方差。对 v_i 进行归一化，即得到各指标的权重

$$w_i=\frac{v_i}{\sum_{i=1}^{m}v_i}(i=1,2,\cdots,m)$$

三、特征向量法

特征向量法的步骤如下：

(1)求出 m 个评价指标的相关系数矩阵 R；

(2)求出各指标标准差所组成的对角矩阵 S；

(3)求出矩阵 RS 的最大特征值所对应的特征向量；

(4)将 RS 的最大特征值所对应的特征向量归一化，就得到各指标的权重。

应当注意的是：如果 RS 不是正矩阵，则不能保证其最大的特征值所对应的特征向量是正向量，归一化也不能当作权重向量。

四、熵值法

信息熵是系统无序程度的度量，信息是系统有序程度的度量，二者绝对值相等但符号相反。某项指标的指标值变异程度越大，信息熵就越小，该指标提供的信息量就越大，该指标的权重也应越大；反之，某项指标的指标值变异程度越小，信息熵越大，该指标提供的信息量越小，该指标的权重也越小。所以可以根据各项指标值的变异程度，利用信息熵工具，计算出各指标的权重，具体步骤为：

(1)将各指标同度量化，计算第 i 项指标下第 j 个方案指标值的比重 p_{ij}

$$p_{ij}=\frac{a_{ij}}{\sum_{j=1}^{n}a_{ij}}$$

(2)计算第 i 项指标的熵值 e_i

$$e_i=-k\sum_{j=1}^{n}p_{ij}ln p_{ij}$$

其中 $k>0$，ln 为自然对数，$e_i\geqslant 0$。如果 x_{ij} 对于给定的 j 全部相等，则 $p_{ij}=\frac{1}{n}$，此时 e_i 取极大值，即

$$e_i=-k\sum_{j=1}^{n}\frac{1}{n}\ln\frac{1}{n}=k\ln n$$

若设 $k=\frac{1}{\ln n}$，于是有 $0\leqslant e_i\leqslant 1$。

(3)计算第 i 项指标的差异性系数 g_i

对于给定的 i，若 a_{ij} 的差异性越小，则 e_i 越大；若 a_{ij} 的差异性越大，则 e_i 越小；若 a_{ij} 全部相等，$e_i=\max e_i=1$，此时对方案的比较，指标 a_{ij} 毫无作用，所以取差异性系数

$$g_i=1-e_i$$

(4)对差异性系数进行归一化可计算出权重

$$w_i=\frac{g_i}{\sum_{k=1}^{m} g_k}(i=1,2,\cdots,m)$$

例 2　已知五个投资方案如表 9—2 所示：

表 9—2　**投资方案的相关指标值**　单位：万元

指标＼方案	A_1	A_2	A_3	A_4	A_5
投资额	5.20	10.08	5.25	9.72	6.60
期望净现值	5.20	6.70	4.20	5.25	3.75
风险盈利值	4.73	5.71	3.82	5.54	3.30
风险损失值	0.473	1.599	0.473	1.313	0.803

试分别用变异系数法、特征向量法、熵值法确定四项评价指标的权重。

解：(1)变异系数法。

$\bar{x}_1=(5.2+10.08+5.25+9.72+6.6)/5=7.37$，$s_1^2=\frac{1}{4}\sum_{j=1}^{5}(a_{1j}-\bar{x}_1)^2=5.67$，

$s_1=2.38$，$v_1=s_1/\bar{x}_1=2.38/7.37=0.323$，

同理可得：$v_2=0.227$，$v_3=0.228$，$v_4=0.544$。

归一化后可得四项评价指标的权重为：$w_1=0.244$，$w_2=0.172$，$w_3=0.172$，$w_4=0.411$。

注意：这里只讲权重的确定方法，至于综合评价后面再讲。由于各指标的量纲不同，在没有无量纲化之前，也不能直接加权平均进行综合评价。

(2)特征向量法(利用 Matlab 软件)：

$R=\text{corrcoef}(A')$，运行结果为：$R=\begin{pmatrix}1.0000 & 0.6839 & 0.7575 & 0.9885\\0.6839 & 1.0000 & 0.9164 & 0.7209\\0.7575 & 0.9164 & 1.0000 & 0.7332\\0.9885 & 0.7209 & 0.7332 & 1.0000\end{pmatrix}$

$S=\mathrm{diag}(\mathrm{std}(A'))$,运行结果为:$S=\begin{pmatrix}2.3803 & 0 & 0 & 0\\ 0 & 1.1394 & 0 & 0\\ 0 & 0 & 1.0523 & 0\\ 0 & 0 & 0 & 0.5070\end{pmatrix}$

$[x,d]=\mathrm{eig}(R*S)$,运行结果为:

$$x=\begin{pmatrix}0.5185 & 0.4158 & 0.2073 & 0.0421\\ 0.4705 & -0.6526 & 0.1573 & -0.5612\\ 0.4918 & -0.5077 & -0.1761 & 0.7022\\ 0.5176 & 0.3787 & -0.9493 & -0.4362\end{pmatrix},$$

$$d=\begin{pmatrix}4.3436 & 0 & 0 & 0\\ 0 & 0.6404 & 0 & 0\\ 0 & 0 & 0 & 0\\ 0 & 0 & 0 & 0.0949\end{pmatrix}$$

于是得到最大的特征值为 4.3436,它所对应的特征向量为$(0.5185,0.4705,0.4918,0.5176)^T$,归一化后可得四项评价指标的权重分别为:$w_1=0.2595$,$w_2=0.2354$,$w_3=0.2461$,$w_4=0.2590$。

MATLAB 程序如下:

```
A=[5.20,10.08,5.25,9.72,6.60;5.20,6.70,4.20,5.25,3.75;4.73,5.71,3.82,5.54,3.30;0.473,1.599,0.473,1.313,0.803];%输入矩阵 A
R=corrcoef(A');%计算矩阵 A 对应的各指标的相关系数矩阵
S=diag(std(A'));%计算矩阵 A 对应的各指标的标准差的对角矩阵
[X,D]=eig(R*S);%求相关系数矩阵与对角矩阵乘积的相似对角矩阵
X(:,1)/([1,1,1,1]*X(:,1))%最大特征值对应的特征向量归一化
```

(3)熵值法。

对表 9-2 中的数据计算第 i 项指标下第 j 个方案指标值的比重矩阵为 $P=(p_{ij})_{4\times 5}$。

$$P=\begin{pmatrix}0.1411 & 0.2735 & 0.1425 & 0.2638 & 0.1791\\ 0.2072 & 0.2669 & 0.1673 & 0.2092 & 0.1494\\ 0.2048 & 0.2472 & 0.1654 & 0.2398 & 0.1428\\ 0.1015 & 0.3430 & 0.1015 & 0.2817 & 0.1723\end{pmatrix}^T$$

由于 $n=5$,取 $k=\dfrac{1}{\ln 5}$,则可计算第 i 项指标的熵值:

$e_1=0.9743$,$e_2=0.9874$,$e_3=0.9868$,$e_4=0.9266$

于是各项指标的差异性系数：

$g_1=0.0257, g_2=0.0126, g_3=0.0132, g_4=0.0734$

归一化后可得四项评价指标的权重为：$w_1=0.205, w_2=0.101, w_3=0.105, w_4=0.589$。

显然，用不同的方法求出的权重是不同的，因此应根据实际问题确定用什么方法最好。

五、主、客观综合赋权法

为了弥补主观赋权法和客观赋权法的不足，我们可以将主观赋权法与客观赋权法相结合，从而使指标的赋权趋于合理化，由此产生的方法称为组合赋权法。

设指标的主观权向量为$(\alpha_1,\alpha_2,\cdots,\alpha_m)$，客观权向量为$(\beta_1,\beta_2,\cdots,\beta_m)$，则组合赋权法有两种表示形式：

(1)$w_i=\dfrac{\alpha_i\beta_i}{\sum\limits_{j=1}^{m}\alpha_j\beta_j}\quad(i=1,2,\cdots,m)$；

(2)$w_i=\lambda\alpha_i+(1-\lambda)\beta_i\quad(i=1,2,\cdots,m)$ （其中，$0<\lambda<1$ 为偏好系数）。

第二节　模糊综合评价法

一、相对偏差模糊矩阵评价

设$U=\{u_1,u_2,\cdots,u_n\}$是待评价的 n 个方案集合，$V=\{v_1,v_2,\cdots,v_m\}$是评价因素集合，将 U 中的每个方案用 V 中的每个因素进行衡量，得到一个观测值矩阵

$$A=\begin{pmatrix} a_{11} & a_{12} & \cdots & a_{1n} \\ a_{21} & a_{22} & \cdots & a_{2n} \\ \cdots & \cdots & \cdots & \cdots \\ a_{m1} & a_{m2} & \cdots & a_{mn} \end{pmatrix}$$

其中，a_{ij} 表示第 j 个方案关于第 i 项评价因素的指标值$(i=1,2,\cdots,m;j=1,2,\cdots,n)$。

相对偏差模糊矩阵评价的步骤如下：

1. 建立理想方案。

$$u=(u_1^0,u_2^0,\cdots,u_m^0)$$

其中：

$$u_i^0=\begin{cases}\max\limits_{1\leqslant j\leqslant n}\{a_{ij}\} & 当 a_{ij} 为效益型指标\\ \min\limits_{1\leqslant j\leqslant n}\{a_{ij}\} & 当 a_{ij} 为成本型指标\end{cases},\quad i=1,2,\cdots,m$$

2. 建立相对偏差模糊矩阵 $\underset{\sim}{R}$。

$$\underset{\sim}{R}=\begin{pmatrix} r_{11} & r_{12} & \cdots & r_{1n}\\ r_{21} & r_{22} & \cdots & r_{2n}\\ \cdots & \cdots & \cdots & \cdots\\ r_{m1} & r_{m2} & \cdots & r_{mn}\end{pmatrix}$$

其中，$r_{ij}=\dfrac{|a_{ij}-u_i^0|}{\max\limits_{1\leqslant j\leqslant n}\{a_{ij}\}-\min\limits_{1\leqslant j\leqslant n}\{a_{ij}\}}(i=1,2,\cdots,m;j=1,2,\cdots,n)$。

3. 建立各评价指标的权重 $w_i(i=1,2,\cdots,m)$。

建立权重向量可以使用上一节介绍的各种方法，也可以使用其他多种方法建立权重向量，对做出的综合评价进行比较与分析。

4. 建立综合评价模型。

$$F_j=\sum_{i=1}^{m}w_i r_{ij}(j=1,2,\cdots,n)$$

且若 $F_t<F_s$，则第 t 个方案排在第 s 个方案前。

相对偏差模糊矩阵评价方法的优点在于不需要先对原始数据进行预处理，所建立的相对偏差模糊矩阵在消除量纲的同时得到了一个成本型模糊矩阵；缺陷在于理想方案并不一定是实际中的某个方案。

二、相对优属度矩阵评价

1. 建立模糊效益型矩阵或模糊成本型矩阵。

通常评价指标分为效益型、成本型、固定型和区间型指标，而对各评价方案进行综合评价，必须首先明确评价指标的属性。我们用 I_1,I_2,I_3 分别表示效益型、成本型和固定型指标，对于指标矩阵 A，我们针对上述几种指标建立效益型矩阵或成本型矩阵，即通过无量纲化，将矩阵的各元素均转化为效益型指标或成本型指标。

(1)模糊效益型矩阵。

$$B=(b_{ij})_{m\times n}$$

$$b_{ij}=\begin{cases}\dfrac{a_{ij}-\min\limits_{j} a_{ij}}{\max\limits_{j} a_{ij}-\min\limits_{j} a_{ij}} & a_{ij}\in I_1\\[2ex] \dfrac{\max\limits_{j} a_{ij}-a_{ij}}{\max\limits_{j} a_{ij}-\min\limits_{j} a_{ij}} & a_{ij}\in I_2\\[2ex] \dfrac{\max\limits_{j}|a_{ij}-\alpha_i|-|a_{ij}-\alpha_i|}{\max\limits_{j}|a_{ij}-\alpha_i|-\min\limits_{j}|a_{ij}-\alpha_i|} & a_{ij}\in I_3\end{cases}$$

$$D=(d_{ij})_{m\times n}$$

$$d_{ij}=\begin{cases}\dfrac{a_{ij}}{\max\limits_{j} a_{ij}} & a_{ij}\in I_1\\[2ex] \dfrac{\min\limits_{j} a_{ij}}{a_{ij}} & a_{ij}\in I_2\\[2ex] \dfrac{\min\limits_{j}|a_{ij}-\alpha_i|}{|a_{ij}-\alpha_i|} & a_{ij}\in I_3\end{cases}$$

其中，α_i 为第 i 项指标的适度数值。

(2)模糊成本型矩阵。

$$C=(c_{ij})_{m\times n}$$

$$c_{ij}=\begin{cases}\dfrac{\max\limits_{j} a_{ij}-a_{ij}}{\max\limits_{j} a_{ij}-\min\limits_{j} a_{ij}} & a_{ij}\in I_1\\[2ex] \dfrac{a_{ij}-\min\limits_{j} a_{ij}}{\max\limits_{j} a_{ij}-\min\limits_{j} a_{ij}} & a_{ij}\in I_2\\[2ex] \dfrac{|a_{ij}-\alpha_i|-\min\limits_{j}|a_{ij}-\alpha_i|}{\max\limits_{j}|a_{ij}-\alpha_i|-\min\limits_{j}|a_{ij}-\alpha_i|} & a_{ij}\in I_3\end{cases}$$

$$E=(e_{ij})_{m\times n}$$

$$e_{ij}=\begin{cases}\dfrac{\min\limits_{j} a_{ij}}{a_{ij}} & a_{ij}\in I_1\\[2ex] \dfrac{a_{ij}}{\max\limits_{j} a_{ij}} & a_{ij}\in I_2\\[2ex] \dfrac{|a_{ij}-\alpha_i|}{\max\limits_{j}|a_{ij}-\alpha_i|} & a_{ij}\in I_3\end{cases}$$

2. 建立各评价指标的权重向量 $w=(w_1,w_2,\cdots,w_m)$。

3. 建立综合评价模型。

$$FB_j=\sum_{i=1}^{m}w_ib_{ij}\qquad(j=1,2,\cdots,n)$$

且若 $FB_t>FB_s$，则第 t 个方案排在第 s 个方案前。

$$FD_j=\sum_{i=1}^{m}w_id_{ij}\qquad(j=1,2,\cdots,n)$$

且若 $FD_t>FD_s$，则第 t 个方案排在第 s 个方案前。

$$FC_j=\sum_{i=1}^{m}w_ic_{ij}\qquad(j=1,2,\cdots,n)$$

且若 $FC_t<FC_s$，则第 t 个方案排在第 s 个方案前。

$$FE_j=\sum_{i=1}^{m}w_ie_{ij}\qquad(j=1,2,\cdots,n)$$

且若 $FE_t<FE_s$，则第 t 个方案排在第 s 个方案前。

注意：以上判别准则的差别在于模糊矩阵的属性是不同的。

例 3　现有五个农业技术经济方案，如表 9—3 所示，试评价各方案的优劣。

表 9—3　　**农业经济技术方案**

指标 / 方案	产量 (x_1)	投资 (x_2)	耗水量 (x_3)	用药量 (x_4)	劳力 (x_5)	除草剂 (x_6)	肥力 (x_7)
A_1	1000	120	5000	1	50	1.5	1
A_2	700	60	4000	2	40	2	2
A_3	900	60	7000	1	70	1	4
A_4	800	70	8000	1.5	40	0.5	6
A_5	800	80	4000	2	30	2	5

上述七项评价指标中产量、劳力、肥力是效益型指标，而投资、耗水量、用药量、除草剂均为成本型指标。我们应用相对偏差距离最小法进行综合评价。

(1)理想方案为 $u=(u_1^0,u_2^0,\cdots,u_7^0)=(1000,60,4000,1,70,0.5,6)$，

其中，$u_j^0=\begin{cases}\max\limits_i\{a_{ij}\} & \text{当 } a_{ij} \text{ 为效益型指标}\\ \min\limits_i\{a_{ij}\} & \text{当 } a_{ij} \text{ 为成本型指标。}\end{cases}$

(2)建立相对偏差模糊矩阵 $\underset{\sim}{R}$。

$$\underset{\sim}{R}=\begin{pmatrix}r_{11} & r_{12} & \cdots & r_{17}\\ r_{21} & r_{22} & \cdots & r_{27}\\ \cdots & \cdots & \cdots & \cdots\\ r_{51} & r_{52} & \cdots & r_{57}\end{pmatrix}$$

其中，$r_{ij}=\dfrac{|a_{ij}-u_j^0|}{\max\limits_i\{a_{ij}\}-\min\limits_i\{a_{ij}\}}$，$i=1,2,3,4,5$；$j=1,2,3,4,5,6,7$，则可得

$$\underset{\sim}{R}=\begin{pmatrix} 0 & 1 & 0.25 & 0 & 0.5 & 0.66 & 1 \\ 1 & 0 & 0 & 1 & 0.75 & 1 & 0.8 \\ 0.333 & 0 & 0.75 & 0 & 0 & 0.33 & 0.4 \\ 0.667 & 0.17 & 1 & 0.5 & 0.75 & 0 & 0 \\ 0.667 & 0.33 & 0 & 1 & 1 & 1 & 0.2 \end{pmatrix}$$

(3)建立各评价指标的权重 $w_j(j=1,2,3,4,5,6,7)$。

由变异系数法可知：$v_j=\dfrac{s_j}{\bar{x}_j}$，$w_j=\dfrac{v_j}{\sum\limits_{k=1}^{7}v_k}$，可求出：

$\bar{x}_1=0.53$，$\bar{x}_2=0.3$，$\bar{x}_3=0.4$，$\bar{x}_4=0.5$，$\bar{x}_5=0.6$，$\bar{x}_6=0.598$，$\bar{x}_7=0.48$

$s_1=0.3793$，$s_2=0.4147$，$s_3=0.4541$，$s_4=0.5$，$s_5=0.3791$，$s_6=0.4349$，$s_7=0.4147$

$v_1=0.7127$，$v_2=1.3822$，$v_3=1.1354$，$v_4=1$，$v_5=0.6319$，$v_6=0.7272$，$v_7=0.864$

归一化可得各指标的权重分别为 0.1105，0.2144，0.1760，0.1550，0.0979，0.1123，0.1339。

(4)建立综合评价模型。

$$F_i=\sum_{j=1}^{7}w_jr_{ij}$$

且若 $F_t<F_s$，则第 t 个方案排在第 s 个方案前。经计算可知：

$F_1=0.5161$，$F_2=0.5583$，$F_3=0.2598$，$F_4=0.4363$，$F_5=0.5371$

由于 $F_3<F_4<F_1<F_5<F_2$，故知方案 3 最优，方案 2 最劣。

例 4 对例 2 中的五个投资方案进行综合评价。

解：在例 2 的四个评价指标中，投资额、风险损失值为成本型指标，期望净现值、风险盈利值为效益型指标。首先我们对指标值矩阵进行无量纲化，得到各方案关于理想方案的相对优属度矩阵 M。

(1)建立相对优属度矩阵。

$$M=\begin{pmatrix} 1 & 0.5159 & 0.9905 & 0.5350 & 0.7879 \\ 0.7761 & 1 & 0.6269 & 0.7836 & 0.5597 \\ 0.8284 & 1 & 0.6690 & 0.9702 & 0.5779 \\ 1 & 0.2958 & 1 & 0.3602 & 0.5890 \end{pmatrix}$$

其中，$m_{ij}=\dfrac{a_{ij}}{\max\limits_{j}\{a_{ij}\}}$（若指标 i 为效益型指标）及 $m_{ij}=\dfrac{\min\limits_{j}\{a_{ij}\}}{a_{ij}}$（若指标 i 为成本型指标）。

（2）计算各评价指标的权数。

由例 2，我们取特征向量法，得到权重为：$w_1=0.2595$，$w_2=0.2354$，$w_3=0.2461$，$w_4=0.2590$。

（3）建立综合评价模型。

$D_j=\sum\limits_{i=1}^{4}w_i m_{ij}\ (j=1,2,3,4,5)$，显然 D_j 值越大，对应的方案越优。经计算可得：

$D_1=0.9042$，$D_2=0.6912$，$D_3=0.8274$，$D_4=0.6547$，$D_5=0.6303$

由 $D_1>D_3>D_2>D_4>D_5$ 可知：方案 1 最优，方案 5 最劣。

说明：

如果用变异系数法求得的权重向量为：$W=(0.244,0.172,0.172,0.411)$。

综合评价值是：

$D_1=0.9310$，$D_2=0.5915$，$D_3=0.8756$，$D_4=0.5802$，$D_5=0.6300$

经比较：$D_1>D_3>D_5>D_2>D_4$，与特征向量法得到的评价结果略有差异。

如果用熵值法求得的权重向量为：$W=(0.205,0.101,0.105,0.589)$

综合评价值是：

$D_1=0.9594$，$D_2=0.4860$，$D_3=0.9256$，$D_4=0.5028$，$D_5=0.6257$

经比较：$D_1>D_3>D_5>D_4>D_2$，评价结果与上述都略有差异。

注意：在例 3 中是综合评价值越小越好，而在例 4 中是综合评价值越大越好。在实际问题中，一定要根据自己所建立模糊矩阵的属性来确定。

第九章习题

1. 表 9—4 是三峡水利工程枢纽的正常蓄水位确定的四个技术方案，对其进行综合评价，找出最优方案。

表 9—4　　三峡水利工程蓄水的技术方案

方案 评价指标	方案 1 （150m）	方案 2 （160m）	方案 3 （170m）	方案 4 （180m）	指标性质
防洪（年平均减少洪灾淹没地）面积（m^2）	47	47	54.7	58.8	效益型

续表

评价指标＼方案	方案 1（150m）	方案 2（160m）	方案 3（170m）	方案 4（180m）	指标性质
航运（改善库区航道里程）（km）	500	560	600	660	效益型
发电效益（年发电量）（kw·h）	677	732	785	891	效益型
工程静态总投资（亿元）	214.8	236.4	270.7	311.4	成本型
移民费用（亿元）	53.4	69.5	97.8	123.3	成本型
泥沙（库区干流 30 年淤积量）（10^8m^3）	77.82	77.97	82.07	90.15	成本型
生态环境	1	1	2	2	效益型
与上游衔接	1	1	1.5	2	效益型

2. 给定有关数据如表 9—5 所示，试利用综合评价法，对上海、北京、天津、云南的科技进步进行排名。

表 9—5　　科技进步数据

地区＼指标	资金利用率（%）	销售利润率（%）	全员劳动生产率（万人/年）	综合能耗（标煤吨/万元）	物耗（%）	技改占固定资产投资的比例（%）
北京	29.09	24.05	1.94	4.55	67.4	67.6
上海	36.97	22.90	2.60	2.43	67.90	54.55
天津	29.13	20.40	1.97	3.60	68.70	64.00
云南	23.92	27.20	1.17	7.92	58.10	55.20
指标性质	效益型	效益型	效益型	成本型	成本型	效益型

3. 1949～1990 年我国洪涝灾害损失如表 9—6 所示，建立综合评价模型进行研究。

表 9—6　　1949～1990 年我国洪涝灾害统计数据

年份	受灾面积（万顷）	受灾人口（万人）	直接经济损失（当年万元）	年份	受灾面积（万顷）	受灾人口（万人）	直接经济损失（当年万元）
1949	928.2	2006	190300	1970	313	305	17424.71
1950	656	1928	12028.87	1971	399	618	15312.09
1951	417	601	12614.71	1972	408	1608	21804
1952	279.4	1059	23339.56	1973	624	1746	14378.77
1953	741	812	10897.38	1974	640	1988	35974.6
1954	1613	3937	209300	1975	682	1208	1000000
1955	525	407	13061.56	1976	420	2589	26163.63

续表

年份	受灾面积（万顷）	受灾人口（万人）	直接经济损失（当年万元）	年份	受灾面积（万顷）	受灾人口（万人）	直接经济损失（当年万元）
1956	1438	2576	326801.7	1977	910	1872	60604.77
1957	808.27	870	45708.41	1978	285	2130	26155.93
1958	428	1132	14692	1979	676	2191	54798.1
1959	481	845	25746	1980	915	4106	90339.39
1960	1016	682	58179.59	1981	862	4560	335319.3
1961	887	1867	26172.85	1982	836	4499	120239.5
1962	981	1501	53865.8	1983	1216	5294	221760.3
1963	1407	2757	629755.2	1984	1069	nan	1530
1964	1493	1561	31458.73	1985	1419.73	1294	470282
1965	559	683	23751.14	1986	915.53	321	703600
1966	251	1079	68286.03	1987	868.6	2105	246253.3
1967	170.89	575	14286.03	1988	1194.93	3522	803387.8
1968	224.34	372	8232.32	1989	1132.8	nan	233000
1969	463.18	1252	23293.55	1990	1180.4	7611	1591968

注：nan 表示数据空缺。

4. 2005 年，安徽省各地市水资源数据如表 9—7 所示，试对其进行综合评价。

表 9—7　　2005 年各地市水资源数据

地　区	水资源总量（万立方米）	地表水资源量（万立方米）	地下水资源量（万立方米）	人均水资源量（立方米/人）
合肥市	23.39	23.33	5.67	0.05
淮北市	13.36	10.32	5.66	0.07
亳州市	43.83	33.91	18.43	0.08
宿州市	43.03	31.14	17.96	0.07
蚌埠市	31.75	25.46	12.27	0.10
阜阳市	66.54	54.49	23.14	0.08
淮南市	9.90	7.98	4.26	0.04
滁州市	42.93	42.62	11.01	0.10
六安市	120.97	120.72	27.69	0.20
马鞍山市	5.57	5.47	2.50	0.04
巢湖市	41.49	41.17	10.74	0.10

续表

地　区	水资源总量（万立方米）	地表水资源量（万立方米）	地下水资源量（万立方米）	人均水资源量（立方米/人）
芜湖市	15.70	15.56	4.40	0.07
宣城市	64.28	64.18	14.05	0.24
铜陵市	6.03	5.95	1.22	0.09
池州市	53.59	53.45	9.49	0.36
安庆市	79.62	79.18	17.75	0.14
黄山市	57.27	57.27	9.17	0.40
总　计	719.25	672.20	195.41	0.12

第十章 模糊线性规划

线性规划已经广泛地用于现代物流调运、资源优化配置、组合投资分析、区域经济规划等经济领域。由于普通线性规划的约束条件是固定的，在经济发展过程中必然会出现一些波动，因此实际问题需要约束条件具有一定的弹性；优化问题的目标函数可能不是单一的，可以借助于模糊集合的方法来处理。引入隶属函数概念，将线性规划的约束条件与目标函数模糊化，进而导出一种新的线性规划问题——模糊线性规划，它的最优解称为原问题的模糊最优解。

第一节 普通线性规划及 LINGO 实现

在第一篇已经讲过，对于一般线性规划问题，都可以用 LINGO 求解。

例 1 求解线性规划问题

$$\min z=-2x_1-x_2+x_3$$

$$s.t.\begin{cases}x_1+x_2+2x_3=6\\x_1+4x_2-x_3\leqslant 4\\2x_1-2x_2+x_3\leqslant 12\\x_1\geqslant 0,x_2\geqslant 0,x_3\leqslant 5\end{cases}$$

解：LINGO10.0 程序为：

```
min=-2*x1-x2+x3;
x1+x2+2*x3=6;
x1+4*x2-x3<4;
2*x1-2*x2+x3<12;
x3<5;@free(x3);
```

运行结果为：

Objective value: −8.666667

Total solver iterations:		2
Variable	Value	Reduced Cost
X1	4.666667	0.000000
X2	0.000000	6.000000
X3	0.6666667	0.000000
Row	Slack or Surplus	Dual Price
1	−8.666667	−1.000000
2	0.000000	0.3333333
3	0.000000	1.666667
4	2.000000	0.000000
5	4.333333	0.000000

最优解：$x_1=14/3, x_2=0, x_3=2/3$；$\min z=-26/3$。

例 2　求解线性规划问题

$$\max z=2x_1+3x_2-5x_3$$

$$s.t.\begin{cases}x_1+x_2+x_3=7\\2x_1-5x_2+x_3\geqslant 10\\x_1,x_2,x_3\geqslant 0\end{cases}$$

解：LINGO10.0 程序为：

```
max=2*x1+3*x2-5*x3;
x1+x2+x3=7;
2*x1-5*x2+x3>=10;
```

运行结果为：

Objective value:		14.57143
Total solver iterations:		2
Variable	Value	Reduced Cost
X1	6.428571	0.000000
X2	0.5714286	0.000000
X3	0.000000	7.142857
Row	Slack or Surplus	Dual Price
1	14.57143	1.000000
2	0.000000	2.285714
3	0.000000	−0.1428571

最优解：$x_1=45/7, x_2=4/7, x_3=0$；$\max z=102/7$。

第二节　模糊线性规划及其求解

一、模糊约束线性规划

模糊约束线性规划的一般形式如下：

$$\max z=c_1x_1+c_2x_2+\ldots+c_nx_n$$

$$s.t.\begin{cases}a_{11}x_1+a_{12}x_2+\ldots+a_{1n}x_n \underset{\sim}{\leqslant} b_1\\ a_{21}x_1+a_{22}x_2+\ldots+a_{2n}x_n \underset{\sim}{\leqslant} b_2\\ \cdots\\ a_{m1}x_1+a_{m2}x_2+\ldots+a_{mn}x_n \underset{\sim}{\leqslant} b_m\\ x_j\geqslant 0 \quad j=1,2,\cdots,n\end{cases} \tag{10.1}$$

其中“$\underset{\sim}{\leqslant}$”表示一种弹性约束，可读作“近似小于等于”。

为了求解模糊线性规划，我们首先引入模糊约束集的概念。

定义 10.1　设 $X=\{x\mid x\in R^n, x\geqslant 0\}$，对每个约束 $\sum\limits_{j=1}^{n}a_{ij}x_j \underset{\sim}{\leqslant} b_i$，相应地有 X 中的一个模糊子集 $\underset{\sim}{D_i}$ 与之对应，它的隶属度函数为

$$\underset{\sim}{D_i}=f\left(\sum_{j=1}^{n}a_{ij}x_j\right)=\begin{cases}1 & \sum\limits_{j=1}^{n}a_{ij}x_j\leqslant b_i\\ 1-\dfrac{1}{d_i}\left(\sum\limits_{j=1}^{n}a_{ij}x_j-b_i\right) & \sum\limits_{j=1}^{n}a_{ij}x_j\leqslant b_i+d_i\\ 0 & \sum\limits_{j=1}^{n}a_{ij}x_j>b_i+d_i\end{cases} \tag{10.2}$$

其中，$d_i\geqslant 0(i=1,2,\cdots,m)$是适当选择的常数，称为伸缩指标。令

$$\underset{\sim}{D}=\underset{\sim}{D_1}\cap\underset{\sim}{D_2}\cap\cdots\cap\underset{\sim}{D_m}\in F(X)$$

则称 $\underset{\sim}{D}$ 为对应于约束条件 $Ax\underset{\sim}{\leqslant}b(x\geqslant 0)$的模糊约束集。

显然，当 $d_i=0(i=1,2,\cdots,m)$时，$\underset{\sim}{D}$ 退化为普通约束集 D，约束条件中的“$\underset{\sim}{\leqslant}$”退化为“$\leqslant$”。

由于模糊等式约束 $Ax\underset{\sim}{=}b$ 在伸缩率为 d 时，可以表示为如下的不等式约束

$$Ax \leqslant b+d$$
$$Ax \geqslant b-d$$

而 $Ax \geqslant b-d$ 可化为 $-Ax \leqslant d+b$，因此模糊约束的线性规划模型可以表示为如下的矩阵形式

$$\max z = cx$$
$$s.t.\begin{cases} Ax \underset{\sim}{\leqslant} b \\ x \geqslant 0 \end{cases} \tag{10.3}$$

下面我们讨论模糊约束的线性规划模型(10.3)的求解方法。

设 z_0, z_1 分别是普通线性规划

$$\max z = cx$$
$$s.t.\begin{cases} Ax \leqslant b \\ x \geqslant 0 \end{cases} \tag{10.4}$$

与

$$\max z = cx$$
$$s.t.\begin{cases} Ax \leqslant b+d \\ x \geqslant 0 \end{cases} \tag{10.5}$$

的最优值，其中 $d=(d_1,d_2,\cdots,d_m)^T$ 是不等式约束的伸缩指标向量，$d_i(i=1,2,\cdots,m)$称为第 i 个伸缩指标。z_0, z_1 分别对应于两种特殊的情形：一种是完全接受约束，即 $\underset{\sim}{D}(x)=1$；另一种是完全不接受约束，即 $\underset{\sim}{D}(x)=0$。这两种情形都是极端情况，并非我们所希望的。我们的目的是适当地降低 $\underset{\sim}{D}(x)$的取值，使得最优值有所提高，且介于 z_0 与 z_1 之间。为此构造模糊目标集合 $\underset{\sim}{M} \in F(x)$，其隶属度函数为

$$\underset{\sim}{M}(x) = g\left(\sum_{j=1}^{n} c_j x_j\right) = \begin{cases} 0 & \sum_{j=1}^{n} c_j x_j \leqslant z_0 \\ \dfrac{1}{d_0}\left(\sum_{j=1}^{n} c_j x_j - z_0\right) & z_0 < \sum_{j=1}^{n} c_j x_j \leqslant z_1 \\ 1 & \sum_{j=1}^{n} c_j x_j > z_1 \end{cases} \tag{10.6}$$

其中 $d_0 = z_1 - z_0$。

显然，当 $\underset{\sim}{D}(x)=1$ 时，$\underset{\sim}{M}(x)=0$，这表明要使得目标函数值大于 z_0，必须降低 $\underset{\sim}{D}(x)$，为了兼顾模糊约束集 $\underset{\sim}{D}(x)$与模糊目标集 $\underset{\sim}{M}(x)$，可以采用模糊判决 $\underset{\sim}{D_f}(x) = \underset{\sim}{D} \cap \underset{\sim}{M}$，进而选择 x^*，使得

$$\underset{\sim}{D_f}(x^*) = (\underset{\sim}{D} \cap \underset{\sim}{M})(x^*) = \bigvee_{x \in X} (\underset{\sim}{D}(x) \wedge \underset{\sim}{M}(x))$$

注意到

$$\bigvee_{x\in X}(\underset{\sim}{D}(x)\wedge \underset{\sim}{M}(x))=\bigvee\{\lambda\mid \underset{\sim}{D}(x)\geqslant\lambda,\underset{\sim}{M}(x)\geqslant\lambda,\lambda\geqslant 0\}$$
$$=\bigvee\{\lambda\mid \underset{\sim}{D_1}(x)\geqslant\lambda,\underset{\sim}{D_2}(x)\geqslant\lambda,\cdots,\underset{\sim}{D_m}(x)\geqslant\lambda,\underset{\sim}{M}(x)\geqslant\lambda,\lambda\geqslant 0\}$$

于是问题归结为求普通的线性规划问题

$$\max z=\lambda$$
$$s.t.\begin{cases}1-\dfrac{1}{d_i}(\sum\limits_{j=1}^{n}a_{ij}x_j-b_i)\geqslant\lambda & (i=1,2,\cdots,m)\\ \dfrac{1}{d_0}(\sum\limits_{j=1}^{n}c_jx_j-z_0)\geqslant\lambda\\ \lambda\geqslant 0,x_1\geqslant 0,\cdots,x_n\geqslant 0\end{cases}$$

即

$$\max z=\lambda$$
$$s.t.\begin{cases}\sum\limits_{j=1}^{n}a_{ij}x_j+d_i\lambda\leqslant b_i+d_i & (i=1,2,\cdots,m)\\ \sum\limits_{j=1}^{n}c_jx_j-d_0\lambda\geqslant z_0\\ \lambda\geqslant 0,x_1\geqslant 0,\cdots,x_n\geqslant 0\end{cases}\tag{10.7}$$

若求出线性模型(10.7)的最优解为$(x_1^*,x_2^*,\cdots,x_n^*,\lambda^*)$，则$x^*=(x_1^*,x_2^*,\cdots,x_n^*)$为模型(10.3)的最优解，进而模型(10.3)的最优值为

$$z^*=\sum_{j=1}^{n}c_jx_j^*$$

说明：

(1)求解模糊线性规划模型(10.3)，需要分别求解三个普通的线性规划模型(10.4)、(10.5)、(10.7)，其中(10.4)是将模糊约束当作普通约束得到的模型，(10.5)是在(10.4)的基础上加上伸缩率后的普通线性规划，(10.7)是在(10.5)的基础上添加了新变量λ和一个约束条件$(cx-d_0\lambda\geqslant z_0)$。

(2)如果模糊约束线性规划模型为

$$\min z=cx$$
$$s.t.\begin{cases}Ax\underset{\sim}{\leqslant}b\\ x\geqslant 0\end{cases}\tag{10.8}$$

则应先分别求解以下两个普通线性规划

$$\min z=cx$$
$$s.t.\begin{cases}Ax\leqslant b\\x\geqslant 0\end{cases}\tag{10.9}$$

$$\min z=cx$$
$$s.t.\begin{cases}Ax\leqslant b+d\\x\geqslant 0\end{cases}\tag{10.10}$$

得到两个模型的最优值 z_0,z_1，然后求出新的伸缩指标 $d_0=z_0-z_1>0$，进而求解添加新变量与新的约束条件的普通线性规划

$$\max z=\lambda$$
$$s.t.\begin{cases}\sum_{j=1}^{n}a_{ij}x_j+d_i\lambda\leqslant b_i+d_i\quad(i=1,2,\cdots,m)\\\sum_{j=1}^{n}c_jx_j-d_0\lambda\geqslant z_0\\\lambda\geqslant 0,x_1\geqslant 0,\cdots,x_n\geqslant 0\end{cases}\tag{10.11}$$

线性模型(10.11)的最优解为 $(x_1^*,x_2^*,\cdots,x_n^*,\lambda^*)$，则 $x^*=(x_1^*,x_2^*,\cdots,x_n^*)$ 为模型(10.8)的最优解，进而模型(10.8)的最优值为 $z^*=\sum_{j=1}^{n}c_jx_j^*$。

二、基于LINGO的模糊线性规划求解

例3　求解模糊线性规划

$$\max s=x_1-4x_2+6x_3$$
$$s.t.\begin{cases}x_1+x_2+x_3\lesssim 8\\x_1-6x_2+x_3\gtrsim 6\\x_1-3x_2-x_3\underset{\sim}{=}-4\\x_1,x_2,x_3\geqslant 0\end{cases}$$

对应的约束条件伸缩指标分别取 $d_1=2,d_2=1,d_3=0.5$。

解：首先求解普通线性规划(1)

$$\max s=x_1-4x_2+6x_3$$
$$s.t.\begin{cases}x_1+x_2+x_3\leqslant 8\\x_1-6x_2+x_3\geqslant 6\\x_1-3x_2-x_3=-4\\x_1,x_2,x_3\geqslant 0\end{cases}\tag{1}$$

此时的线性规划(1)，只需将原题中的$\underset{\sim}{\leqslant}$，$\underset{\sim}{\geqslant}$，$\underset{\sim}{=}$相应地改成$\leqslant$，$\geqslant$，$=$即可。

LINGO10.0 程序如下：

```
max=x1-4*x2+6*x3;
x1+x2+x3<8;
x1-6*x2+x3>6;
x1-3*x2-x3=-4;
```

运行结果为：

Objective value:		38.00000
Total solver iterations:		0
Variable	Value	Reduced Cost
X1	2.000000	0.000000
X2	0.000000	15.00000
X3	6.000000	0.000000
Row	Slack or Surplus	Dual Price
1	38.00000	1.000000
2	0.000000	3.500000
3	2.000000	0.000000
4	0.000000	-2.500000

结果：$x_1=2$，$x_2=0$，$x_3=6$，最优值为：$s_1=38$。

其次，解有伸缩率的普通线性规划(2)

$$\max s=x_1-4x_2+6x_3$$

$$s.t.\begin{cases}x_1+x_2+x_3\leqslant 10\\x_1-6x_2+x_3\geqslant 5\\x_1-3x_2-x_3\leqslant -3.5\\x_1-3x_2-x_3\geqslant -4.5\\x_1,x_2,x_3\geqslant 0\end{cases}\tag{2}$$

LINGO10.0 程序如下：

```
max=x1-4*x2+6*x3;
x1+x2+x3<10;
x1-6*x2+x3>5;
x1-3*x2-x3<-3.5;
x1-3*x2-x3>-4.5;
```

运行结果为：

Objective value:		46.25000
Total solver iterations:		2
Variable	Value	Reduced Cost
X1	2.750000	0.000000
X2	0.000000	15.00000
X3	7.250000	0.000000
Row	Slack or Surplus	Dual Price
1	46.25000	1.000000
2	0.000000	3.500000
3	5.000000	0.000000
4	1.000000	0.000000
5	0.000000	−2.500000

结果：$x_1=2.75$，$x_2=0$，$x_3=7.25$，最优值为：$s_2=46.25$。

最后，添加新的变量λ，求解普通线性规划(3)

$$\max g=\lambda$$

$$s.t.\begin{cases} x_1-4x_2+6x_3-8.25\lambda\geqslant 38 \\ x_1+x_2+x_3+2\lambda\leqslant 10 \\ x_1-6x_2+x_3-\lambda\geqslant 5 \\ x_1-3x_2-x_3+0.5\lambda\leqslant -3.5 \\ x_1-3x_2-x_3-0.5\lambda\geqslant -4.5 \\ x_1,x_2,x_3,\lambda\geqslant 0 \end{cases} \tag{3}$$

其中：$d_0=s_2-s_1=46.25-38=8.25$。

注意：此时增加了一个约束条件为：原目标函数—新伸缩率乘以新变量≥模型(1)的最优值。

LINGO10.0 程序如下：

```
max=w;
x1-4*x2+6*x3-8.25*w>38;
x1+x2+x3+2*w<10;
x1-6*x2+x3-w>5;
x1-3*x2-x3+0.5*w<-3.5;
x1-3*x2-x3-0.5*w>-4.5;
```

s＝x1－4 * x2＋6 * x3；

运行结果为：

Objective value:		0.5000000
Total solver iterations:		3
Variable	Value	Reduced Cost
W	0.5000000	0.000000
X1	2.375000	0.000000
X2	0.000000	0.9090909
X3	6.625000	0.000000
S	42.12500	0.000000
Row	Slack or Surplus	Dual Price
1	0.5000000	1.000000
2	0.000000	－0.6060606E－01
3	0.000000	0.2121212
4	3.500000	0.000000
5	0.5000000	0.000000
6	0.000000	－0.1515152
7	0.000000	0.000000

模糊最优解：$x_1=2.375, x_2=0, x_3=6.625$。

将上述最优解代入原目标函数，得到模糊线性规划的最优值为 42.125。在程序中加入语句 $s=x_1-4*x_2+6*x_3$；输出结果中直接得出 $s=42.125$。

第三节 模糊线性规划的经济应用

在经济工作中，我们经常遇到各种经济优化问题，通常可以转化为模糊线性规划的问题加以解决。

例 4 （饮料配方问题）某种饮料含有三种主要成分 A_1, A_2, A_3，每瓶含量分别为：75±5mg，120±5mg，138±10mg，这三种成分主要来自五种原料 B_1, B_2, B_3, B_4, B_5。各种原料每千克所含的成分与单价如表 10－1 所示，若生产此种饮料 10000 瓶，如何选择原料可使成本最小？

表 10—1 **原料成分含量与单价**

原料	B_1	B_2	B_3	B_4	B_5
A_1(mg)	85	60	120	80	120
A_2(mg)	80	150	90	160	60
A_3(mg)	100	120	150	120	200
单价(元)	1.3	1.5	1.6	1.7	1.8

解:设一瓶饮料需选用原料 B_1,B_2,B_3,B_4,B_5 分别为 x_1,x_2,x_3,x_4,x_5,于是可转化为如下的模糊线性规划问题:

$$\min s=1.3x_1+1.5x_2+1.6x_3+1.7x_4+1.8x_5$$

$$s.t.\begin{cases}85x_1+60x_2+120x_3+80x_4+120x_5 \underset{\sim}{=} 75\\80x_1+150x_2+90x_3+160x_4+60x_5 \underset{\sim}{=} 120\\100x_1+120x_2+150x_3+120x_4+200x_5 \underset{\sim}{=} 138\\x_1,x_2,x_3,x_4,x_5\geqslant 0,d_1=d_2=5,d_3=10\end{cases}$$

首先求解没有伸缩率的经典线性规划:

$$\min s=1.3x_1+1.5x_2+1.6x_3+1.7x_4+1.8x_5$$

$$s.t.\begin{cases}85x_1+60x_2+120x_3+80x_4+120x_5=75\\80x_1+150x_2+90x_3+160x_4+60x_5=120\\100x_1+120x_2+150x_3+120x_4+200x_5=138\\x_1,x_2,x_3,x_4,x_5\geqslant 0\end{cases}$$

LINGO10.0 程序如下:

```
min=1.3*x1+1.5*x2+1.6*x3+1.7*x4+1.8*x5;
85*x1+60*x2+120*x3+80*x4+120*x5=75;
80*x1+150*x2+90*x3+160*x4+60*x5=120;
100*x1+120*x2+150*x3+120*x4+200*x5=138;
```

运行结果为:

```
Objective value:                         1.532727
Variable              Value              Reduced Cost
X1                    0.000000           0.1424242
X2                    0.6840909          0.000000
X3                    0.1363636E-01      0.000000
```

X4	0.000000	0.1121212
X5	0.2693182	0.000000

得到最优值 $s_0=1.5327$。

然后求解有伸缩率的普通线性规划

$$\min s=1.3x_1+1.5x_2+1.6x_3+1.7x_4+1.8x_5$$

$$s.t.\begin{cases}85x_1+60x_2+120x_3+80x_4+120x_5\leqslant 80\\85x_1+60x_2+120x_3+80x_4+120x_5\geqslant 70\\80x_1+150x_2+90x_3+160x_4+60x_5\leqslant 125\\80x_1+150x_2+90x_3+160x_4+60x_5\geqslant 115\\100x_1+120x_2+150x_3+120x_4+200x_5\leqslant 148\\100x_1+120x_2+150x_3+120x_4+200x_5\geqslant 128\\x_1,x_2,x_3,x_4,x_5\geqslant 0\end{cases}$$

LINGO10.0 程序如下：

```
min=1.3*x1+1.5*x2+1.6*x3+1.7*x4+1.8*x5;
85*x1+60*x2+120*x3+80*x4+120*x5<80;
80*x1+150*x2+90*x3+160*x4+60*x5<125;
100*x1+120*x2+150*x3+120*x4+200*x5<148;
85*x1+60*x2+120*x3+80*x4+120*x5>70;
80*x1+150*x2+90*x3+160*x4+60*x5>115;
100*x1+120*x2+150*x3+120*x4+200*x5>128;
```

运行结果为：

Objective value:　　　　1.437273

Variable	Value	Reduced Cost
X1	0.000000	0.1424242
X2	0.6575758	0.000000
X3	0.3636364E−01	0.000000
X4	0.000000	0.1121212
X5	0.2181818	0.000000

得到最优值 $s_1=1.4373$，于是 $d_0=1.5327-1.4373=0.0954$。

最后求解以下线性规划：

$$\max g=\lambda$$

$$s.t.\begin{cases}85x_1+60x_2+120x_3+80x_4+120x_5+5\lambda\leqslant 80\\85x_1+60x_2+120x_3+80x_4+120x_5-5\lambda\geqslant 70\\80x_1+150x_2+90x_3+160x_4+60x_5+5\lambda\leqslant 125\\80x_1+150x_2+90x_3+160x_4+60x_5-5\lambda\geqslant 115\\100x_1+120x_2+150x_3+120x_4+200x_5+10\lambda\leqslant 148\\100x_1+120x_2+150x_3+120x_4+200x_5-10\lambda\geqslant 128\\1.3x_1+1.5x_2+1.6x_3+1.7x_4+1.8x_5+0.0955\lambda\leqslant 1.5327\\x_1,x_2,x_3,x_4,x_5,\lambda\geqslant 0\end{cases}$$

LINGO10.0 程序如下：

```
max=w;
1.3*x1+1.5*x2+1.6*x3+1.7*x4+1.8*x5+0.0955*w<1.5327;
85*x1+60*x2+120*x3+80*x4+120*x5+5*w<80;
80*x1+150*x2+90*x3+160*x4+60*x5+5*w<125;
100*x1+120*x2+150*x3+120*x4+200*x5+10*w<148;
85*x1+60*x2+120*x3+80*x4+120*x5-5*w>70;
80*x1+150*x2+90*x3+160*x4+60*x5-5*w>115;
100*x1+120*x2+150*x3+120*x4+200*x5-10*w>128;
s=1.3*x1+1.5*x2+1.6*x3+1.7*x4+1.8*x5;
```

运行结果为：

```
Objective value:                    0.4997382
Variable            Value           Reduced Cost
W                   0.4997382       0.000000
X1                  0.000000        0.7458542
X2                  0.6708264       0.000000
X3                  0.2500595E-01   0.000000
X4                  0.000000        0.5871618
X5                  0.2437366       0.000000
S                   1.484975        0.000000
```

得到模糊最优解为：$x_1=0$，$x_2=0.6708$，$x_3=0.025$，$x_4=0$，$x_5=0.2437$；$S=1.485$。

生产此种饮料 10000 瓶应选购原料 B_2 为 6708kg，B_3 为 250kg，B_5 为 2437kg，使

得成本最小，最小成本为14850元。

例5 某厂生产甲、乙、丙、丁四种产品，使用 A、B、C 三类设备，生产每种产品使用各类设备的工时数及利润见表10－2，若给定 A，B，C 三类设备工时伸缩率指标分别为 $d_1=100, d_2=d_3=50$，如何安排生产可获利最大？

表10－2 **各类设备的工时与利润**

设　备	加工每件产品工时				单位时段可供使用或必须使用时数
	甲	乙	丙	丁	
A	1.0	1.2	1.4	1.5	$\leqslant 2100$
B	0.5	0.6	0.6	0.8	$\leqslant 1000$
C	0.7	0.7	0.8	0.8	$\geqslant 1300$
单位利润(元)	12	15	8	10	

解：设甲、乙、丙、丁四种产品的产量分别为 x_1, x_2, x_3, x_4，于是有如下的模糊线性规划：

$$\max z=12x_1+15x_2+8x_3+10x_4$$

$$s.t.\begin{cases} x_1+1.2x_2+1.4x_3+1.5x_4 \underset{\sim}{\leqslant} 2100 \\ 0.5x_1+0.6x_2+0.6x_3+0.8x_4 \underset{\sim}{\leqslant} 1000 \\ 0.7x_1+0.7x_2+0.8x_3+0.8x_4 \underset{\sim}{\geqslant} 1300 \\ x_1,x_2,x_3,x_4 \geqslant 0, d_1=100, d_2=d_3=50 \end{cases}$$

首先解普通线性规划

$$\max z=12x_1+15x_2+8x_3+10x_4$$

$$s.t.\begin{cases} x_1+1.2x_2+1.4x_3+1.5x_4 \leqslant 2100 \\ 0.5x_1+0.6x_2+0.6x_3+0.8x_4 \leqslant 1000 \\ 0.7x_1+0.7x_2+0.8x_3+0.8x_4 \geqslant 1300 \\ x_1,x_2,x_3,x_4 \geqslant 0 \end{cases}$$

LINGO10.0程序如下：

```
Max=12*x1+15*x2+8*x3+10*x4;
x1+1.2*x2+1.4*x3+1.5*x4<2100;
0.5*x1+0.6*x2+0.6*x3+0.8*x4<1000;
0.7*x1+0.7*x2+0.8*x3+0.8*x4>1300;
```

运行结果为：

Objective value:		24428.57
Variable	Value	Reduced Cost
X1	1142.857	0.000000
X2	714.2857	0.000000
X3	0.000000	6.571429
X4	0.000000	10.57143

得到最优解：$x_1=1142.9, x_2=714.3, x_3=0, x_4=0$，最优值 $z_0=24429$。

其次解有伸缩率的普通线性规划

$$\max z=12x_1+15x_2+8x_3+10x_4$$

$$s.t.\begin{cases}x_1+1.2x_2+1.4x_3+1.5x_4\leqslant 2200\\0.5x_1+0.6x_2+0.6x_3+0.8x_4\leqslant 1050\\0.7x_1+0.7x_2+0.8x_3+0.8x_4\geqslant 1250\\x_1,x_2,x_3,x_4\geqslant 0\end{cases}$$

LINGO10.0 程序如下：

```
Max=12*x1+15*x2+8*x3+10*x4;
x1+1.2*x2+1.4*x3+1.5*x4<2200;
0.5*x1+0.6*x2+0.6*x3+0.8*x4<1050;
0.7*x1+0.7*x2+0.8*x3+0.8*x4>1250;
```

运行结果为：

Objective value:		26142.86
Variable	Value	Reduced Cost
X1	214.2857	0.000000
X2	1571.429	0.000000
X3	0.000000	6.571429
X4	0.000000	10.57143

得到最优解：$x_1=214.3, x_2=1571.4, x_3=0, x_4=0$，最优值 $z_1=26143$。

于是 $d_0=26143-24429=1714$。

最后解如下的线性规划

$$\max g=\lambda$$

$$s.t.\begin{cases}12x_1+15x_2+8x_3+10x_4-1714\lambda\geqslant 24429\\x_1+1.2x_2+1.4x_3+1.5x_4+100\lambda\leqslant 2200\\0.5x_1+0.6x_2+0.6x_3+0.8x_4+50\lambda\leqslant 1050\\0.7x_1+0.7x_2+0.8x_3+0.8x_4-50\lambda\geqslant 1250\\x_1,x_2,x_3,x_4,\lambda\geqslant 0\end{cases}$$

LINGO10.0 程序如下：

```
max=w;
12*x1+15*x2+8*x3+10*x4-1714*w>24429;
x1+1.2*x2+1.4*x3+1.5*x4+100*w<2200;
0.5*x1+0.6*x2+0.6*x3+0.8*x4+50*w<1050;
0.7*x1+0.7*x2+0.8*x3+0.8*x4-50*w>1250;
z=12*x1+15*x2+8*x3+10*x4;
```

运行结果为：

```
Objective value:                        0.4999167
Variable              Value          Reduced Cost
W                     0.4999167      0.000000
X1                    678.4940       0.000000
X2                    1142.929       0.000000
X3                    0.000000       0.1916826E-02
X4                    0.000000       0.3083590E-02
z                     25285.86       0.000000
```

得到模糊最优解：$x_1=678.5$，$x_2=1142.9$，$x_3=0$，$x_4=0$，最优值 $z=25285.86$。

例 6 某风险投资公司计划将自己拥有资金的 20%±3%作为机动资金，其余用于投资 5 项科技成果转化项目（风险投资项目）：A_1，A_2，A_3，A_4，A_5。已知它们的投资收益率和风险损失率如表 10－3 所示，如何投资才能使收益最大、风险最小？

表 10－3 **投资收益与风险**

项目	A_1	A_2	A_3	A_4	A_5
投资收益率(%)	5	10	20	30	40
风险损失率(%)	3	5	8	16	18

解：设项目 A_i 的投资比例为 x_i%（$i=1,2,3,4,5$），该风险投资问题是一个双目

标线性规划

$$\max z_1=0.05x_1+0.1x_2+0.2x_3+0.3x_4+0.4x_5$$

$$\min z_2=0.03x_1+0.05x_2+0.08x_3+0.16x_4+0.18x_5$$

$$s.t.\begin{cases}x_1+x_2+x_3+x_4+x_5\leqslant 83\\x_1+x_2+x_3+x_4+x_5\geqslant 77\\x_1,x_2,x_3,x_4,x_5\geqslant 0\end{cases}$$

首先求解单目标线性规划

$$\max z_1=0.05x_1+0.1x_2+0.2x_3+0.3x_4+0.4x_5$$

$$s.t.\begin{cases}x_1+x_2+x_3+x_4+x_5\leqslant 83\\x_1+x_2+x_3+x_4+x_5\geqslant 77\\x_1,x_2,x_3,x_4,x_5\geqslant 0\end{cases}$$

LINGO10.0 程序如下：

```
max=Z1；
Z1=0.05*x1+0.1*x2+0.2*x3+0.3*x4+0.4*x5；
Z2=0.03*x1+0.05*x2+0.08*x3+0.16*x4+0.18*x5；
x1+x2+x3+x4+x5<83；
x1+x2+x3+x4+x5>77；
```

运行结果为：

Objective value:　　33.20000

Variable	Value	Reduced Cost
Z1	33.20000	0.000000
X1	0.000000	0.3500000
X2	0.000000	0.3000000
X3	0.000000	0.2000000
X4	0.000000	0.1000000
X5	83.00000	0.000000
Z2	14.94000	0.000000

最优值为 $z_1^*=33.2$，此时 $z_2=14.94$。

然后求解单目标线性规划

$$\min z_2=0.03x_1+0.05x_2+0.08x_3+0.16x_4+0.18x_5$$

$$s.t.\begin{cases}x_1+x_2+x_3+x_4+x_5\leqslant 83\\x_1+x_2+x_3+x_4+x_5\geqslant 77\\x_1,x_2,x_3,x_4,x_5\geqslant 0\end{cases}$$

LINGO10.0 程序如下：

```
min=Z2;
Z1=0.05*x1+0.1*x2+0.2*x3+0.3*x4+0.4*x5;
Z2=0.03*x1+0.05*x2+0.08*x3+0.16*x4+0.18*x5;
x1+x2+x3+x4+x5<83;
x1+x2+x3+x4+x5>77;
```

运行结果为：

Objective value:		2.310000
Variable	Value	Reduced Cost
Z2	2.310000	0.000000
Z1	3.850000	0.000000
X1	77.00000	0.000000
X2	0.000000	0.2000000E−01
X3	0.000000	0.5000000E−01
X4	0.000000	0.1300000
X5	0.000000	0.1500000

最优值为 $z_2^*=2.31$，此时 $z_1=3.85$。

由此可知，$3.85\leqslant z_1\leqslant 33.2$，$2.31\leqslant z_2\leqslant 14.94$，取伸缩指标分别为 $d_1=33.2-3.85=29.35$，$d_2=14.94-2.31=12.63$，解如下的线性规划

$$\max g=\lambda$$

$$s.t.\begin{cases}0.05x_1+0.1x_2+0.2x_3+0.3x_4+0.4x_5-29.35\lambda\geqslant 3.85\\0.03x_1+0.05x_2+0.08x_3+0.16x_4+0.18x_5+12.63\lambda\leqslant 14.93\\x_1+x_2+x_3+x_4+x_5\leqslant 83\\x_1+x_2+x_3+x_4+x_5\geqslant 77\\x_1,x_2,x_3,x_4,x_5,\lambda\geqslant 0\end{cases}$$

LINGO10.0 程序如下：

```
max=w;
0.05*x1+0.1*x2+0.2*x3+0.3*x4+0.4*x5-29.35*w>3.85;
```

```
0.03*x1+0.05*x2+0.08*x3+0.16*x4+0.18*x5+12.63*w<14.93;
Z1=0.05*x1+0.1*x2+0.2*x3+0.3*x4+0.4*x5;
Z2=0.03*x1+0.05*x2+0.08*x3+0.16*x4+0.18*x5;
x1+x2+x3+x4+x5<83;
x1+x2+x3+x4+x5>77;
```

运行结果为：

Objective value：　0.5370811

Variable	Value	Reduced Cost
W	0.5370811	0.000000
X1	0.000000	0.9155832E−03
X2	0.000000	0.7324666E−03
X3	67.93335	0.000000
X4	0.000000	0.1098700E−02
X5	15.06665	0.000000
Z1	19.61333	0.000000
Z2	8.146665	0.000000

模糊最优解为：A_3，A_5 分别投资 67.93%，15.07%，其余不投资，此时投资收益率为 19.61%，风险损失率为 8.15%。

第十章习题

1. 解下列模糊线性规划

(1) $\max z = 4x_1 + 5x_2 + 2x_3$

$$s.t.\begin{cases} 3x_1 + 2x_2 + 2x_3 \underset{\sim}{\leqslant} 60 \\ 3x_1 + x_2 + x_3 \underset{\sim}{\leqslant} 30 \\ 2x_2 + x_3 \underset{\sim}{\leqslant} 10 \\ x_1, x_2, x_3 \geqslant 0 \end{cases}$$

取伸缩指标为 $d_1 = 4$，$d_2 = 6$，$d_3 = 2$

(2) $\max z = 3x_1 + 4x_2 + 4x_3$

$$s.t.\begin{cases} 6x_1 + 3x_2 + 4x_3 \underset{\sim}{\leqslant} 1200 \\ 5x_1 + 4x_2 + 5x_3 \underset{\sim}{\leqslant} 1550 \\ x_1, x_2, x_3 \geqslant 0 \end{cases}$$

取伸缩指标为 $d_1 = 100$，$d_2 = 200$

2. 解多目标线性规划

$$\max f_1 = 2x_1 + x_2 - x_3$$

$$\max f_2 = 3x_1 - 2x_2 + x_3$$

$$s.t.\begin{cases} -3x_1 + 2x_2 + x_3 \leqslant 40 \\ 4x_1 + 3x_2 - x_3 \leqslant 75 \\ 3x_1 - x_2 \leqslant 27 \\ x_1, x_2, x_3 \geqslant 0 \end{cases}$$

注：本题的目标函数 f_1, f_2 不一定具有非负性。

3. 根据例 6 解决以下问题：

(1)若将风险损失率限制在 3%～5%之间，应如何投资可使投资收益率最大？

(2)若要投资收益率超过 28%，最低不少于 25%，应如何投资可以使得风险损失率最低？

第三篇

层次分析模型及应用

人们在各项日常活动中常常会面对一些决策问题。例如,大学毕业生对职业的选择,他们会从专业对口、发展潜力、单位的知名度、工作地点和收入水平等方面加以考虑、比较和判断,然后进行决策。假如有 m 个单位可供选择,将会选择哪一个?

随着人们面对的决策问题日趋复杂,例如科研成果的评价、综合国力(地区综合实力)比较、各工业部门对国民经济贡献的比较、企业评估、人才选拔等,项目决策者与决策的模型及方法之间的交互作用变得越来越强烈和越来越重要。许多问题由于结构复杂且缺乏必要的数据,很难用一般的数学模型来解决。

由美国运筹学家 T. L. Saaty 教授在 20 世纪 70 年代中期提出的层次分析法(Analytic Hierarchy Process,AHP),是将决策问题的有关元素分解成目标、准则、方案等层次,在此基础上进行定性分析与定量分析相结合的一种决策方法。这一方法的特点是在对复杂决策问题的本质、影响因素及其内在关系等进行深入分析之后,构建一个层次结构模型,然后利用较少的定量信息把决策的思维过程数学化,从而为求解多准则或无结构特性的复杂决策问题提供一种简便的决策方法。

层次分析法的发展过程可追溯到 20 世纪 70 年代初期。1971 年,美国匹兹堡大学数学教授萨蒂(Thomas L. Saaty)在为美国国防部研究"应急计划"中,充分注意到当时社会的特点及很多决策科学方法的弱点。他开始寻求一种能综合进行定量与定性相结合的决策方法,这种方法不仅能够保证模型的系统性、合理性,又能让决策人员充分运用其有价值的经验与判断能力。Saaty 教授在 1972 年发表了"用于排序和计划的特征根分配模型"。之后,Saaty 教授又发表了一系列关于 AHP 应用方面的文章。1977 年获得了美国管理研究院的最佳应用研究成果奖。同年,Saaty 教授在第一届国际数学建模会议上发表了"无结构决策问题的建模——层次分析理论"。从此,AHP 方法开始受到人们的关注,得到深入的研究和应用。

第十一章　层次分析法的基本原理和步骤

层次分析法的基本思路与人们对复杂的决策问题的思维判断过程大体一致。当一个决策者在对问题进行分析时，首先要对分析对象的因素建立彼此相关因素的递阶层次系统结构，这种递阶层次结构可以清晰地反映出诸相关因素（目标、准则、对象）的彼此关系，使得决策者能够把复杂的问题理顺，然后进行逐一比较、判断，从中选出最优的方案。

运用层次分析法建模，大体上分成以下 4 个步骤：

（1）建立递阶层次结构；

（2）构造比较判断矩阵；

（3）在单准则下的排序及一致性检验；

（4）总的一致性检验与排序选优。

第一节　递阶层次结构的建立

层次分析法首先把决策问题层次化。所谓层次化，就是根据问题的性质以及要达到的目标，把问题分解为不同的组成因素，并按各因素之间的隶属关系和关联程度分组，形成一个不相交的层次。

例如，大学毕业生对职业的选择。假设有 A，B，C，D 四个单位可供他们选择，他们会从专业对口、发展潜力、单位知名度、工作地点和收入水平等多方面进行反复的考虑、比较，从中选出自己最满意的职业。按照这种思路，我们可以得到这样的分析图（见图 11—1）。

在图 11—1 中，上一层次的元素对相邻的下一层次的全部或部分元素起支配作用，从而形成一个自上而下的逐层支配关系，具有这种性质的结构称为递阶层次结构。图 11—2 就是一个典型的递阶层次结构。

层次分析法先将问题分为若干层次。最高一层称为目标层，这一层中只有一个元素，就是该问题要达到的目标或理想的结果；中间层为准则层，层中的元素为实现目标

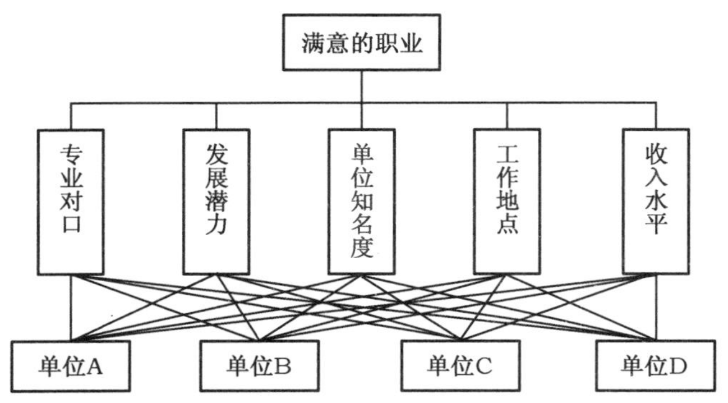

图 11—1 最佳职业选择的递阶层次结构

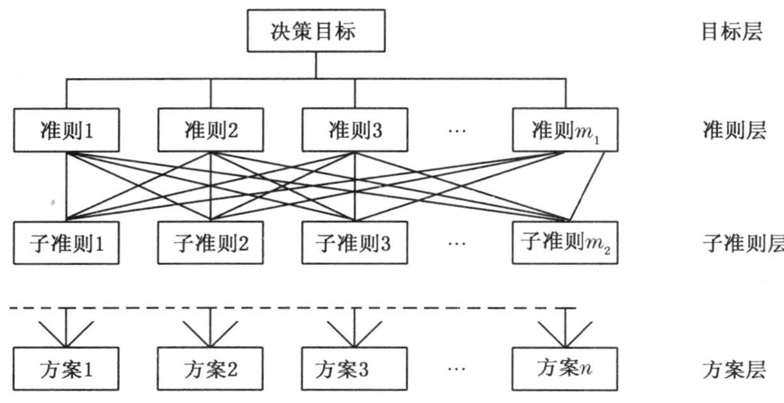

图 11—2 典型的递阶层次结构

所采用的措施、政策、准则等。准则层可以不止一层，根据问题规模的大小和复杂程度，分为准则层、子准则层等。最低一层为方案层，这一层包括实现目标可供选择的方案。

在递阶层次结构中，各层均由若干因素构成。当某个层次包含的因素较多时，可将该层次进一步划分成若干子层次。通常应使各层次中的各因素支配的元素一般不超过 9 个，这是因为支配元素过多会给两两比较带来困难。

一个好的递阶层次结构对解决问题极为重要，因此在建立递阶层次结构时，应注意到：

(1)从上到下顺序地存在支配关系，用直线段表示上一层次因素与下一层次因素之间的关系，同一层次及不相邻层的元素之间不存在支配关系；

(2)整个结构不受层次限制；

(3)最高层只有一个元素,每个元素所支配的元素一般不超过 9 个,元素过多可进一步分层;

(4)对某些子层次结构可引入虚元素,使之成为典型的递阶层次结构。

递阶层次结构是 AHP 最简单的层次结构形式。在实际问题中,我们常常会遇到更复杂的层次结构。这里只讨论递阶层次结构,其余的模型读者可参阅相关文献。

第二节　构造比较判断矩阵

在建立递阶层次结构后,上下层元素间的隶属关系就被确定了。假设以上一层次元素 C 为准则,所支配的下一层次的因素为 $u_1,u_2,\cdots,u_n$,我们的目的是要按它们对准则 C 的相对重要性赋予 $u_1,u_2,\cdots,u_n$ 相应的权重。对于有些问题可以直接给出权重,如学生的考试成绩、某工程的投资额等。但在大多数社会经济活动中,尤其是在较复杂的问题中,元素的权重无法直接获得,这就需要通过适当的方法导出它们的权重。AHP 所用的导出权重的方法就是两两比较法。

两两比较法的具体方法是:当以上一层次某个因素 C 作为比较准则时,可用一个比较标度 $a_{ij}(i,j=1,2,\cdots,n)$来表达下一层次中第 i 个因素与第 j 个因素的相对重要性(或偏好优劣)的认识。a_{ij} 的取值一般取正整数 1～9(称为标度)或其倒数。由 a_{ij} 构成的矩阵 $A=(a_{ij})_{n\times n}$ 称为比较判断矩阵。关于 a_{ij} 取值的规则见表 11－1。

表 11－1　　元素 a_{ij} 取值的规则

元　素	标　度	规　则
a_{ij}	1	以上一层某个因素为准则,本层次因素 i 与因素 j 相比,同样重要
	3	以上一层某个因素为准则,本层次因素 i 与因素 j 相比,i 比 j 稍微重要
	5	以上一层某个因素为准则,本层次因素 i 与因素 j 相比,i 比 j 明显重要
	7	以上一层某个因素为准则,本层次因素 i 与因素 j 相比,i 比 j 强烈重要
	9	以上一层某个因素为准则,本层次因素 i 与因素 j 相比,i 比 j 极端重要

a_{ij} 取值也可以取上述各数的中值 2,4,6,8 及其倒数,即若因素 i 与因素 j 比较得 a_{ij},则因素 j 与因素 i 比较得 $1/a_{ij}(i,j=1,2,\cdots,n)$。

观察比较判断矩阵 $A=\begin{pmatrix} 1 & a_{12} & \cdots & a_{1n} \\ 1/a_{12} & 1 & \cdots & a_{2n} \\ \cdots & \cdots & \cdots & \cdots \\ 1/a_{1n} & 1/a_{2n} & \cdots & 1 \end{pmatrix}$,可发现其具有以下特点:

(1)$a_{ij}>0$;(2)$a_{ij}=1/a_{ji}$;(3)$a_{ij}=1$　　$(i,j=1,2,\cdots,n)$。

具有上述三个特点的 n 阶矩阵称为正互反矩阵。

在图 11—1 中,以满意的职业为准则(C),对专业对口(u_1)、发展潜力(u_2)、单位知名度(u_3)、工作地点(u_4)、收入水平(u_5)五个因素做成对比较,得到比较判断矩阵

$$A=\begin{pmatrix} 1 & 3 & 1/3 & 1/3 & 7 \\ 1/3 & 1 & 1/5 & 1/3 & 2 \\ 3 & 5 & 1 & 1 & 5 \\ 3 & 3 & 1 & 1 & 4 \\ 1/7 & 1/2 & 1/5 & 1/4 & 1 \end{pmatrix}$$

仔细分析比较判断矩阵 A 可以发现,既然 u_1 与 u_2 之比为 1∶1/3,u_1 与 u_3 之比为 1∶3,那么 u_2 与 u_3 之比应该为 1∶9,而不是 1∶5,这样才能说明问题是合理的。也就是 A 中的所有元素 a_{ij} 必须具有传递性,即 a_{ij} 满足等式:$a_{ij}a_{jk}=a_{ik}$,$i,j,k=1,2,\cdots,n$。

定义 11.1　设 n 阶矩阵 $A=(a_{ij})$ 为正互反矩阵,若对于一切 i,j,k 都有 $a_{ij}a_{jk}=a_{ik}$,$i,j,k=1,2,\cdots,n$,称 A 为一致矩阵。

由比较判断矩阵 A 可知,在对 n 个因素的比较中,我们只要作$\frac{n(n-1)}{2}$次成对比较即可。但要求这$\frac{n(n-1)}{2}$次比较全部一致,太苛刻了。在实际工作中,我们并不要求比较判断矩阵 A 一定满足一致性。

关于比较判断矩阵,有 4 个方面的问题需要作进一步说明:

第一,涉及社会、经济、人文等因素的决策问题的主要困难在于,这些因素通常不易定量地测量。人们往往凭自己的经验和知识进行判断。当因素较多时,给出的结果是不全面和不准确的。如果只是定性结果,则又常常不被人们接受。如果采用把所有的因素放在一起两两比较,得到一种相对的标度,则既能适应各种属性测度,又能充分利用专家的经验和判断,提高准确度。

第二,在比较判断矩阵建立上,Saaty 教授采用了 1～9 比例标度,这是因为人们在估计成对事物的差别时,用五种判断级别就能很好地表示,即相等、较强、强、很强、极强表示差别程度。如果再细分,则可在相邻两级中再插入一级,正好 9 级,用 9 个数字来表示就够用了。

第三,一般来说,在一个准则下被比较的对象不超过 9 个,是因为心理学家认为,进行成对比较,因素太多,将超出人的判断能力。最多大致在 7 ± 2 范围,如果以 9 个为限,用 1～9 比例标度表示它们之间的差别正合适。

第四，在把 n 个因素互相比较时，有人认为只需要进行 $n-1$ 次比较就可以了。这种做法的弊病在于，任何一个判断的失误都可能导致不合理的排序，对于难以定量的系统更应该尽量避免判断失误。进行$\frac{n(n-1)}{2}$次成对比较，可以提供更多的信息量，从不同的角度进行比较，以得到一个合理的排序。

例 1　某一个顾客选购电视机时，对市场正在出售的 3 种电视机考虑了八项准则作为评估依据，建立层次分析模型，如图 11—3 所示。

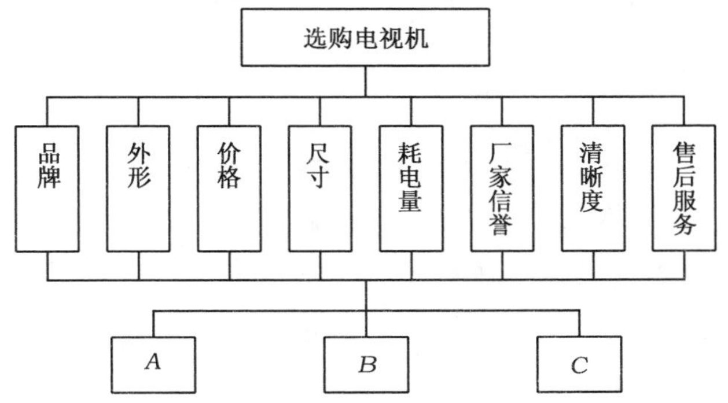

图 11—3　满意的电视机的递阶层次结构

解：构造比较判别矩阵如表 11—2 所示。

表 11—2　满意的电视机的比较判别表（矩阵）

满意的电视机	品牌	外形	价格	尺寸	耗电量	厂家信誉	清晰度	售后服务
品牌	1	5	3	5	1/3	1/5	1/3	1/4
外形	1/5	1	1/3	1	1/7	1/9	1/5	1/7
价格	1/3	3	1	2	1/5	1/9	1/7	1/6
尺寸	1/5	1	1/2	1	1/7	1/9	1/7	1/8
耗电量	3	7	5	7	1	1/2	1	1/2
厂家信誉	5	9	9	9	2	1	2	1
清晰度	3	5	7	7	1	1/2	1	1/2
售后服务	4	7	6	8	2	1	2	1

第三节 单准则下的排序及一致性检验

一、单准则下的排序

层次分析法的信息基础是比较判断矩阵。由于每个准则都支配下一层若干个因素，这样对于每一个准则及其所支配的因素都可以得到一个比较判断矩阵。因此，根据比较判断矩阵如何求出各因素 $u_1,u_2,\cdots,u_n$ 对于准则 C 的相对排序权重的过程称为单准则下的排序。

计算权重 $w_1,w_2,\cdots,w_n$ 的方法有许多种，其中特征根方法是 AHP 中比较成熟并得到广泛应用的方法，它对于 AHP 的发展在理论上和实践上都有重要意义。

特征根方法的理论依据是正矩阵的 Perron 定理，它保证了所得到的排序向量的正值性和唯一性。

定理 11.1 (Perron 定理)

设 n 阶方阵 $A>0$，$\lambda_{\max}$ 为 A 的模最大特征根，则

(1)$\lambda_{\max}$ 必为正特征根，且对应的特征向量可取为正向量；

(2)对于 A 的任何其他特征值 λ，恒有 $|\lambda|<\lambda_{\max}$；

(3)$\lambda_{\max}$ 为 A 的单特征根，因而它所对应的特征向量除相差一个常数因子外是唯一的。

定理 11.2 对于任何一个 n 阶正互反矩阵 A，均有 $\lambda_{\max}\geqslant n$，其中 $\lambda_{\max}$ 是矩阵 A 的模最大特征值。

定理 11.3 n 阶正互反矩阵 $A=(a_{ij})$ 为一致矩阵的充分必要条件是 A 的最大特征根为 n。

在实际应用中，比较判断矩阵 A 并不一定是一致矩阵，由定理 11.2 知，比较判断矩阵 A 的阶数 n 不超过 A 的最大特征值 $\lambda_{\max}$。

那么如何求一般正互反矩阵 A 的最大特征根呢？这实际上有一定的困难，特别是当 A 的阶数很高时。由于在做比较判断矩阵时我们基本上是定性比较量化的结果，对它的精确计算是没有必要的，所以我们可用一些简便的方法计算判断矩阵的最大特征值及所对应的特征向量。下面介绍一些求正互反矩阵排序向量的方法。

1. 特征根方法(*Eigen Value Method*，*EVM*)。

对于正矩阵，有一种求特征向量的简易算法——幂法。下面的定理为幂法提供了理论依据。

定理 11.4　设 n 阶矩阵 $A>0, x\in R^n, \lim\limits_{k\to\infty}\dfrac{A^k x}{x^T A^k x}=cV$，其中 V 为与 A 的最大特征值对应的特征向量，c 是常数。如果令 $x=e=(1,1,\cdots,1)^T$，则有 $\lim\limits_{k\to\infty}\dfrac{A^k e}{e^T A^k e}=W$。其中 W 为与 A 的最大特征值对应的规范化特征向量，以后称其为权重向量或排序向量。

2. 和法。

(1) 将判断矩阵的列向量归一化：$\widetilde{A}=\left(\dfrac{a_{ij}}{\sum\limits_{i=1}^{n}a_{ij}}\right)$；

(2)将 $\widetilde{A}$ 按行求和或者按行求算术平均得：

$$\widetilde{W}=\left(\sum_{j=1}^{n}\frac{a_{1j}}{\sum\limits_{i=1}^{n}a_{ij}},\sum_{j=1}^{n}\frac{a_{2j}}{\sum\limits_{i=1}^{n}a_{ij}},\cdots,\sum_{j=1}^{n}\frac{a_{nj}}{\sum\limits_{i=1}^{n}a_{ij}}\right)^T;$$

(3)将 $\widetilde{W}$ 归一化后，得排序向量 $W=(w_1,w_2,\cdots,w_n)^T$；

(4)$\lambda=\dfrac{1}{n}\sum\limits_{i=1}^{n}\dfrac{(AW)_i}{w_i}$ 为最大的特征值。

3. 根法。

(1) 将判断矩阵的列向量归一化：$\widetilde{A}=\left(\dfrac{a_{ij}}{\sum\limits_{i=1}^{n}a_{ij}}\right)$；

(2)将 $\widetilde{A}$ 按行求几何平均得：$\bar{W}=\left(\left(\prod\limits_{j=1}^{n}\dfrac{a_{1j}}{\sum\limits_{i=1}^{n}a_{ij}}\right)^{1/n},\left(\prod\limits_{j=1}^{n}\dfrac{a_{2j}}{\sum\limits_{i=1}^{n}a_{ij}}\right)^{1/n},\cdots,\left(\prod\limits_{j=1}^{n}\dfrac{a_{nj}}{\sum\limits_{i=1}^{n}a_{ij}}\right)^{1/n}\right)^T$；

(3)将 $\bar{W}$ 归一化后，得排序向量 $W=(w_1,w_2,\cdots,w_n)^T$；

(4)$\lambda=\dfrac{1}{n}\sum\limits_{i=1}^{n}\dfrac{(AW)_i}{w_i}$ 为最大的特征值。

用特征值法：对于引例中的比较判断矩阵

$$A=\begin{pmatrix}1 & 3 & 1/3 & 1/3 & 7\\ 1/3 & 1 & 1/5 & 1/3 & 2\\ 3 & 5 & 1 & 1 & 5\\ 3 & 3 & 1 & 1 & 4\\ 1/7 & 1/2 & 1/5 & 1/4 & 1\end{pmatrix}$$

A 的最大特征值 $\lambda_{\max}=5.3040$；最大特征值所对应的特征向量归一化的权重向量

$W=(0.1909,0.0798,0.3591,0.3194,0.0508)^T$

用 MATLAB 编程计算

A=[1,3,1/3,1/3,7;1/3,1,1/5,1/3,2;3,5,1,1,5;3,3,1,1,4;1/7,1/2,1/5,1/4,1];%输入矩阵 A;

[X,D]=eig(A);%求矩阵 A 的对角矩阵 D 和相似变换矩阵 D;

W=X(:,1)/([1,1,1,1,1]*X(:,1))%求出权重向量;

Max=D(1,1)%求出最大特征值;

输出结果:

W =

0.1909

0.0798

0.3591

0.3194

0.0508

Max=5.3040

例 2 求判断矩阵 $A=\begin{pmatrix}1 & 3 & 7\\ 1/3 & 1 & 5\\ 1/7 & 1/5 & 1\end{pmatrix}$ 的最大特征值和权重向量。

解:此处用和法求该矩阵的最大特征值和权重向量:

$$A=\begin{pmatrix}1 & 3 & 7\\ 1/3 & 1 & 5\\ 1/7 & 1/5 & 1\end{pmatrix}\xrightarrow{\text{列归一}}\begin{pmatrix}0.677 & 0.714 & 0.538\\ 0.226 & 0.238 & 0.385\\ 0.097 & 0.048 & 0.077\end{pmatrix}\xrightarrow{\text{行和}}\begin{pmatrix}1.930\\ 0.849\\ 0.221\end{pmatrix}\xrightarrow{\text{归一化}}\begin{pmatrix}0.643\\ 0.283\\ 0.074\end{pmatrix}$$

所以,$W=(0.643,0.283,0.074)^T$ 即为所求的权重向量。

$$AW=\begin{pmatrix}1 & 3 & 7\\ 1/3 & 1 & 5\\ 1/7 & 1/5 & 1\end{pmatrix}\begin{pmatrix}0.643\\ 0.283\\ 0.074\end{pmatrix}=\begin{pmatrix}2.008\\ 0.867\\ 0.222\end{pmatrix}$$

$\lambda=\frac{1}{3}\left(\frac{2.008}{0.643}+\frac{0.867}{0.283}+\frac{0.222}{0.074}\right)=3.0687$ 就是最大特征值。

用 MATLAB 编程计算:

A=[1,3,7;1/3,1,5;1/7,1/5,1];%输入矩阵 A;

[X,D]=eig(A);%求矩阵 A 的对角矩阵 D 和相似变换矩阵 X;

W=X(:,1)/([1,1,1]*X(:,1))%求出权重向量;

Max=D(1,1)%求出最大特征值;

输出结果：

W =

　　0.6491

　　0.2790

　　0.0719

Max =

　　3.0649

说明：利用和法计算正互反矩阵的最大特征值和权重向量只是一种近似计算方法。

二、一致性检验

由于客观事物的复杂性，会使我们的判断带有主观性和片面性，完全要求每次比较判断的思维标准一致是不大可能的。因此，在构造比较判断矩阵时，我们并不要求 $\frac{n(n-1)}{2}$ 次比较全部一致。但这可能出现甲比乙重要，乙比丙重要，而丙又比甲重要这种比较判断严重不一致的情况。事实上，在做比较判断矩阵时，我们虽然不能要求判断具有一致性，但一个混乱的、经不起推敲的比较判断矩阵有可能导致决策失误，所以我们希望在判断时应大体上一致。而上述计算权重的方法，当判断矩阵过于偏离一致性时，其可靠程度也就值得怀疑了。因此，对于每一层次作单准则排序时，均需要作一致性检验。

设 A 为 n 阶正互反矩阵，由定理 11.2 知，$AW=\lambda_{\max}W$，且 $\lambda_{\max}\geqslant n$，若 $\lambda_{\max}$ 比 n 大得越多，则 A 的不一致程度越严重。令 $CI=\frac{\lambda_{\max}-n}{n-1}$，$CI$ 可作为衡量不一致程度的数量标准，称 CI(Consistency Index)为一致性指标。

当判断矩阵 A 的最大特征值稍大于 n 时，称 A 具有满意的一致性。然而，“满意的一致性”说法不够准确，A 的模最大特征值 $\lambda_{\max}$ 与 n 怎样接近为满意？这必须有一个量化。

Saaty 教授采用的方法是：固定 n，随机构造正互反矩阵 $A=(a_{ij})_n$，其中 a_{ij} $(i<j)$ 是从 $1,2,\cdots,9,\frac{1}{2},\frac{1}{3},\cdots,\frac{1}{9}$ 共 17 个数中随机抽取的，这样的正互反矩阵 A 是最不一致的。计算 1000 次上述随机判断矩阵的最大特征值 $\lambda_{\max}$，计算出 CI 的平均值 RI，称为平均随机一致性指标。Saaty 教授给出了 RI 值，如表 11－3 所示。

表 11—3 平均随机一致性指标

n	1	2	3	4	5	6	7	8	9
RI	0	0	0.58	0.90	1.12	1.24	1.32	1.41	1.45

在表 11—3 中，当 $n=1,2$ 时，$RI=0$，这是因为 1，2 阶判断矩阵总是一致的。

当 $n\geqslant 3$ 时，令 $CR=\dfrac{CI}{RI}$，称 CR 为一致性比例。当 $CR<0.1$ 时，认为比较判断矩阵的一致性可以接受，否则应对判断矩阵作适当的修正。

在例 1 购买最佳电视机的决策问题中，我们已得到第二层（准则层）对第一层（目标层，只有一个因素）的比较判断矩阵，由幂法求出权重向量，记作 $w^{(2)}=(w_1^{(2)},w_2^{(2)},\cdots,w_8^{(2)})^T$。用同样的方法构造第三层（方案层，见图 11—3）对第二层的每一个准则的比较判断矩阵，不妨设它们为

$$B_1=\begin{pmatrix}1&6&8\\1/6&1&4\\1/8&1/4&1\end{pmatrix},B_2=\begin{pmatrix}1&7&1/5\\1/7&1&1/8\\5&8&1\end{pmatrix},B_3=\begin{pmatrix}1&8&6\\1/8&1&1/4\\1/6&4&1\end{pmatrix},$$

$$B_4=\begin{pmatrix}1&1&1\\1&1&1\\1&1&1\end{pmatrix},B_5=\begin{pmatrix}1&5&4\\1/5&1&1/3\\1/4&3&1\end{pmatrix},B_6=\begin{pmatrix}1&8&6\\1/8&1&1/5\\1/6&5&1\end{pmatrix},$$

$$B_7=\begin{pmatrix}1&1/2&1/2\\2&1&1\\2&1&1\end{pmatrix},B_8=\begin{pmatrix}1&1/7&1/5\\7&1&3\\5&1/3&1\end{pmatrix}$$

这里矩阵 $B_k(k=1,2,\cdots,8)$ 中的元素 $b_{ij}^{(k)}$ 是方案（电视机）P_i 与 P_j 对于准则 C_k（品牌、外形等）的优越性的比较尺度。

由第三层的比较判断矩阵 B_k 计算出权重向量 $w_k^{(3)}$、最大特征值 $\lambda_{\max}$ 和一致性指标 CI_k，其结果列入表 11—4。

表 11—4 电视机选购决策问题第三层的计算结果

k	1	2	3	4	5	6	7	8
$w_k^{(3)}$	0.754	0.233	0.754	0.333	0.674	0.747	0.2	0.072
	0.181	0.054	0.065	0.333	0.101	0.060	0.4	0.649
	0.065	0.712	0.181	0.334	0.226	0.193	0.4	0.279
$\lambda_{\max}$	3.136	3.247	3.136	3	3.086	3.197	3	3.065
CI_k	0.068	0.124	0.068	0	0.043	0.099	0	0.032
CR_k	0.117	0.213	0.117	0	0.074	0.170	0	0.056

由于当 $n=3$ 时，随机一致性指标 $RI=0.58$，经计算可知，$CR_1=0.117>0.1$，$CR_2=0.213>0.1$，$CR_3=0.117>0.1$，$CR_6=0.170>0.1$，因此第 1、2、3、6 个比较判断矩阵的一致性没有通过，需要对比较判断矩阵进行修改。而第 4、5、7、8 个比较判断矩阵通过一致性检验。

上一层 8 阶判断矩阵 A 的最大特征值 $\lambda_{max}=8.2989$；$CI=(8.2989-8)/7=0.0427$；8 阶矩阵的随机一致性指标 $RI=1.41$；一致性比例 $CR=0.0427/1.41=0.0303<0.1$，通过一致性检验。

第四节　层次总排序

计算同一层次中所有元素对于最高层（总目标）的相对重要性标度（又称排序权重向量）称为层次总排序。为了把这个问题搞清楚，来看一个例子。

设一块石头裂成两块，再将第一块石头分成两部分 A_1，A_2，将第二块石头分成三部分 A_3，A_4，A_5，这样可将问题看成一块石头分裂成石块 A_1，A_2，A_3，A_4，A_5。

把系统划分成三个层次，如图 11－4 所示。

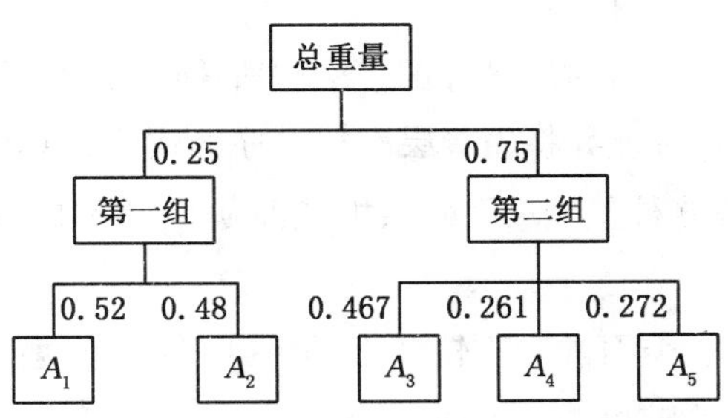

图 11－4　分裂成石块的巨砾

已知第二层对最高层的排序向量为 $w^{(2)}=(0.25,0.75)^T$，而第三层对第二层单准则的排序为

$$p^{(3)}=\begin{pmatrix}0.52 & 0\\ 0.48 & 0\\ 0 & 0.467\\ 0 & 0.261\\ 0 & 0.272\end{pmatrix}$$

而第三层五个部分相对总重量的排序权值向量为

$$w^{(3)}=(w_1,w_2,w_3,w_4,w_5)^T=p^{(3)}w^{(2)}=\begin{pmatrix}0.52 & 0\\0.48 & 0\\0 & 0.467\\0 & 0.261\\0 & 0.272\end{pmatrix}\begin{pmatrix}0.25\\0.75\end{pmatrix}=\begin{pmatrix}0.130\\0.120\\0.351\\0.196\\0.204\end{pmatrix}$$

1.层次总排序的步骤：

(1)计算同一层次所有元素对最高层相对重要性的排序权向量，这一过程是自上而下逐层进行的；

(2)设已计算出第 $k-1$ 层上 n_{k-1} 个元素相对总目标的排序权向量为：

$$W^{(k-1)}=(w_1^{(k-1)},w_2^{(k-1)},\cdots,w_{n_{k-1}}^{(k-1)})^T$$

(3)第 k 层有 n_k 个元素，它们对于上一层次的某个因素 u_i 的单准则排序权向量为：

$p_i^{(k)}=(w_{1i}^{(k)},w_{2i}^{(k)},\cdots,w_{ni}^{(k)})^T$(对于与 $k-1$ 层第 i 个元素无支配关系的对应 u_{ij} 取值为 0)

(4)第 k 层 n_k 个元素相对总目标的排序权向量为：

$$(w_1^{(k)},w_2^{(k)},\cdots,w_{n_k}^{(k)})^T=(p_1^{(k)},p_2^{(k)},\cdots,p_{n_{k-1}}^{(k)})W^{(k-1)}$$

2.层次总排序的一致性检验：

人们在对各层元素作比较时，尽管每一层中所用的比较尺度基本一致，但各层之间仍可能有所差异，而这种差异将随着层次总排序的逐渐计算而累加起来，因此需要从模型的总体上来检验这种差异尺度的累积是否显著，检验的过程称为层次总排序的一致性检验。

假设第 $k-1$ 层第 j 个因素为比较准则，第 k 层各因素两两比较的层次单排序一致性指标为 $CI_j^{(k-1)}$，平均随机一致性指标为 $RI_j^{(k-1)}$，则第 k 层的一致性检验指标为

$$CI^{(k)}=CI^{(k-1)}\cdot W^{(k-1)}$$

其中 $W^{(k-1)}$ 表示第 $k-1$ 层对总目标的总排序向量。另有

$$RI^{(k)}=RI^{(k-1)}\cdot W^{(k-1)},CR^{(k)}=CR^{(k-1)}+\frac{CI^{(k)}}{RI^{(k)}}(3\leqslant k\leqslant n)$$

当 $CR^{(k)}<0.1$ 时，可认为评价模型在第 k 层水平上整个达到局部满意一致性。

下面举例说明层次分析法的基本步骤。

例 3　某工厂在扩大企业自主权后有一笔留成利润，要由厂领导和职代会来决定如何使用，可供选择的方案有：P_1——发奖金；P_2——扩建集体福利事业；P_3——办职工业余技校；P_4——建图书馆、俱乐部；P_5——引进新设备。这些方案都各具合理的因素，如何对这些方案进行排序及优选？

分析　该问题属于方案排序与优选问题，且各待选方案的具体内容已经确定，故可采用 AHP 法来解决。

解　(1)建立方案评价的递阶层次结构模型。

该模型最高一层为总目标 A：合理使用企业利润。

第二层设计为方案评价的准则层，它包含三个准则：

B_1：进一步调动职工的劳动积极性；

B_2：提高企业的技术水平；

B_3：改善职工的物质与文化生活。

最底层为方案层，它包含 $P_1 \sim P_5$ 五种方案，其递阶层次结构模型见图 11—5。

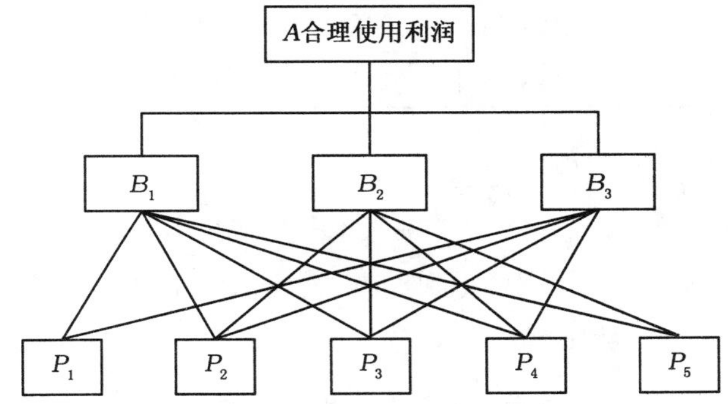

图 11—5　合理分配利润的递阶层次结构

(2)构造比较判断矩阵。

设以 A 为比较准则，B 层次各因素的两两比较判断矩阵为 A，类似地，以每一个 B_i 为比较准则，P 层次各因素的两两比较判断矩阵 $B_i - P(i=1,2,3)$，因此得到 4 个比较判断矩阵如下：

$$A=\begin{pmatrix} 1 & 1/5 & 1/3 \\ 5 & 1 & 3 \\ 3 & 1/3 & 1 \end{pmatrix}$$

综合各个专家的意见后得到第三层相对第二层的各个比较判断矩阵：

B_1-P	P_1	P_2	P_3	P_4	P_5
P_1	1	3	5	4	7
P_2	1/3	1	3	2	5
P_3	1/5	1/3	1	1/2	2
P_4	1/4	1/2	2	1	3
P_5	1/7	1/5	1/2	1/3	1

B_2-P	P_2	P_3	P_4	P_5
P_2	1	1/7	1/3	1/5
P_3	7	1	5	3
P_4	3	1/5	1	1/3
P_5	5	1/3	3	1

B_3-P	P_1	P_2	P_3	P_4
P_1	1	1	3	3
P_2	1	1	3	3
P_3	1/3	1/3	1	1
P_4	1/3	1/3	1	1

(3)层次单排序及其一致性检验。

对于上述各比较判断矩阵，用 MATLAB 软件求出其最大的特征值及其对应的特征向量，将特征向量归一化后，即可得到相应的层次单排序的相对重要性权重向量，以及一致性指标 CI 和一致性比例 CR，见表 11－5。

表 11－5　　合理使用企业利润的计算结果

矩阵	层次单排序的权重向量	λ_{max}	CI	RI	CR
$A-B$	$(0.1047, 0.6370, 0.2583)^T$	3.0385	0.0193	0.58	0.0332
B_1-P	$(0.4956, 0.2319, 0.0848, 0.1375, 0.0503)^T$	5.0792	0.0198	1.12	0.0177
B_2-P	$(0.0553, 0.5650, 0.1175, 0.2622)^T$	4.1170	0.0389	0.9	0.0433
B_3-P	$(0.375, 0.375, 0.125, 0.125)^T$	4	0	0.9	0

由此可见，所有四个层次单排序的 CR 值均小于 0.1，符合满意一致性要求。

(4)层次总排序。

已知第二层(B 层)相对于总目标 A 的排序向量为 $w^{(2)}=(0.1047,0.6370,0.2583)^T$，而第三层($P$ 层)以第二层第 i 个因素 B_i 为准则时的排序向量分别为：

$$p_1^{(3)}=(0.4956,0.2319,0.0848,0.1375,0.0503)^T$$

$$p_2^{(3)}=(0,0.0553,0.5650,0.1175,0.2622)^T$$

$$p_3^{(3)}=(0.375,0.375,0.125,0.125,0)^T$$

则第三层(P 层)相对于总目标的排序向量为

$$W=(p_1^{(3)},p_2^{(3)},p_3^{(3)})\cdot w^{(2)}=\begin{pmatrix}0.4956 & 0 & 0.375\\0.2319 & 0.0553 & 0.375\\0.0848 & 0.5650 & 0.125\\0.1375 & 0.1175 & 0.125\\0.0503 & 0.2622 & 0\end{pmatrix}\begin{pmatrix}0.1047\\0.6370\\0.2582\end{pmatrix}$$

$=(0.1488,0.1564,0.4011,0.1215,0.1723)^T$

(5)层次总排序的一致性检验。

由于 $CI^{(2)}=(CI_1^{(2)},CI_2^{(2)},CI_3^{(2)})=(0.0198,0.0389,0)$

$RI^{(2)}=(RI_1^{(2)},RI_2^{(2)},RI_3^{(2)})=(1.12,0.9,0.9)$

因此 $CI^{(3)}=CI^{(2)}\cdot w^{(2)}=(0.0198,0.0389,0)(0.1047,0.6370,0.2583)^T=0.0269$

$RI^{(3)}=RI^{(2)}\cdot w^{(2)}=(1.12,0.9,0.9)(0.1047,0.637,0.2582)^T=0.9230$

$$CR^{(3)}=CR^{(2)}+\frac{CI^{(3)}}{RI^{(3)}}=0.0332+\frac{0.0269}{0.9230}=0.0624<0.1$$

层次总排序也通过一致性检验。

(6)结论。

该工厂合理使用企业留成利润这一总目标，所考虑的五种方案的相对优先排序为

①P_3(开办职工业务技校)，权重为0.4011；

②P_5(引进新技术设备)，权重为0.1723；

③P_2(扩建集体福利事业)，权重为0.1564；

④P_1(发奖金)，权重为0.1488；

⑤P_4(建图书馆、俱乐部)，权重为0.1215。

厂领导和职代会可根据上述分析结果，决定各种方案的实施先后次序，或决定分配使用企业留成利润的比例。

(7)MATLAB程序。

```
%① 第二层对目标层的排序与一致性检验
A=[1,1/5,1/3;5,1,3;3,1/3,1]   %输入比较判断矩阵A；
a=eig(A)                %求出A的所有的特征值；
[X,D]=eig(A)            %求出A的所有的特征向量及对角矩阵；
a1=a(1,:)               %在A的所有特征值中取出最大的特征值(第一个)；
a2=X(:,1)               %在A的所有特征向量中取出最大的特征值所对应的特征向量；
a3=ones(1,3)            %构造一个其中元素全为1的1×3矩阵；
```

```
a4=a3*a2              %求a2中所有元素的和;
w1=1/a4*a2            %求出矩阵A的排序向量;
ci1=(a1-3)/2          %求出一致性指标;
cr1=ci1/0.58          %求出一致性比例;
%② 求出第三层对第二层各个因素的排序向量及一致性检验
B1=[1,3,5,4,7;1/3,1,3,2,5;1/5,1/3,1,1/2,2;1/4,1/2,2,1,3;1/7,1/5,1/2,1/3,1]
b=eig(B1)
b1=b(1,:)
[X,D]=eig(B1)
b2=X(:,1)
b3=ones(1,5)
b4=b3*b2
w2=1/b4*b2
ci2=(b1-5)/4
cr2=ci2/1.12
B2=[1,1/7,1/3,1/5;7,1,5,3;3,1/5,1,1/3;5,1/3,3,1]
c=eig(B2)
c1=c(1,:)
[X,D]=eig(B2)
c2=X(:,1)
c3=(-1)*c2
c4= ones(1,4)
c5=c4*c3
w3=1/c5*c3
ci3=(c1-4)/3
cr3=ci3/0.9
B3=[1,1,3,3;1,1,3,3;1/3,1/3,1,1;1/3,1/3,1,1]
d=eig(B3)
d1=d(2,:)
[X,D]=eig(B3)
d2=X(:,2)
d4=ones(1,4)
```

```
d5=d4 * d2
w4=1/d5 * d2
ci4=(d1-4)/3
cr4=ci4/0.9
%由此求出第三层次对第二层次各个比较判断矩阵的排序向量及一致性检验分别为
%w2=(0.4956,0.2319,0.0848,0.1375,0.0503)^T
%w3=(0.0553,0.5650,0.1175,0.2622)^T
%w4=(0.375,0.375,0.125,0.125)^T
%由于准则第三层(P层)相对于总目标的排序矩阵为5×3矩阵,
%③ 总排序
w5=[0;w3]              %由于第二层的准则2没有支配第三层的P1,用0补上;
w6=[w4;0]              %第二层的准则3没有支配第三层的P1,用0补上;
p=[w2,w5,w6]           %构造矩阵P;
W=p * w1               %求出总的排序向量;
ci=[ci2 ci3 0]
ri=[1.12 0.9 0.9]5
ci5=ci * w1            %第三层的一致性指标;
cr5=ri * w1            %第三层的平均一致性指标;
cr=cr1+ci5/cr5         %第三层的一致性比例。
```

第十一章习题

1. 对下列判断矩阵用和法求出最大的特征值与权重向量,并进行一致性检验。

$$A=\begin{pmatrix}1 & 3 & 2 & 4\\ 1/3 & 1 & 1/2 & 2\\ 1/2 & 2 & 1 & 3\\ 1/4 & 1/2 & 1/3 & 1\end{pmatrix},B=\begin{pmatrix}1 & 4 & 3 & 5 & 2\\ 1/4 & 1 & 1/3 & 1/5 & 2\\ 1/3 & 3 & 1 & 2 & 3\\ 1/5 & 5 & 1/2 & 1 & 1/2\\ 1/2 & 1/2 & 1/3 & 2 & 1\end{pmatrix}$$

2. 学生高考成绩为数学125分,语文110分,英语98分,理科综合207分,总分540分,一本院校的总分为536分。经过初选,该生选择的院校分别为上海财经大学、合肥工业大学、安徽大学、北京工商大学、南京财经大学、安徽财经大学。请你为这位考生设计一张高考志愿表,使得该考生能够考上比较满意的大学。

3. 请你用层次分析法评选出某班的“系三好学生”(假设初选出6位学生,需要从中选出3位)。

4. 近年来，随着全国高校的大规模扩招，高校毕业生就业难的问题变得日趋严重起来。据统计，2006 年高校本科毕业生的一次就业率仅为 70%，大量毕业生成为社会上的待业青年，这也成为以后几年本科毕业生就业人数的沉积，进一步加重了后几届毕业生的就业困难，毕业等于失业的问题变得越来越突出。因此毕业生的择业是每个高校关注的焦点之一。

下面是经过调查问卷的调查与填写，初步确定毕业生择业满意度的影响因素，主要包括如下内容：(1)使个人感到满意的薪酬、福利待遇；(2)符合自己的兴趣爱好，能学以致用；(3)要求单位地址必须是省会城市或沿海发达城市，单位能解决户口；(4)单位的用人机制灵活，能够尽快有升迁机会；(5)该单位和本校有长期的就业联系，已有往届毕业生在该单位工作，便于尽快熟悉环境，建立熟络的人际关系；(6)单位提供住房、饮食的方便与补贴；(7)单位性质最好是“三资”企业或民营企业，管理制度先进，能学习先进经验；(8)单位能够提供培训机会或出国机会。你觉得还有哪些影响毕业生择业满意度的因素？利用层次分析法对本科毕业生进行择业满意度影响因素分析，由此可得到什么思考？

第十二章　模糊层次分析方法

AHP 方法作为一种定性与定量结合的决策工具，近二十年来得到迅速的发展。但由于在进行检验比较判断矩阵是否具有一致性时计算上的困难性、修改比较判断矩阵时的复杂性以及如何更有效地解决比较判断矩阵的一致性与人类思维的一致性有显著差异等问题，人们将模糊数学思想和方法引入了层次分析法。1983 年，荷兰学者范・洛戈文(Van Loargoven)提出了用三角模糊数表示 Fuzzy 比较判断的方法，之后许多学者纷纷加入 Fuzzy AHP 的研究工作。由于判断的不确定性及模糊性，人们在构造比较判断矩阵时，所给出的判断值常常不是确定的数值点，而是以区间数或模糊数的形式给出。常见的不确定型判断矩阵有：区间数互补判断矩阵、区间数互反判断矩阵、区间数混合判断矩阵、三角模糊数互补判断矩阵、三角模糊数互反判断矩阵、三角模糊数混合判断矩阵、模糊互补判断矩阵等。这里我们只介绍模糊互补判断矩阵的一种排序方法。

第一节　模糊互补判断矩阵排序方法

定义 12.1　设判断矩阵 $A=(a_{ij})_{n\times n}$，$i,j=1,2,\cdots,n$，对于任意 i,j，均有 $0<a_{ij}<1$，$a_{ij}+a_{ji}=1$，则称 A 为模糊互补判断矩阵。对于模糊互补判断矩阵 $A=(a_{ij})_{n\times n}$，若存在 $\forall k(1\leqslant k\leqslant n)$，有 $a_{ij}=a_{ik}-a_{jk}+0.5$，则称 A 为模糊一致性判断矩阵。

定义 12.2　设有 s 个模糊互补判断矩阵 $A_k=(a_{ij}^{(k)})_{n\times n}$，$i,j=1,2,\cdots,n$，令 $\overline{a}_{ij}=\sum\limits_{k=1}^{s}\lambda_k a_{ij}^{(k)}$，$\lambda_k>0$，$\sum\limits_{k=1}^{s}\lambda_k=1$，则称 $\overline{A}=(\overline{a}_{ij})_{n\times n}$ 为 $A_1,A_2,\cdots,A_s$ 的合成矩阵，记为：$\overline{A}=\lambda_1 A_1\oplus\lambda_2 A_2\oplus\cdots\oplus\lambda_s A_s$。

由于

$$\overline{a}_{ij}=\sum_{k=1}^{s}\lambda_k a_{ij}^{(k)}=\lambda_1 a_{ij}^{(1)}+\lambda_2 a_{ij}^{(2)}+\cdots+\lambda_s a_{ij}^{(s)}$$

$$=\lambda_1(a_{ik}^{(1)}-a_{jk}^{(1)}+0.5)+\lambda_2(a_{ik}^{(2)}-a_{jk}^{(2)}+0.5)+\cdots+\lambda_s(a_{ik}^{(s)}-a_{jk}^{(s)}+0.5)$$
$$=(\lambda_1 a_{ik}^{(1)}+\lambda_2 a_{ik}^{(2)}+\cdots+\lambda_s a_{ik}^{(s)})-(\lambda_1 a_{jk}^{(1)}+\cdots+\lambda_s a_{jk}^{(s)})+0.5(\lambda_1+\cdots+\lambda_s)$$
$$=\overline{a}_{ik}-\overline{a}_{jk}+0.5$$

因此，模糊一致性判断矩阵的合成矩阵仍然是模糊一致性判断矩阵。

现给出模糊标度，如表 12—1 所示。

表 12—1　　**模糊标度及其含义**

标　度	含　义
0.1	表示两个元素相比，后者比前者极端重要
0.3	表示两个元素相比，后者比前者明显重要
0.5	表示两个元素相比，后者比前者同等重要
0.7	表示两个元素相比，前者比后者明显重要
0.9	表示两个元素相比，前者比后者极端重要

可以看出，按上述标度构成的判断矩阵 $A=(a_{ij})_{n\times n}$ 具有以下性质：(1)$a_{ij}+a_{ji}=1$；(2)$a_{ii}=0.5$；(3)$0<a_{ij}<1$，$i,j=1,2,\cdots,n$。这样的判断矩阵称为模糊互补判断矩阵。

定理 12.1　设 $W=(w_1,w_2,\cdots,w_n)^T$ 为模糊互补判断矩阵 $A=(a_{ij})_{n\times n}$ 的排序向量，若

$$a_{ij}=w_i-w_j+0.5$$

则 $A=(a_{ij})_{n\times n}$ 为模糊一致性判断矩阵。

证明：对于 $\forall i,j,k(1\leqslant i,j,k\leqslant n)$，

由于 $a_{ij}=w_i-w_j+0.5$，$a_{ik}=w_i-w_k+0.5$，$a_{jk}=w_j-w_k+0.5$，

于是 $a_{ik}-a_{jk}+0.5=w_i-w_k+0.5-(w_j-w_k+0.5)+0.5=w_i-w_j+0.5=a_{ij}$，

由定义 12.1 可知，$A=(a_{ij})_{n\times n}$ 为模糊一致性判断矩阵。

当 A 不是模糊一致性判断矩阵时，则 $a_{ij}=w_i-w_j+0.5$ 不成立，为此有

定理 12.2　设 $A=(a_{ij})_{n\times n}$ 是一个模糊互补判断矩阵，$W=(w_1,w_2,\cdots,w_n)^T$ 是 A 的排序向量，则 W 满足：

$$w_i=\frac{1}{n}\left(\sum_{j=1}^{n}a_{ij}+1-\frac{n}{2}\right),i=1,2,\cdots,n$$

证明：令 $F(W)=\sum_{i=1}^{n}\sum_{j=1}^{n}[a_{ij}-(w_i-w_j+0.5)]^2$，其中 w_i 非负且满足 $\sum_{i=1}^{n}w_i=1$。

作拉格朗日函数：

$$L(W,\lambda)=F(W)+\lambda(\sum_{i=1}^{n}w_i-1)$$

令$\frac{\partial L}{\partial w_i}=0, i=1,2,\cdots,n$，有

$$\sum_{j=1}^{n}2[a_{ij}-(w_i-w_j+0.5)](-1)+\lambda=0$$

则

$$-2[\sum_{j=1}^{n}a_{ij}-nw_i+1-0.5n]+\lambda=0$$

那么

$$\sum_{i=1}^{n}[-2(\sum_{j=1}^{n}a_{ij}-nw_i+1-0.5n)+\lambda]=0$$

于是

$$-2(\sum_{i=1}^{n}\sum_{j=1}^{n}a_{ij}-n+n-0.5n^2)+\lambda n=0$$

则有

$$-2(\sum_{i=1}^{n}\sum_{j=1}^{n}a_{ij}-0.5n^2)+\lambda n=0$$

由模糊互补判断矩阵的性质$\sum_{i=1}^{n}\sum_{j=1}^{n}a_{ij}=0.5n^2$，推得$\lambda=0$，从而

$$-2(\sum_{j=1}^{n}a_{ij}-nw_i+1-0.5n)=0$$

因此

$$\sum_{j=1}^{n}a_{ij}-nw_i+1-0.5n=0$$

所以

$$w_i=\frac{1}{n}(\sum_{j=1}^{n}a_{ij}+1-\frac{n}{2}), i=1,2,\cdots,n$$

注：(1)由这种方法导出的排序向量的方法称为最小方差法(LVM)；

(2)我们可以直接由模糊互补判断矩阵利用排序公式求出排序向量；

(3)若$\sum_{j=1}^{n}a_{ij}\leqslant\frac{n}{2}-1$，则权重$w_i$会出现负值与零值，此时应将问题反馈给专家重新判定。

例 1　求模糊互补判断矩阵$A=\begin{pmatrix}0.5&0.3&0.6&0.7\\0.7&0.5&0.7&0.5\\0.4&0.3&0.5&0.4\\0.3&0.5&0.6&0.5\end{pmatrix}$的权重向量。

解：由排序公式 $w_i=\frac{1}{n}(\sum_{j=1}^{n}a_{ij}+1-\frac{n}{2}),i=1,2,\cdots,n$，可直接求出排序向量 $W=(0.275,0.35,0.15,0.225)^T$。

其 MATLAB 程序为：

```
A=[0.5 0.3 0.6 0.7;0.7 0.5 0.7 0.5;0.4 0.3 0.5 0.4;0.3 0.5 0.6 0.5];
b=ones(4,1);
w=1/4*(A*b+b-2*b)
```

输出结果为：w=

```
0.2750
0.3500
0.1500
0.225
```

将上述结论推广到群组决策中，类似定理 12.3，有：

定理 12.3 设 s 个专家给出的模糊互补判断矩阵 $A_k=(a_{ij}^{(k)})_{n\times n}(k=1,2,\cdots,s)$，则 A_k 合成矩阵 $\bar{A}$ 由最小方差（LVM）求得的排序向量为 $\bar{W}=(\overline{w}_1,\overline{w}_2,\cdots,\overline{w}_n)^T$ 满足：

$$\overline{w}_i=\frac{1}{n}(\sum_{k=1}^{s}\sum_{j=1}^{n}\lambda_k a_{ij}^{(k)}+1-\frac{n}{2})\quad(i=1,2,\cdots,n)$$

其中，$\lambda_k>0$，$\sum_{k=1}^{s}\lambda_k=1$。

通过例 1，可以看到 Fuzzy AHP 方法的优点：进行模糊层次分析方法的操作中，不必再顾及比较判断矩阵是否满足一致性，只需要判定 $\sum_{j=1}^{n}a_{ij}\leqslant\frac{n}{2}-1$ 是否出现，若出现，则说明所给的模糊判断矩阵不满足一致性，进行调整；否则，可以直接求出权重向量。

第二节 建模案例：出版社资源配置的优化模型[①]

本节案例介绍 2006 年高教社杯全国大学生数学建模竞赛 A 题出版社的资源配置的数学建模竞赛论文。所用的方法包括模糊 C 均值聚类、模糊层次分析、模糊综合

① 本文获 2006 年高教社杯全国大学生数学建模竞赛安徽赛区一等奖；参赛队员：梁发祥，王翔，许福娇；指导老师：唐晓静。

评价和线性规划等;除了用 EXCEL 进行数据处理和数据分析以外,还使用 MATLAB 和 LINGO 等软件求解和分析。

竞赛题目:出版社的资源配置

出版社的资源主要包括人力资源、生产资源、资金和管理资源等,它们都捆绑在书号上,经过各个部门的运作,形成成本(策划成本、编辑成本、生产成本、库存成本、销售成本、财务与管理成本等)和利润。

某个以教材类出版物为主的出版社,总社领导每年需要针对分社提交的生产计划申请书、人力资源情况以及市场信息分析,将总量一定的书号数合理地分配给各个分社,使出版的教材产生最好的经济效益。事实上,由于各个分社提交的需求书号总量远大于总社的书号总量,因此总社一般以增加强势产品支持力度的原则优化资源配置。资源配置完成后,各个分社(分社以学科划分)根据分配到的书号数量,再重新对学科所属每个课程作出出版计划,付诸实施。

资源配置是总社每年进行的重要决策,直接关系到出版社当年的经济效益和长远发展战略。由于市场信息(主要是需求与竞争力)通常是不完全的,企业自身的数据收集和积累也不足,这种情况下的决策问题在我国企业中是普遍存在的。

本题附录中给出了该出版社所掌握的一些数据资料,请根据这些数据资料,利用数学建模的方法,在信息不足的条件下提出以量化分析为基础的资源(书号)配置方法,给出一个明确的分配方案,向出版社提供有益的建议。

[附录](具体可在网站 http://www.mcm.edu.cn 查到)

附件 1:问卷调查表;

附件 2:问卷调查数据(5 年);

附件 3:各课程计划及实际销售数据表(5 年);

附件 4:各课程计划申请或实际获得的书号数列表(6 年);

附件 5:9 个分社人力资源细目。

摘　要

本文建立了出版社资源配置优化模型。为提高书号的利用率,增加经济效益和综合效益,以实现可持续发展,在书号总数已定的基础上依据所给的数据关系建模,给出各分社书号的最合理分配。

模型 I:经验与数据评价综合模型

以历年 A 出版社实际分配给各分社书号量为依据,以模糊 C 均值聚类模型为理论,提取相关数据,将数据分成 4 类;建立综合评价模型进行评分并聚类(两类:优、劣),根据综合评分的优劣类别,由取整函数得到一个初步整数分配方案,由于取整过程中存在误差,对于未分配完的 9 个书号,根据增加强势产品支持力度原则,得到最终的分配方案,其结果与 2005 年的实际分配量相差不大。

其方案为:计算机类:71;经管类:34;数学类:150;外语类:88;两课类:43;机械、能源类:40;化学、化工类:23;地理、地质类:23;环境类:28。

模型 II:信息评价规划模型

为了进一步利用近 5 年读者调查获取的信息,根据读者对各书满意度的综合评价 5 个方面的信息,以模糊层次分析为理论,根据最小方差法(LVM)求出权重向量,得到了读者对各书的综合满意度,然后根据模糊数学的综合评价方法,对书号分配有影响的 5 个因素(各门课程的均价、完成销售程度、书号的个数、书的获得方式、满意度)进行综合评价,得到评价系数,即为综合收益系数。最后根据线性规划的理论,以分配书号为决策变量,以综合收益为目标函数,在充分考虑到人力资源分配的情况下建立了线性规划模型,利用 LINGO 软件求解。其解为:

计算机类:76;经管类:28;数学类:155;外语类:94;两课类:47;机械、能源类:43;化学、化工类:17;地理、地质类:20;环境类:20。

关键词:模糊互补判断矩阵,模糊 C 均值聚类,模糊层次分析,综合收益系数,最小方差法(LVM),线性规划

一、问题重述

1. 问题提出的背景。

出版社的资源主要包括人力资源、生产资源、资金和管理资源等,它们都捆绑在书号上,经过各个部门的运作,形成成本(策划成本、编辑成本、生产成本、库存成本、销售成本、财务与管理成本等)和利润。

某个以教材类出版物为主的出版社,总社领导每年需要针对分社提交的生产计划申请书、人力资源情况以及市场信息分析,将总量一定的书号合理地分配给各个分社,使出版的教材产生最好的经济效益。事实上,由于各个分社提交的需求书号总量远大于总社的书号总量,因此总社一般以增加强势产品支持力度的原则优化资源配置。资源配置完成后,各个分社(分社以学科划分)根据分配到的书号数量,再重新对学科所属的每门课程作出出版计划,付诸实施。

资源配置是总社每年进行的重要决策,直接关系到出版社当年的经济效益和长远发展战略。由于市场信息(主要是需求与竞争力)通常是不完全的,企业自身的数据收集和积累也不足,这种情况下的决策问题在我国企业中是普遍存在的。

2. 资料数据。

本题附录中给出了该出版社所掌握的一些数据资料,其中包括:

28000 多份问卷调查数据：2001—2005 年间大学生课本使用情况、A 出版社所关注的 72 门课程相关教材的使用情况、其他 23 家相关出版社教材发行等情况，问卷包括调查项目 20 多项。

A 出版社所关注的 72 门课程的相关教材 2001—2005 年的计划销售量和实际销售量、2001—2005 年间各门课程分配的书号个数，以及 2006 年各门课程提出的书号申请个数；9 个分社人力资源细目。

3. 所要解决的问题。

根据这些数据资料，利用数学建模的方法，在信息不足的条件下提出以量化分析为基础的资源（书号）配置方法，给出一个明确的分配方案，向出版社提供有益的建议。

二、问题分析

这是一个资源优化分配问题，出版社在分配资源（书号）时追求的最终目标是：总体经济效益最大，其次出版社还要考虑产品的稳定性和精品化，提升总体竞争力。

这个问题上一级部门（A 出版社总社）将拥有的资源合理分配给下级所属生产部门（分社）进行生产，通过销售产品获得利润。所谓合理分配，就是在产品满足市场需求的条件下使整个企业尽可能地获得高效益。因此，上级部门要协调好各生产部门的资源分配和产品生产，而下级各生产部门除了要配合上级部门外，也要使本部门尽可能地获得高效益。

根据国家法律规定，出版社的总书号量是一定的，即一种规模的出版社一年只能使用一定量的书号，统计前五年数据，我们容易发现 A 出版社的总书号数固定为 500。

由于市场是波动的，市场对产品的需求量、生产资源价格、产品价格往往不确定。另外，企业生产活动中也存在许多不确定的因素，如生产能力和技术等，所以预测难度较大。

由于书号的实际分配量没有直观的约束条件，所以我们首先分析所有影响资源（书号）分配的相关因素：

(1)各分社申请书号个数（计划数）；

(2)各分社人力资源限制；

(3)强势产品程度（市场占有率）；

(4)读者满意度；

(5)积压成本与风险。

三、模型假设

(1)假定同一课程不同书目价格差别不大，同时销售量相同；

(2)假定出版社在定价时保持对所有教材的利润率统一，并制定教材单价；

(3)假定A出版社只关注72门课程的销售量；

(4)假定计划销售数由申请的书号数决定，实际的销售数由实际所得的书号数决定。

四、符号说明

t_{ij}　第 i 门课程第 j 年的实际书号分配数

$i=1,2,\cdots,72;j=2001,2002,2003,2004,2005$

$\bar{t}_i$　第 i 门课程2001～2005年实际分配书号年平均值，$i=1,2,\cdots,72$

a_{ij}　第 i 门课程第 j 年的实际销售量

$i=1,2,\cdots,72;j=2001,2002,2003,2004,2005$

$\bar{b}_i$　第 i 门课程2001～2005年实际销售量的平均增长率，$i=1,2,\cdots,72$

w_k　第 k 类学科(分社)2005年的市场占有率，$k=1,2,\cdots,9$

s_i　第 i 门课程2006年申请的书号个数，$i=1,2,\cdots,72$

x_i　2006年总社分配给第 i 门课程的书号数，$i=1,2,\cdots,72$

α_i　各门课程的综合收益系数，$i=1,2,\cdots,72$

五、模型的建立与求解

模型Ⅰ:经验与数据评价综合模型

1.模型前期的分析。

(1)我们对历史实际数据进行观察，结合实际进行部分类别课程历年书号实际分配值的分析。例如，利用EXCLE对计算机类各个课程的历年的书号实际分配值作图(见图12—1)：

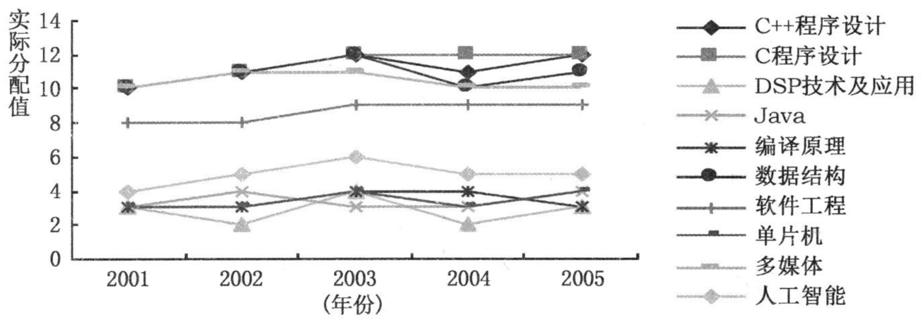

图12—1　计算机类各个课程的历年分配值

观察图 12－1 可知各年分配书号实际值跳动幅度一般不超过 2。根据市场原理可知，市场具有一定的稳定性，各个科目的图书市场都具有稳定的变化规律，各个科目要生产的图书品种、生产数量等都趋于稳定。同时，出版总社在制订分配计划时，必然也以历史数据为参考，再利用市场调查结果，分别对书号的分配进行调整，得到一个分配方案。根据以上原理，建立经验数据评价综合模型。

(2)影响模型建立的决策因素：

往年的实际分配值(五年实际分配值的平均值)；

计划数(申请书号个数)；

强势产品的相对强势程度(市场占有率)；

市场需求的变化趋势(实际销售量的年平均增长率)。

2. 经验数据评价综合模型计算相关量。

(1)五年实际分配值的平均值。

对于第 i 门课程第 j 年的实际书号分配数 t_{ij}，其第 i 门课程 2001～2005 年实际分配书号年平均值为：

$$\bar{t}_i = \frac{1}{5}\sum_{j=2001}^{2005} t_{ij}, i = 1,2,\cdots,72$$

(2)每门课程的非整数分配值。

$$\eta_i = \max\left\{\frac{s_i}{2}, \bar{t}_i\right\}, i = 1,2,\cdots,72$$

分配结果见表 12－3。

(3)第 i 门课程 2001～2005 年实际销售量的平均增长率 $\bar{b}_i$。

如果市场的需求量变化直接影响销售量，则会影响经济效益。如果某门课程实际销售量的增长速度比较大，就说明该门课程相对来说市场前景比较好，投入单位资源所得到的效益相对较多，那么我们就倾向于多分配资源给该门课程。对于第 i 门课程第 j 年的实际销售量 a_{ij}，第 i 门课程 2001～2005 年实际销售量的平均增长率的计算公式如下：

$$\bar{b}_i = \frac{1}{4}\sum_{j=2001}^{2005} \frac{a_{ij+1} - a_{ij}}{a_{ij}}, i = 1,2,\cdots,72$$

计算结果见表 12－3。

(4)第 k 类学科(分社)的市场占有率 w_k。

根据企业发展需要，为保证具有一定优势的产品市场，促使企业向精品化发展，总社一般以增加强势产品支持力度的原则优化资源配置，而强势产品可以通过该学科在同类市场上的市场占有率来体现，市场占有率相对高的学科就要多分配一些资源，以鼓励其发展。

由于市场是不断变化的，我们在对市场调查的数据进行选择时应该考虑最新、最近的数据，因为这样的数据最能反映市场近期发展的规律，所以在获取市场占有率的数据时，我们采用了 2005 年的市场调查数据。市场占有率 w_k 的计算原则是：购买 A 出版社图书占 k 类图书总量的比率。为方便归类计算，我们对数据进行了归一化处理，计算结果见表 12—2。

表 12—2　各学科（分社）的市场占有率及归一化结果

	经管类	计算机类	两课类	数学类	外语类	机械、能源类	地理、地质类	化学、化工类	环境类
市场占有率	0.1826	0.1826	0.4025	0.4025	0.2082	0.1826	0.7112	0.5054	0.6868
归一化 d_i	0.0527	0.0527	0.1162	0.1162	0.0601	0.0527	0.2053	0.1459	0.1982

3. 模型的建立与求解。

根据以上分析，我们可以建立经验与数据评价综合模型，步骤如下：

（1）利用模糊 C 均值聚类模型对第 i 个课程 2001～2005 年实际销售量的平均增长率 $\bar{b}_i$ 和第 k 类学科的市场占有率 w_k 进行聚类。

模糊 C 均值聚类模型如下：

给定数据集：$X=(x_1,x_2,\cdots,x_n)$，其中每个样本包含 s 个属性。模糊聚类就是将 X 划分为 c 类（$2\leqslant c\leqslant n$），$V=(v_1,v_2,\cdots,v_n)$是 c 类的聚类中心。在模糊划分中，每一个样本不能严格地划分为某一类，而是以一定的隶属度属于某一类。

令 u_{ik} 表示第 k 个样本属于第 i 类的隶属度，$0\leqslant u_{ik}\leqslant 1,\sum\limits_{i=1}^{c}u_{ik}=1$

模糊 C 均值聚类的准则是：$\min J(U,V)=\sum\limits_{k=1}^{n}\sum\limits_{i=1}^{c}(u_{ik})^m(d_{ik})^2$

目标函数 $J(U,V)$表示各类中样本到聚类中心的加权距离平方和，权重是样本 x_k 对第 i 类隶属度的 m 次方，聚类准则取为求 $J(U,V)$的极小值：$\min\{J(U,V)\}$。模糊 C 均值聚类的具体步骤如下：

（i）取定 c，m 和初始隶属度矩阵 U_0，迭代步数 $I=0$；

（ii）计算聚类中心 V 为：

$$v_i^{(l)}=\sum_{k=1}^{72}({u^{(l)}}_{ik})^m x_k\Big/\sum_{k=1}^{72}({u^{(l)}}_{ik})^m\quad(i=1,2,\cdots,c),(1<m)$$

（iii）修正 U

$$u_{ik}^{(l+1)}=1\Big/\sum_{j=1}^{c}\left(\frac{d_{ik}}{d_{jk}}\right)^{\frac{2}{m-1}}\ \forall i,\forall k$$

其中，$d_{ik}=\|x_k-v_i\|$ 为第 k 个序列到第 i 类中心的欧氏距离。

（iv）对给定的 $\varepsilon>0$，实际计算时要对取定的初始值进行迭代计算，直至 $\max\{|u_{ik}^t-u_{ik}^{t-1}|\}<\varepsilon$，则算法终止，否则 $l=l+1$，转向(ii)。

若 $u_{jk}=\max\{u_{ik}\}>0.5$，则 $x_k\in$ 第 j 类。

根据以上理论模型，利用 MATLAB 软件，我们就可以对第 i 门课程 2001～2005 年实际销售量的平均增长率 $\bar{b}_i$ 和第 k 类学科的市场占有率 w_k 进行很方便的聚类分析。聚类数（聚类后类别的数量）的确定过程如下：

由于数据量较小，我们利用 EXCEL 软件对 72 个课程 2001～2005 年实际销售量的平均增长率 $\bar{b}_i$ 作柱状图观察，如图 12－2 所示。

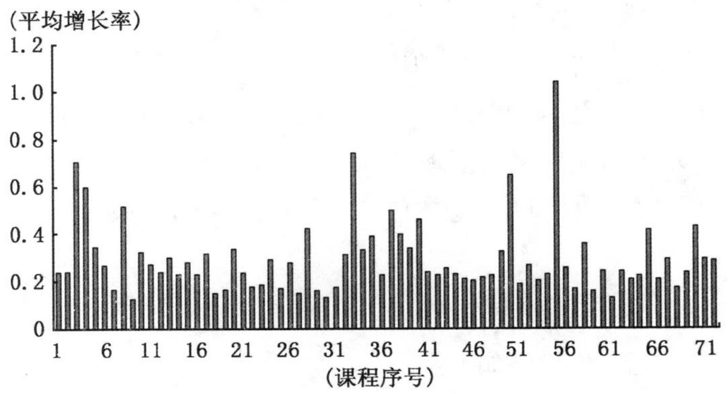

图 12－2　各个课程实际销售量的平均增长率柱状图

观察图 12－2 可知，数据大概分为 4 个层次，我们可将聚类数 c 取 4，由此可以得到第 i 门课程 2001～2005 年实际销售量的平均增长率 $\bar{b}_i$ 聚类向量 X_b。运用同样的方法得到第 k 类学科的市场占有率 w_k 聚类向量 X_w，得到的结果见表 12－3。

(2)综合评分模型。

利用第 1 步的聚类结果，建立评价体系，对第 i 个课程 2001～2005 年实际销售量的平均增长率 $\bar{b}_i$ 和第 k 类学科的市场占有率 w_k 进行评价；然后讨论这两组量所对应的因素对书号分配的影响程度，确定权重；最后进行加权求和，得出每个科目的综合评分。具体步骤如下：

首先按照从高到低的原则对聚类向量 X_b 进行加分，由于共分为 4 类，则 X_b 向量中对应实际销售量的平均增长率 $\bar{b}_i$ 最高的那一类记为 4 分，后面三类依次为 3 分、2 分、1 分。对聚类向量根据表 12－2 进行评分得到 X_w，其规则为：

$$X_{wi}=\begin{cases}1 & 0.05271\leqslant d_i\leqslant 0.060009\\ 2 & d_i=0.11619\\ 3 & d_i=0.14588\\ 4 & 0.19823\leqslant d_i\leqslant 0.20534\end{cases}$$

X_w 的评分结果见表 12－3。

我们在模型的分析中提到了市场占有率能够反映强势产品程度、实际销售量的平均增长率和市场需求的变化趋势；对于一个营利性企业来说，追求最大利润永远是首位的。对于以上两组评分结果，我们认为比较合理的权重分别是 0.8 和 0.2，即实际销售量的平均增长率与市场占有率对书号分配决策的影响程度之比为 0.8∶0.2。

根据以上结论，就可以得到最终的综合评分＝0.8 ×X_b 的评分＋0.2 ×X_w 的评分（结果见表 12－3）。

(3)建立取整函数，得到最终分配方案。

由评价结果得到每个课程的分配值 η_i 不一定是整数，则可先取整数得到初步整数分配方案，再进一步讨论分配剩余书号，得到最终分配方案。具体步骤如下：

(i)利用第 1 步中的模糊聚类原理，使用 MATLAB 软件对最终的综合评分向量进行聚类，聚类数为 2，并且利用 EXCEL 对较大的那一类评分赋一个 $o=1$，对较小的那一类赋 $o=0$。

(ii)建立判断取整函数，使不同情况下每门课程的非整数分配值 η_i 可以根据已知的评分结果来进行取整，即模型如下：

$$\theta_i=\begin{cases}[\eta_i]+1 & o=1\\ [\eta_i] & o=0\end{cases}$$

这样我们就得到了一个初步整数分配方案(见表 12—3)。

(iii)获取最终分配方案。初步整数分配方案共分配的资源(书号)491 个，未分配的 9 个书号是由于取整函数的误差导致的，对于这 9 个书号，我们根据增加强势产品支持力度的原则，对初步整数分配方案中书号分配量 θ_i 最大的 9 个数均加上 1，这样就把这 9 个书号分配给了 9 个强势产品，获得最终分配方案(见表 12－3)。

表 12—3 **模型Ⅰ的各项结果**

序号	$\bar{b}_i$	X_b	X_b 的得分	X_w 的得分	综合评分	η_i	θ_i	最终方案
1	0.2344	2	1	1	1	11.2	11	12
2	0.2339	2	1	1	1	11.4	11	12
3	0.7042	4	4	1	3.4	2.8	3	3
4	0.5957	3	3	1	2.6	3.4	4	4
5	0.3428	1	2	1	1.8	3.4	3	3
6	0.2651	1	2	1	1.8	10.8	10	10
7	0.1685	2	1	1	1	8.6	8	8
8	0.5066	3	3	1	2.6	3.4	4	4
9	0.1252	2	1	1	1	10.4	10	10
10	0.3261	1	2	1	1.8	5	5	5

续表

序号	$\bar{b}_i$	X_b	X_b 的得分	X_w 的得分	综合评分	η_i	θ_i	最终方案
计算机类总计								71
11	0.2736	1	2	1	1.8	5.4	5	5
12	0.2369	2	1	1	1	3.2	3	3
13	0.3003	1	2	1	1.8	3.6	3	3
14	0.2308	2	1	1	1	2.8	2	2
15	0.2833	1	2	1	1.8	3.6	3	3
16	0.2281	2	1	1	1	3.6	3	3
17	0.3158	1	2	1	1.8	3.8	3	3
18	0.1496	2	1	1	1	6.4	6	6
19	0.1657	2	1	1	1	3.8	3	3
20	0.3404	1	2	1	1.8	3.6	3	3
经管类总计								34
21	0.2383	2	1	2	1.2	6.6	6	6
22	0.1824	2	1	2	1.2	25.8	25	26
23	0.1846	2	1	2	1.2	35.6	35	36
24	0.2919	1	2	2	2	5.4	5	5
25	0.1693	2	1	2	1.2	18	18	19
26	0.2828	1	2	2	2	21.4	21	22
27	0.1614	2	1	2	1.2	8.8	8	8
28	0.4264	3	3	2	2.8	3.6	4	4
29	0.1674	2	1	2	1.2	15.2	15	16
30	0.1359	2	1	2	1.2	8.4	8	8
数学类总计								150
31	0.1767	2	1	2	1.2	30.4	30	31
32	0.3187	1	2	2	2	3.8	3	3
33	0.7449	4	4	2	3.6	1.4	2	2
34	0.3348	1	2	2	2	16.2	16	17
35	0.3925	3	3	2	2.8	5.2	6	6
36	0.2333	2	1	2	1.2	10.4	10	10
37	0.5013	3	3	2	2.8	4.2	5	5
38	0.4002	3	3	2	2.8	3.8	4	4

续表

序号	$\bar{b}_i$	X_b	X_b 的得分	X_w 的得分	综合评分	η_i	θ_i	最终方案
39	0.3471	1	2	2	2	6.2	6	6
40	0.4655	3	3	2	2.8	3.8	4	4
外语类总计								88
41	0.242	2	1	1	1	3	3	3
42	0.2293	2	1	1	1	6.8	6	6
43	0.2569	1	2	1	1.8	4.8	4	4
44	0.2357	2	1	1	1	7.2	7	7
45	0.2123	2	1	1	1	3.4	3	3
46	0.2093	2	1	1	1	6.4	6	6
47	0.2261	2	1	1	1	7.2	7	7
48	0.2318	2	1	1	1	7	7	7
两课类总计								43
49	0.3278	1	2	1	1.8	11.8	11	11
50	0.6539	4	4	1	3.4	2.4	3	3
51	0.1924	2	1	1	1	5	5	5
52	0.27	1	2	1	1.8	11	11	11
53	0.2086	2	1	1	1	4	4	4
54	0.239	2	1	1	1	6.2	6	6
机械、能源类总计								40
55	1.0485	4	4	4	4	2	3	3
56	0.2645	1	2	4	2.4	3.2	4	4
57	0.17	2	1	4	1.6	4.2	4	4
58	0.3659	1	2	4	2.4	2.6	3	3
59	0.1653	2	1	4	1.6	2.6	2	2
60	0.2512	1	2	4	2.4	6.8	7	7
化学、化工类总计								23
61	0.1391	2	1	3	1.4	4.2	4	4
62	0.2549	1	2	3	2.2	4.4	5	5
63	0.2151	2	1	3	1.4	4.6	4	4
64	0.2276	2	1	3	1.4	5.2	5	5
65	0.426	3	3	3	3	2.8	3	3

续表

序号	$\bar{b}_i$	X_b	X_b 的得分	X_w 的得分	综合评分	η_i	θ_i	最终方案
66	0.2146	2	1	3	1.4	2.8	2	2
地理、地质类总计								23
67	0.3031	1	2	4	2.4	4.4	5	5
68	0.1815	2	1	4	1.6	6	6	6
69	0.2419	2	1	4	1.6	5.6	5	5
70	0.4349	3	3	4	3.2	5.4	6	6
71	0.3023	1	2	4	2.4	2.2	3	3
72	0.2933	1	2	4	2.4	2	3	3
环境类总计								28
总和							491	500

模型 II:信息评价规划模型

1.模型的分析。

模型 I 只是根据模糊数学理论(模糊 C 均值聚类)结合经验(近几年书号的分配数)对数据进行分析,建立了数学模型。对于一些利润、库存、顾客满意度及市场调查的信息等没有充分利用,为了更好地优化模型,我们将建立模型 II。

求最优分配方案问题的有效的解决方法就是将问题转化为规划问题,通过确立目标函数、决策变量、约束条件来求解,得出能够使目标函数达到最优值的决策变量,从而获得分配方案。决策变量显然可以设置为每一门课程分配的书号数,直观的目标函数就是最大利润。

通过分析,我们认为如果仅仅考虑利润,没有充分体现题目的要求,同时忽略了实际中很多影响书号分配决策的重要因素,所以我们希望通过改变目标函数的方法,结合实际,求出实际中追求的最佳综合效益,这个综合效益包含的成分有:

(1)利润。由于出版社在对书籍进行定价时按照利润率一致的原则,再根据每一门课程的图书价格基本一致,我们就可以通过图书价格来反映利润率对综合评价的影响。

(2)库存成本与风险。书籍的库存量是图书出版销售过程中的一个重要考察因素,合理库存是指由于图书内在品质导致的库存,教育类图书的主要销售方式是订单的方式,理论上说库存量不大,但由于教材改版频率快,学校自主招生导致的需求不可测,以及“经销包退”、寄销等市场不稳定因素,导致图书的库存成本和库存风险具有一定的差异。我们认为图书往年的销售完成程度(即实际销售量与计划销售量的比例)

和图书的获取方式，是影响库存成本与风险的主要因素，销售完成程度可以反映书籍的热销程度，图书的获取方式可以直接反映订单市场的占有率。

(3)顾客的满意度。顾客的满意度是一项重要的信息，具有多重属性，它与市场潜力、书籍质量等有密切联系。我们可以从问卷调查的资料中满意度的相关数据：顾客对出版社的评价和顾客对书籍满意度评定的四个方面，分别为：Q211——教材内容新颖，保持学术前沿水平；Q21——教材的作者是相应领域的权威，所以课程理论基础扎实；Q213——教材印刷及排版质量；Q214——教材价格。可以通过层次分析法计算这四个方面的相对重要程度——权重。

(4)市场需求。市场需求是制订生产计划的重要依据，生产计划的制定可以通过预测需求的方法来解决。针对各个分社提供的书号申请量，附件 4 中信息指出书号申请量正是确定计划生产量的直接因素，由此我们可以利用书号申请量来反映市场需求。

为建立规划模型，我们必须将所有因素进行量化，通过分析，我们决定先建立一个信息评价模型，将所有因素整合成一个综合收益系数。

在确定了目标函数之后，我们考虑的约束条件有：

(1)出版社总书号量为 500，因为根据国家法律规定，出版社的总书号量是一定的，即一种规模的出版社一年只能采用一定的书号量，统计前五年的数据，我们容易发现 A 出版社的最大书号数固定为 500。

(2)每个科目的实际分配量要不低于它的申请数的一半；

(3)每类学科的实际分配量不大于三类资源总量的最小量。

2. 模型的建立。

我们建立线性规划数学模型，假设决策变量 x_i，$i=1,2,\cdots,72$ 为 2006 年的实际书号分配量，为了寻找目标函数的系数，我们根据附表 2 找出与决策变量 x_i 有关的信息，其中我们找出影响决策变量的 5 个最主要的信息，它们是 72 门课程 2006 年申请的书号个数、2001～2005 年的完成销售度、读者对各书的综合评价(这里包含教材内容新颖，保持学术前沿水平、教材作者是相应领域的权威，课程理论基础扎实、教材印刷及排版质量、教材价格及 P115 出版社在读者心目中的位置)、各门课程的均价以及 P115 出版社教材获取的方式。(注：P115 出版社即本题中的 A 出版社。)

首先我们根据模糊层次分析法的原理，寻找出影响读者对图书的满意度的权重向量，根据九标度建立模糊互补判断矩阵，模糊标度含义见表 12—4。

表 12—4　　模糊标度及其含义表

九标度	含　义
0.1	表示两个元素相比,后者比前者极端重要
0.138	表示两个元素相比,后者比前者强烈重要
0.325	表示两个元素相比,后者比前者明显重要
0.439	表示两个元素相比,后者比前者稍微重要
0.5	表示两个元素相比,后者与前者同等重要
0.561	表示两个元素相比,前者比后者稍微重要
0.675	表示两个元素相比,前者比后者明显重要
0.862	表示两个元素相比,前者比后者强烈重要
0.9	表示两个元素相比,前者比后者极端重要

得到模糊互补判断矩阵如下：

$$P=\begin{pmatrix} 0.5 & 0.439 & 0.325 & 0.1 & 0.561 \\ 0.561 & 0.5 & 0.325 & 0.138 & 0.675 \\ 0.675 & 0.675 & 0.5 & 0.561 & 0.862 \\ 0.9 & 0.862 & 0.439 & 0.5 & 0.862 \\ 0.439 & 0.325 & 0.138 & 0.138 & 0.5 \end{pmatrix}$$

然后利用最小方差法(LVM),给出计算公式为：

$$w_i=\frac{1}{5}\left(\sum_{j=1}^{5}a_{ij}+1-\frac{5}{2}\right),i=1,2,3,4,5$$

计算得：$W=(w_1,w_2,w_3,w_4,w_5)^T=(0.0850,0.1398,0.3546,0.4126,0.0080)^T$。

接着我们再将读者对各书综合评价的 5 个因素构成的矩阵 A 中的各列分别按照效益型,效益型,效益型,效益型,成本型无量纲化,得到一个 72×5 的矩阵 A(见附件),则得到各书的满意度为 $f=AW$,我们把它作为指标矩阵 B 的第三列,其中第一列为 72 门课程 2006 年申请的书号个数、第二列为 2001～2005 年的完成销售度、第四列为各门课程教材的均价,第五列为 P115 出版社教材获取的方式。

对于指标矩阵 B 我们利用模糊综合评价中的特征向量法寻找出 5 个因素的权重向量,具体做法如下:首先求出 5 个评价指标的相关系数矩阵 R ,然后求出各指标标准差所组成的对角矩阵 S,最后求出矩阵 RS 的最大特征值所对应的特征向量就得到各指标的权重向量。相关系数矩阵为：

$$R=\begin{pmatrix} 1 & -0.0889 & -0.028 & -0.0399 & 0.0647 \\ -0.0889 & 1 & -0.0348 & -0.0842 & -0.0977 \\ -0.028 & -0.0348 & 1 & -0.1506 & -0.0237 \\ -0.0399 & -0.0842 & -0.01506 & 1 & 0.0262 \\ 0.0647 & -0.0977 & -0.0237 & 0.0262 & 1 \end{pmatrix}$$

然后求出各指标标准差所组成的对角矩阵：

$$S=\begin{pmatrix} 9.1124 & 0 & 0 & 0 & 0 \\ 0 & 0.0864 & 0 & 0 & 0 \\ 0 & 0 & 0.2011 & 0 & 0 \\ 0 & 0 & 0 & 5.5342 & 0 \\ 0 & 0 & 0 & 0 & 0.0814 \end{pmatrix}$$

由矩阵 RS 的最大特征值所对应的特征向量：

$$(9.1357, 5.5076, 0.1966, 0.0906, 0.0750)^T,$$

对其进行归一化，我们可以得到各指标的权重向量为：

$$(0.6088, 0.3670, 0.0131, 0.0060, 0.0050)^T$$

对 5 个因素构成的矩阵 A 中的数据进行无量纲化，具体方法就是每个数除以所在指标的最大值；

最后，用无量纲化后的矩阵 A 乘以权重向量就可以求得最终的综合决定系数。

下面，正式建立线性规划模型：

首先再次讨论约束条件：

(1)出版社总书号量为 500；

(2)每个科目的实际分配量要不低于它的申请数的一半，且不高于历年最高值加 1。

(3)每类学科的实际分配量不大于三类资源总量的最小量，但由于数学类的数据理论上有问题，在信息不全的情况下，我们对其进行特别考虑，观察历史数据，我们限制数学类资源(书号)总量的最大量取 155 个书号。

$$\text{目标函数：} \max S = \sum_{i=1}^{72} \alpha_i x_i$$

$$s.t.\begin{cases}\sum_{i=1}^{72} x_i = 500 \\ 0.5s_i \leqslant x_i \leqslant \max\limits_{1\leqslant i\leqslant 72}\{t_{ij}\}+1 \\ \sum_{i=1}^{10} x_i \leqslant 114; \sum_{i=11}^{20} x_i \leqslant 114 \\ \sum_{i=21}^{30} x_i \leqslant 155; \sum_{i=31}^{40} x_i \leqslant 102 \\ \sum_{i=41}^{48} x_i \leqslant 111; \sum_{i=49}^{54} x_i \leqslant 72 \\ \sum_{i=55}^{60} x_i \leqslant 44; \sum_{i=61}^{66} x_i \leqslant 63 \\ \sum_{i=67}^{72} x_i \leqslant 72; \\ x_i \text{ 取整数}, i=1,2,\cdots,72\end{cases}$$

3. 模型的求解。

利用 MATLAB 软件和 LINGO 软件求解模型，得到的最大效益为 790.3333，求解结果见表 12－5。

表 12－5　　书号分配模型的求解结果

变量	分配量	变量	分配量	变量	分配量	变量	分配量
X1	13	X19	3	X37	3	X55	2
X2	13	X20	2	X38	3	X56	2
X3	2	X21	9	X39	5	X57	2
X4	3	X22	29	X40	3	X58	2
X5	3	X23	37	X41	2	X59	2
X6	13	X24	4	X42	5	X60	5
X7	10	X25	22	X43	4	X61	4
X8	3	X26	24	X44	5	X62	4
X9	12	X27	11	X45	3	X63	4
X10	4	X28	3	X46	4	X64	4
X11	4	X29	17	X47	6	X65	2
X12	2	X30	10	X48	11	X66	2
X13	2	X31	41	X49	14	X67	4

续表

变量	分配量	变量	分配量	变量	分配量	变量	分配量
X14	2	X32	2	X50	2	X68	5
X15	3	X33	1	X51	5	X69	4
X16	3	X34	19	X52	14	X70	3
X17	3	X35	4	X53	2	X71	2
X18	4	X36	13	X54	4	X72	2

六、模型的讨论

我们建立的两个模型，运用一个信息规划评价模型，对总出版社的收益和对分出版社的书号分配作了详细的分析求解。模型Ⅰ根据历史数据及其他数据，没有将数据全用起来但模型简单易算，且能很好地满足总出版社的分配要求，得到较优的分配方案。而模型Ⅱ运用模糊层次分析法根据模糊互补判断矩阵排序，用特征向量法以及规划论对多而杂的数据进行有效的处理，理论性强、可信度高，所以建议各出版社可根据自己的需要采用模型分配书号数。

模型不能全面地考虑每一个影响因素，所以在实际运用过程中还应该做到具体问题具体分析，理论联系实际，合理计划安排，实施可持续发展战略，考虑综合利润，这样才能使出版社长期稳定发展。

七、模型的评价和推广

1. 模型的评价。

(1)模型的优点。

模型Ⅰ:模型利用2001～2005年的已知数据，规避因信息不全造成决策失误，结合实际情况，简化模型求解的过程，有效地对提出的问题进行求解；

模型Ⅱ:在模型Ⅰ的基础上建立线性规划模型，利用LINGO软件求解，使得总出版社分配给各出版社的书号数最合理，利润最大。

本文对模型的合理性以及算法进行了讨论，为模型的推广和解决同类型问题提供了有价值的参考。

(2)模型的缺点。

模型Ⅰ没有考虑到附件二的调查数据，没有完全应用所给的数据，因而计算的结果会与最合理的分配数有偏差。

模型Ⅱ只从规划方面进行了考虑，没有多方面对问题进行讨论求解。

2. 模型的推广。

本模型对于解决我国企业中普遍存在的决策问题，即可以解决由于市场信息（主要是需求与竞争力）的不完全、企业自身的数据收集和积累不足等问题。

八、参考文献

[1]吴建国等. 数学建模案例精编[M]. 中国水利水电出版社，2005. 5.

[2]谢金星等. 优化建模与 LINDO/LINGO 软件[M]. 清华大学出版社，2005. 3.

[3]柳承茂. MATLAB 5. X 入门与应用[M]. 科学出版社，1999. 10.

[4]胡守信等. 基于 MATLAB 的数学实验[M]. 科学出版社，2004. 3.

[5]叶孝其. 大学生数学建模竞赛教材（二）[M]. 湖南教育出版社，1997. 6.

附录（略）

第十二章习题

1. 求下列模糊互补矩阵的排序向量

$$(1)A=\begin{pmatrix}0.5 & 0.4 & 0.6 & 0.7\\ 0.6 & 0.5 & 0.8 & 0.7\\ 0.4 & 0.2 & 0.5 & 0.9\\ 0.3 & 0.3 & 0.1 & 0.5\end{pmatrix},(2)B=\begin{pmatrix}0.5 & 0.1 & 0.2 & 0.1 & 0.3\\ 0.9 & 0.5 & 0.3 & 0.2 & 0.3\\ 0.8 & 0.7 & 0.5 & 0.4 & 0.5\\ 0.9 & 0.8 & 0.6 & 0.5 & 0.7\\ 0.7 & 0.7 & 0.5 & 0.3 & 0.5\end{pmatrix}$$

2. 可持续发展是世界各国的必然发展抉择，根据这一客观要求各国从可持续发展的高度来看待教育，使之不仅是“关于环境，通过环境和为了环境”的教育，而且是“关于可持续发展，通过可持续发展和为了可持续发展”的教育。绿色学校是可持续发展教育的主阵地。结合我国大学发展的实际情况，构建了绿色学校的评估指标体系。请你进行调查研究，给出涵盖了绿色校园、资源配置与还原、环境意识与教育、环境管理和绿色科研五个方面，给出若干个评价指标构成的体系。采用层次分析法通过判断矩阵尝试确定一级、二级指标的权重值，并通过建立评价指标标准值，对指标进行了数量化和无量纲化处理，为高校建立若干个等级评价标准以作为判断大学的“绿色”发展程度的划分依据。

第四篇

微分方程模型及应用

第十三章 微分方程的概念及简单建模实例

第一节 基本概念

现实世界中量与量的关系有时可以直接利用初等方法获得，但多数时候难以直接构建，而是建立量与量之间的导数或变化规律的方程，通过求解这类方程，从而获得我们想知道的结果，这就是微分方程建模。当我们描述实际对象的某些特性随时间（或空间）而演变的过程、分析它的变化规律、预测它的未来性态、研究它的控制手段时，通常要建立对象的动态模型。建模时首先要根据建模目的和对问题的具体分析作出简化假设，然后按照对象内在的或可以类比的其他对象的规律列出微分方程，求出方程的解，并将结果翻译成实际对象，就可以进行描述、分析、预测或控制了。

微分方程建模应用非常广泛。许多实际应用问题都可以通过建立微分方程模型，对微分方程模型求出函数关系式，然后对其中的参数估计，得出函数的具体形式，就可以得出结论、政策评价、预测与控制。

2003 年全国大学生数学建模竞赛 A、C 题：SARS 的传播；2005 年全国大学生数学建模竞赛 A 题：长江水质的评价和预测（第十四章习题 1 的素材）；C 题：饮酒驾车；2007 年全国大学生数学建模竞赛 A 题：中国人口增长预测；2018 年全国大学生数学建模竞赛 A 题：高温作业专用服装设计等，都是通过建立微分方程模型来解决的。尤其是高温作业专用服装设计，就是通过建立“高温环境—服装—空气层—皮肤”系统热量传递的数学模型（偏微分方程模型）解决问题的。

一、微分方程及其模型

1. 微分方程。

微分方程是数学的重要分支之一，大致与微积分同时产生，并随实际需要而发展。含自变量、未知函数和它的微商（或偏微商）的方程称为常（或偏）微分方程。关于微分方程的基本理论在不同层次高等数学教材中都有相关的介绍，假定读者对微分方程的基本内容和求解方法有所了解，否则请查阅相关资料，这里从略。

2. 微分方程模型。

微分方程模型是连续型模型中最主要的部分，模型的建立主要是基于机理分析的方法，利用所研究问题内在的联系和微元法，通过建立微分方程或微分方程组描述问题的本质。所谓微元法，就是考察变量的一个微小变动对结果的影响，进而得到反映变化规律的微分方程。微分方程模型分为常微分方程模型、常微分方程组模型和偏微分方程模型。在常微分方程（组）中影响结果的变量只有一个，而偏微分方程（组）研究的是有多个变量影响结果时的规律。

二、微分方程模型的建立

大多数微分方程模型的建立是基于平衡原理的分析。所谓平衡原理，是指自然界的任何物质在其变化的过程中一定受到某种平衡关系的支配。注意发掘实际问题中的平衡原理是从物质运动机理的角度组建数学模型的一个关键问题。

1. 微分方程定解步骤。

微分方程建模是数学建模的重要方法之一，因为许多实际问题的数学描述将导致求解微分方程的定解问题。把形形色色的实际问题化成微分方程的定解问题，大体上可以按以下几步：

（1）根据实际要求确定要研究的量（自变量、未知函数、必要的参数等）并确定坐标系；

（2）找出这些量所满足的基本规律（经济的、物理的、几何的、化学的或生物学的等）；

（3）运用这些规律列出方程和定解条件。

2. 列方程的常见方法。

（1）利用导数的概念直接列方程。

在数学、力学、物理、化学等学科中许多自然现象所满足的规律已为人们所熟悉，并直接由微分方程所描述，如牛顿第二定律、热传导定律、放射性物质的放射性规律等。我们常利用这些规律对某些实际问题列出微分方程。

（2）利用微元法与任意区域上取积分的方法。

自然界中也有许多现象所满足的规律是通过变量的微元之间的关系式来表达的。对于这类问题，我们不能直接列出自变量和未知函数及其变化率之间的关系式，而是通过微元分析法，利用已知的规律建立一些变量（自变量与未知函数）的微元之间的关系式，然后再通过取极限的方法得到微分方程，或等价地通过任意区域上取积分的方法来建立微分方程。

(3)利用模拟近似法。

在生物、经济等学科中,许多现象所满足的规律并不是很清楚而且相当复杂,因而需要根据实际资料或大量的实验数据,提出各种假设。在一定的假设下,给出实际现象所满足的规律,然后利用适当的数学方法列出微分方程。

在实际的微分方程建模过程中,也往往是上述方法的综合应用。不论应用哪种方法,通常要根据实际情况,作出一定的假设与简化,并把模型的理论或计算结果与实际情况进行对照验证,以修改模型,使之更准确地描述实际问题,进而达到预测预报的目的。

三、微分方程模型的求解

在常微分方程(组)中影响结果的变量只有一个,而偏微分方程研究的是有多个变量影响结果时的规律。求解微分方程的方法大致有两类:一类是得到显式或隐式表示的完全解,进而通过解的表达式分析模型结果;另一类方法是数值解法,这种解法通常需要计算软件的协助,解的结果通常用图形的方式表示,或者可以求出某些关键点的函数值,再用数据拟合的方法得到近似表达式。本章将利用上述方法讨论具体的微分方程的建模问题。

第二节　简单的微分方程建模实例

一、治污中溶液浓度的变化

1. 背景介绍。

20 世纪 50 年代以来,由于人们对工业高度发达的负面影响预料不够,预防不力,导致了全球性的三大危机:资源短缺、环境污染、生态破坏。环境污染是指自然地或人为地向环境中添加某种物质(气体、液体或固体)而超过环境的自然净化能力而产生危害的行为。治理环境污染将成为 21 世纪人类重要的研究课题之一。近年来,数学建模竞赛也经常面临相关课题,如 2005 年全国大学生数学建模竞赛 A 题是长江水质的评价与预测(见第十四章习题 1),2011 年全国大学生数学建模竞赛 A 题是城市表层土壤重金属污染分析,2012 年西北工业大学数学建模竞赛 A 题为西安市空气质量的评价等。

2. 原理分析。

溶液浓度问题是工农业生产和治理环境污染中经常要碰到的问题。此类问题通常都可以描述为如下的实验室模型(见图 13—1):一个容器有一个入口、一个出口,里面盛满了某种溶液,如果从入口以不变的速率向容器内注入一定浓度的相同溶液(或清水),搅拌均匀后以同样的速率从出口排出,假设搅拌是在瞬间完成的,那么容器内溶液浓度的变化规律是怎样的呢?我们来看下面的例子。

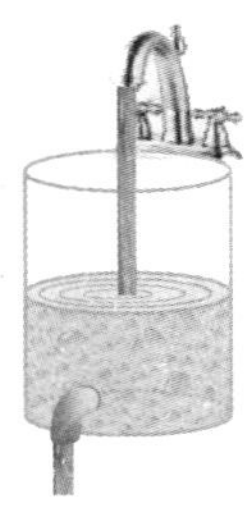

图 13—1 浓度变化实验室模型

3. 具体实例。

例 1 已知容器内盛有 1000 公斤清水,如果以每分钟 5 公斤的速率注入浓度为 20%的盐水且不停地搅拌,并以同样的速率排出搅拌后的盐水,那么经过多少时间能使容器内的含盐量达到 100 公斤?

解:设 t 时刻容器内的含盐量为 $y(t)$,则此时溶液的浓度为 $\frac{y(t)}{1000}=0.001y(t)$,于是,在时间间隔 $[t,t+dt]$ 内,有:

进盐量: $0.2\times5\times dt=dt$

出盐量: $0.001y\times5\times dt=0.005ydt$

从而含盐量的微元即为

$$dy=dt-0.005ydt$$

则

$$\frac{dy}{dt}+0.005y=1 \tag{13.1}$$

这是一个一阶线性非齐次微分方程,易求得方程(13.1),满足初始条件为 $y(0)=0$ 的解为:

$$y=200(1-e^{-0.005t})$$

这就是容器内的含盐量 y 随时刻 t 变化的规律。将 $y=100$ 代入上式,可求得

$$t=\frac{\ln2}{0.005}\approx\frac{0.6931}{0.005}=138.62(\text{分钟})$$

即经过约 2 小时 18 分 62 秒可使容器内的含盐量达到 100 公斤。

4. 推广应用。

江河湖海污染的治理以及矿井和化工厂的通风问题都可以仿照溶液浓度问题建立相应的微分方程模型。

二、侦破中死亡时间的推测

1. 背景介绍。

死亡时间指死后经历时间或死后间隔时间，是指发现、检查尸体时距死亡发生时的时间间隔。注重尸表检查、判定，具有实际价值。死亡时间推断是指推测死亡至尸体解剖时经历或间隔的时间。早在 300 多年前，意大利医生已经明确指出：死亡时间推断是法医学鉴定中首先要解决的问题。

死亡时间推断的意义：(1)推断死亡时间对确定发案时间，认定和排除嫌疑人有无作案时间，划定侦查范围乃至案件的最终侦破均具有重要作用；(2)死亡时间推断在某些财产继承、保险理赔案件中也有一定的作用。

2. 原理分析。

牛顿冷却定律(Newton’s Law of Cooling)：温度高于周围环境的物体向周围媒质传递热量逐渐冷却时所遵循的规律。当物体表面与周围存在温度差时，单位时间从单位面积散失的热量与温度差成正比，比例系数称为热传递系数。牛顿冷却定律是牛顿在 1701 年用实验确定的，在强制对流时与实际符合较好，在自然对流时只在温度差不太大时才成立。牛顿冷却定律是传热学的基本定律之一，用于计算对流热量的多少。

3. 具体实例。

例 2　在凌晨 1 时警察发现一具尸体，测得尸体温度是 29℃，当时环境的温度是 21℃，一小时后尸体温度下降到 27℃，如果人的正常体温是 37℃，请帮助警察估计死者的死亡时间。

解：根据牛顿冷却定律，将温度为 T 的物体放入温度为 T_0 的介质中，则该物体的温度 T 的变化速率正比于该物体与周围介质的温度差 $T-T_0$，即$\frac{dT}{dt}=-k(T-T_0)$，其中，$k>0$ 为比例常数。设该名死者已经死亡 t_1 小时，于是根据题意得到如下微分方程边值问题：

$$\begin{cases}\dfrac{dT}{dt}=-k(T-T_0) & (13.2)\\ T(0)=37,T(t_1)=29,T(t_1+1)=27 & (13.3)\end{cases}$$

方程(13.2)的通解为 $T(t)=T_0+Ce^{-kt}$，代入边界条件(13.3)及 $T_0=21$，得

$$\begin{cases}37=21+C\\29=21+Ce^{-kt_1}\\27=21+Ce^{-k(t_1+1)}\end{cases}$$

解上述方程组得

$C=16, k=2\ln2-3, t_1=k^{-1}\ln2\approx2.409$

由此可知，该死者死于 2.409 小时前，即前一天夜晚 10 点 35 分左右。该边值问题的解为

$$T(t)=21+16\left(\frac{3}{4}\right)^t$$

通过 MATLAB 作出曲线，如图 13－2 所示。

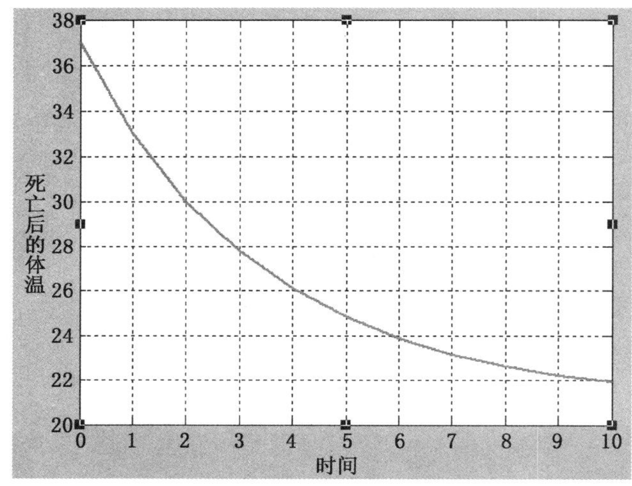

图 13－2　死亡后体温的变化

上述模型的建立实际上是假设环境的温度恒定为 $T_0=21$℃不变，如果死者的死亡时间较短，则上述模型可以很好地推算出死者的死亡时间；但是如果死者的死亡时间较长，显然环境的温度应该是有变化的，从而上述模型可以改进为非自治微分方程。

$$\begin{cases}\dfrac{dT}{dt}=-k(T-T_0(t)) & (13.4)\\T(0)=37, T(t_1)=29, T(t_1+1)=27 & (13.5)\end{cases}$$

其中，$T_0(t)$是描述环境温度随时间变化的函数。方程(13.4)是一阶线性的，其通解为

$$T(t)=e^{-kt}\left(k\int T_0(t)e^{kt}dt+C\right)$$

在已知 $T_0(t)$ 的情况下，类似的方法可以求得 t_1 的值。$T_0(t)$ 可以是经验函数，也可以是通过环境温度的变化数据来拟合得到的。

4. 推广应用。

夏季热茶水冷却时间的推测，反之从低温 4℃的冰箱中把食物放到 20℃空气中温度的变化等都可以参考牛顿冷却定律建立相应的模型。

三、考古中文物年代的测定

1. 背景介绍。

藏品和文物的生产年代一直是收藏家和历史学家所关注的中心话题。随着考古学家不断努力地发展新技术，目前世界各国测定文物、古董等历史年代的方法，大多采用 1940 年由美国化学家威拉得·法兰克·利比因所发现的放射性同位素“碳 14”来判断的，这种测年技术是目前被国际公认的“标准历史时间”。“碳 14 定年法”的原理是根据生物体死亡之后体内碳 14 衰减的速率来估计年代。为此，利比因于 1960 年获得诺贝尔化学奖。

2. 原理分析。

放射性元素的衰变规律常被考古、地质方面的专家用于测定文物和地质的年代，其中最常用的是 ^{14}C（碳－12 的同位素）测定法。这种方法的原理是：大气层在宇宙射线不断地轰击下所产生的中子与氮气作用生成了具有放射性的 ^{14}C，并进一步氧化为二氧化碳，二氧化碳被植物所吸收，而动物又以植物为食物，于是放射性碳就被带到了各种动植物的体内。对于具有放射性的 ^{14}C 来说，不论是存在于空气中还是生物体内，它都在不断地蜕变。由于活着的生物通过新陈代谢不断地摄取 ^{14}C，因而使得生物体内的 ^{14}C 与空气中的 ^{14}C 有相同的百分含量；一旦生物死亡之后，随着新陈代谢的停止，尸体内的 ^{14}C 就会不断地蜕变而逐渐减少，因此根据 ^{14}C 蜕变减少量的变化情况，就可以判定生物死亡的时间。一般认为，^{14}C 的半衰期为 5730 年，即经过 5730 年以后，^{14}C 的质量只剩下原来质量的一半。放射性碳测定年代法是最常用的考古方法，它所能断定的年份最久的达 50000 年。

3. 具体实例。

例 3　1972 年 8 月，湖南长沙出土了马王堆一号墓（注：出土时因墓中女尸历经千年未腐曾经轰动世界）。经测定，出土的木炭标本中 ^{14}C 的平均原子蜕变速度为 29.78 次/分，而新砍伐烧成的木炭中 ^{14}C 的平均原子蜕变速度为 38.37 次/分；如果 ^{14}C 的半衰期取为 5568 年（注：^{14}C 的半衰期在各种资料中说法不一，分别有 5568 年、5580 年和 5730 年不等），那么，怎样才能根据以上数据确定这座墓葬的大致年代呢？

解：首先介绍放射性元素的衰变规律。放射性元素的质量随时间的推移而逐渐减

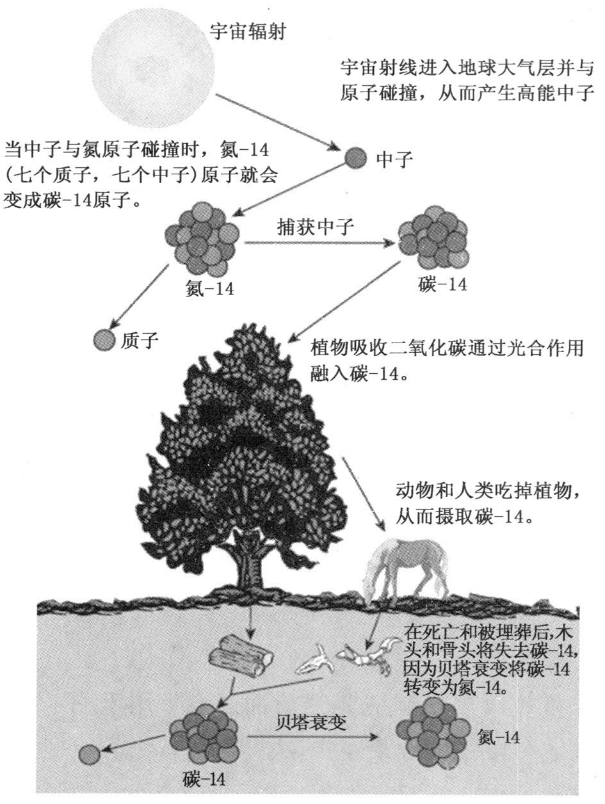
宇宙辐射
宇宙射线进入地球大气层并与原子碰撞，从而产生高能中子
当中子与氮原子碰撞时，氮-14（七个质子，七个中子）原子就会变成碳-14原子。
中子
捕获中子
氮-14
碳-14
质子
植物吸收二氧化碳通过光合作用融入碳-14。
动物和人类吃掉植物，从而摄取碳-14。
在死亡和被埋葬后,木头和骨头将失去碳-14,因为贝塔衰变将碳-14转变为氮-14。
贝塔衰变
碳-14
氮-14

图 13—3　碳 14 的形成和衰变原理

少(负增长),这种现象称为衰变。由物理学定律知,放射性元素任一时刻的衰变速度与该时刻放射性元素的质量成正比。根据这一原理,也可以通过微分方程模型研究放射性元素衰变的规律。

设放射性元素 t 时刻的质量为 $m(t)$,初始质量 $m(0)=m_0$,于是可得如下微分方程初值问题:

$$\begin{cases}\dfrac{dm}{dt}=-\lambda m\\ m(0)=m_0\end{cases}\tag{13.6}$$

其中,$\lambda>0$ 是比例常数,可由该元素的半衰期(质量蜕变到一半所需要的时间)确定;λ 前置负号表明放射性元素的质量 m 是随时刻 t 递减的。该初值问题(13.6)的解为

$$m(t)=m_0e^{-\lambda t}\tag{13.7}$$

为了能将求得的放射性元素衰变规律应用于实际,还必须确定(13.7)式中的比例

常数 λ。这时，我们可以假设放射性元素的半衰期为 T，从而有

$$\frac{m_0}{2}=m_0e^{-\lambda T}$$

解得 $\lambda=\frac{\ln2}{T}$，于是反映放射性元素衰变规律的(13.7)式又可以表示为

$$m(t)=m_0e^{-\frac{\ln2}{T}t}$$

并由此解得

$$t=\frac{T}{\ln2}\ln\frac{m_0}{m(t)} \tag{13.8}$$

(13.8)式所反映的是放射性元素由初始时刻的质量 m_0 衰减到 $m(t)$ 所需要的时间。

下面讨论用 ^{14}C 测定法来确定马王堆一号墓葬的大致年代。

在确定衰变时间的公式(13.8)中，由于 m_0 和 $m(t)$ 表示的分别是该墓下葬时和出土时木炭标本中 ^{14}C 的含量，而测量到的是标本中 ^{14}C 的平均原子蜕变速度，所以还要对(13.8)式作进一步的修改：

对(13.7)式两端求导，得

$m'(t)=-\lambda m_0e^{-\lambda t}=-\lambda m(t)$

令 $t=0$，得

$m'(0)=-\lambda m(0)=-\lambda m_0$

上面两式相除，得

$\frac{m'(0)}{m'(t)}=\frac{m_0}{m(t)}$

代入(13.8)式，得

$$t=\frac{T}{\ln2}\ln\frac{m'(0)}{m'(t)} \tag{13.9}$$

于是，衰变时间由(13.8)式根据 ^{14}C 含量的变化情况确定就转化为由(13.9)式根据 ^{14}C 衰变速度的变化情况来确定，这就给实际操作带来了很大的方便。

在本例中，取 $T=5568$ 年，$m'(t)=29.78$ 次/分，$m'(0)$ 虽然表示的是下葬时所烧制的木炭中 ^{14}C 的衰变速度，但考虑到宇宙射线的强度在数千年内的变化不会很大，因而可以假设现代生物体中 ^{14}C 的衰变速度与马王堆墓葬时代生物体中 ^{14}C 的衰变速度相同，即可以用新砍伐烧成的木炭中 ^{14}C 的平均原子蜕变速度 38.37 次/分替代 $m'(0)$。代入(13.9)式可求得

$t=\frac{T}{\ln2}\ln\frac{m'(0)}{m'(t)}=\frac{5568}{\ln2}\ln\frac{38.37}{29.78}\approx2036$

若以 $T=5580$ 年或 $T=5730$ 年计算，则可分别算得 $t\approx2040$ 年或 $t\approx2095$ 年，与取半衰期 $T=5568$ 年计算的结果差别不大，即马王堆一号墓大约是 2000 多年前我国汉代的墓葬。

（注：后经进一步考证，确定墓主人为汉代长沙国丞相利仓的夫人，名辛追。）

4. 推广应用。

历史文物如埃及的木乃伊、中国考古墓葬中的随葬品、巴比伦的木炭等都可以参考碳 14 定年法来判断年代，以鉴别真假。

第十四章 微分方程建模的综合实例

第一节 饲养物的最佳销售时机

一、问题的提出

从事动物商业性饲养的企业或个人总是希望获得利润，因此饲养某种动物能否获利以及怎样才能获得最大的利润，是饲养者首先要考虑的问题。如果把饲养物的品种、饲养者的技术水平等因素看作不变，且不考虑市场需求的变化，那么影响获利大小的一个主要因素就是如何选择饲养物的售出时机，即何时售出获利最大。

也许有人会认为，饲养物养得越大，售出后的获利也就越丰厚。其实不然，因为随着饲养物的生长，单位时间消耗的饲养费用也就越多，同时饲养物体重的增长速度却在不断地下降，所以饲养时间过长是不合算的。我们就以猪的饲养为例建立数学模型，来确定饲养物的最佳销售时机。

二、合理的假设

(1)在不考虑饲养者的技术水平及市场需求变化的情况下，本模型只对某一个品种的猪进行讨论，故涉及猪的性质的有关参数均视为常数；

(2)开始进行商业性饲养时，猪已经具有一定的体重，且在饲养过程中，猪的体重的增长速度不断减慢；

(3)猪的体重越大，单位时间消耗的饲养费用就越多，且达到最大体重后，单位时间的饲养费用接近某一个常数；

(4)猪的单位体重售价视为常数。

三、符号的说明

$x(t)$——t 时刻猪的体重(公斤)；

x_0——开始饲养时仔猪的体重，即 $x_0=x(0)$；

x_m——可出售猪的最小体重(体重低于 x_m 时收购站不予收购)，且 $x_m=x(t_m)$；

X——该品种猪的最大体重；

P——成品猪的售价(元/公斤)；

p_0——仔猪的售价(元/公斤)；

$y(t)$——猪饲养到 t 时刻共消耗的费用(饲料费、饲养员工资及有关的开支)；

α——猪的生长系数(公斤/天)；

β——单位饲养费用系数(元/天)；

γ——猪最大体重时的单位饲养费用(元/天)。

四、模型的建立

要追求利润的最大化，必须了解投入与产出的关系。由于投入与产出都与猪的生长和饲养费用的增长密切相关，因而首先要建立猪的生长模型和饲养费用的增长模型。

1. 猪的生长模型。

一般的生长模型 $\frac{dx}{dt}=\alpha x$ 在这里显然是不合适的。因为根据假设，猪的生长模型必须体现以下两点：一是生长速度要递减；二是 $x(t)$ 的取值范围要满足 $x\leqslant X$。为此，我们引进变量 $1-\frac{x}{X}$，显然 $1-\frac{x}{X}\geqslant 0$ 且单调减少。于是，我们将一般生长模型 $\frac{dx}{dt}=\alpha x$ 中的 αx 用 $\alpha(1-\frac{x}{X})$ 替代，可得

$$\frac{dx}{dt}=\alpha(1-\frac{x}{X})$$

用它来描述猪的生长规律还是比较恰当的。加上初始条件 $x(0)=x_0$，就得到了猪的生长模型

$$\begin{cases}\frac{dx}{dt}=\alpha(1-\frac{x}{X})\\ x(0)=x_0\end{cases}\tag{14.1}$$

2. 饲养费用的增长模型。

根据假设(3)，单位时间消耗的饲养费用(即总费用 $y(t)$ 的导数)是单调递增的，且最终接近于最大体重时的单位饲养费用 γ，结合猪的生长模型，可将饲养费用增长模型描述为

$$\begin{cases}\dfrac{dy}{dt}=\gamma-\beta(1-\dfrac{x}{X})\\ y(0)=0\end{cases} \tag{14.2}$$

不难看出，由于 $1-\dfrac{x}{X}\geqslant 0$ 且单调减少，所以 $\gamma-\beta(1-\dfrac{x}{X})$ 单调增加，且当 $x=X$ 时，$\dfrac{dy}{dt}=\gamma$，完全符合 γ 的含义及假设(3)的要求。

综上所述，由(14.1)及(14.2)构成的微分方程组为

$$\begin{cases}\dfrac{dx}{dt}=\alpha(1-\dfrac{x}{X})\\ \dfrac{dy}{dt}=\gamma-\beta(1-\dfrac{x}{X})\\ x(0)=x_0,y(0)=0\end{cases}$$

能比较全面地描述猪的生长状况和饲养费用的增长规律。解这个方程组，就能帮助我们确定猪的最佳销售时机。

五、模型的求解

1. 方程(14.1)的求解。

方程(14.1)可化为

$$\frac{dx}{dt}+\frac{\alpha}{X}x=\alpha$$

这是一个一阶线性非齐次微分方程，易求得该方程满足初始条件为 $x(0)=x_0$ 的特解为

$$x(t)=X-(X-x_0)e^{-\frac{\alpha}{X}t} \tag{14.3}$$

2. 方程(14.2)的求解。

在方程(14.2)中，除了变量 t 与 y 之外，还含有变量 x，要解出 $y(t)$，就必须消去 x。事实上，由方程(14.1)可得

$$\alpha(1-\frac{x}{X})=\frac{dx}{dt}$$

为了利用这一关系，可将方程(14.2)改写为

$$\frac{dy}{dt}=\gamma-\beta(1-\frac{x}{X})=\gamma-\frac{\beta}{\alpha}\cdot\alpha(1-\frac{x}{X})$$

从而有

$$\frac{dy}{dt}=\gamma-\frac{\beta}{\alpha}\cdot\frac{dx}{dt} \tag{14.4}$$

注意到由(14.3)两端对 t 微分,可化为

$$\frac{dx}{dt}=\frac{\alpha}{X}(X-x_0)e^{-\frac{\alpha}{X}t}$$

代入(14.4)式,即得

$$\frac{dy}{dt}=\gamma-\frac{\beta}{X}(X-x_0)e^{-\frac{\alpha}{X}t}$$

直接积分,可求得该方程的通解

$$y=\gamma t+\frac{\beta}{\alpha}(X-x_0)e^{-\frac{\alpha}{X}t}+C \tag{14.5}$$

将 $y(0)=0$ 代入(14.5)式,可得 $C=-\frac{\beta}{\alpha}(X-x_0)$,故方程(14.2)满足初始条件的特解为

$$y(t)=\gamma t-\frac{\beta}{\alpha}(X-x_0)(1-e^{-\frac{\alpha}{X}t}) \tag{14.6}$$

六、模型的讨论

1. 养猪获利的充要条件。

若要养猪获利,就必须保证即使以最低出售重量计算,售猪的收入也不低于购仔猪的费用与饲养费之和,即

$$x_mP\geqslant x_0p_0+y(t_m) \tag{14.7}$$

其中,x_mP、x_0p_0 都是常量,可通过市场调查确定,只有 $y(t_m)$ 是需要计算的。事实上,将 $t=t_m$、$x=x_m$ 代入式(14.3),得

$$x_m=x(t_m)=X-(X-x_0)e^{-\frac{\alpha}{X}t_m}$$

由此可以解出猪长到最低出售重量所需要的时间

$$t_m=\frac{X}{\alpha}\ln\frac{X-x_0}{X-x_m} \tag{14.8}$$

将其代入式(14.6),就可以计算出猪长到最低出售重量所需要的饲养费用为

$$\begin{aligned}y(t_m)&=\gamma t_m-\frac{\beta}{\alpha}(X-x_0)(1-e^{-\frac{\alpha}{X}t_m})\\&=\gamma\cdot\frac{X}{\alpha}\ln\frac{X-x_0}{X-x_m}-\frac{\beta}{\alpha}(X-x_0)(1-e^{-\frac{\alpha}{X}\cdot\frac{X}{\alpha}\ln\frac{X-x_0}{X-x_m}})\\&=\gamma\cdot\frac{X}{\alpha}\ln\frac{X-x_0}{X-x_m}-\frac{\beta}{\alpha}[(X-x_0)-(X-x_m)]\\&=\gamma\cdot\frac{X}{\alpha}\ln\frac{X-x_0}{X-x_m}-\frac{\beta}{\alpha}(x_m-x_0)\end{aligned}$$

从而(14.7)式就化为

$$x_m P \geqslant x_0 p_0 + \gamma \cdot \frac{X}{\alpha} \ln \frac{X - x_0}{X - x_m} - \frac{\beta}{\alpha}(x_m - x_0)$$

即

$$\alpha(x_m P - x_0 p_0) \geqslant \gamma X \ln \frac{X - x_0}{X - x_m} - \beta(x_m - x_0)$$

或

$$\alpha(x_m P - x_0 p_0) + \beta(x_m - x_0) \geqslant \gamma X \ln \frac{X - x_0}{X - x_m} \tag{14.9}$$

这就是养猪获利(起码不亏本)的充要条件。

从这个充要条件还可以看出，提高获利水平的途径有两条：一是增大 α，即设法加快猪的生长速度。譬如说可以改进饲料配比、采取措施让猪多睡少活动等；二是增大 β 并减小 γ，即增大单位时间饲养成本 β 让猪快速生长，努力降低总饲养成本。事实上，我们从方程组本身也不难得出同样的结论。

2. 最佳销售时机的确定。

设 t 时刻销售生猪获得的利润为 $L(t)$，则

$$L(t) = x(t) \cdot P - x_0 p_0 - y(t)$$

令 $L'(t) = x'(t) \cdot P - y'(t) = 0$，得

$$P \cdot \frac{\alpha}{X}(X - x_0) e^{-\frac{\alpha}{X}t} = \gamma - \frac{\beta}{X}(X - x_0) e^{-\frac{\alpha}{X}t}$$

$$P \cdot \alpha\left(1 - \frac{x_0}{X}\right) e^{-\frac{\alpha}{X}t} = \gamma - \beta\left(1 - \frac{x_0}{X}\right) e^{-\frac{\alpha}{X}t}$$

$$(P \cdot \alpha + \beta)\left(1 - \frac{x_0}{X}\right) e^{-\frac{\alpha}{X}t} = \gamma$$

解之，可得唯一驻点

$$t^* = \frac{X}{\alpha} \ln \frac{(P \cdot \alpha + \beta)(X - x_0)}{\gamma X}$$

显然，这个唯一的驻点 t^* 必为函数 $L(t)$ 的最大值点。但是否 t^* 就是最佳的销售时机，还必须根据 t_m(达到可出售猪最小体重所需要的饲养时间)的大小综合评判后才能确定。这是因为，如果 $t^* \geqslant t_m$，则 t^* 就是要求的最佳销售时机；而如果 $t^* < t_m$，则由于猪的体重尚未达到要求而无法出售，那就只好等到 $t = t_m$ 时再出售了。事实上，由于

$$t^* = \frac{X}{\alpha} \ln \frac{(P \cdot \alpha + \beta)(X - x_0)}{\gamma X} = \frac{X}{\alpha} \ln \frac{(P \cdot \alpha + \beta) \cdot \dfrac{X - x_0}{X - x_m}}{\dfrac{\gamma X}{X - x_m}}$$

$$=\frac{X}{\alpha}\ln\frac{P\cdot\alpha+\beta}{\dfrac{\gamma X}{X-x_m}}+\frac{X}{\alpha}\ln\frac{X-x_0}{X-x_m}$$

注意到 $t_m=\frac{X}{\alpha}\ln\frac{X-x_0}{X-x_m}$[见(14.8)式]，代入上式，可以得到 t^* 与 t_m 之间的相互关系式

$$t^*=\frac{X}{\alpha}\ln\frac{P\cdot\alpha+\beta}{\dfrac{\gamma X}{X-x_m}}+t_m \tag{14.10}$$

根据(14.10)式，我们不难得出以下结论：

(1)当 $\frac{\gamma X}{X-x_m}\leqslant P\cdot\alpha+\beta$ 时，$t^*\geqslant t_m$，此时的最佳销售时机即为

$$t^*=\frac{X}{\alpha}\ln\frac{(P\cdot\alpha+\beta)(X-x_0)}{\gamma X}$$

(2)当 $\frac{\gamma X}{X-x_m}>P\cdot\alpha+\beta$ 时，$t^*<t_m$，此时可在

$$t=t_m=\frac{X}{\alpha}\ln\frac{X-x_0}{X-x_m}$$

时销售，显然不是"最佳"的时机，但也只好如此。况且只要(14.9)式得到满足，仍然是可以获利的。

七、模型的检验与评价

一个模型建立起来以后是否有实用的价值，还必须用具体的数据进行验证。下面，我们就将针对某地区猪的饲养业所作的调查分析获得的一组数据代入模型进行检验。

现有的数据如下：

x_0:5(公斤)　　x_m:75(公斤)　　X:200(公斤)

P:6(元/公斤)　　p_0:10(元/公斤)

α:0.5(公斤/天)　　β:1(元/天)　　γ:1.5(元/天)

通过数学软件 Mathematica 编程计算，输出的结果是

$$t_m=177.87\qquad L(t_m)=126.92$$

$$t^*=382.20\qquad L(t^*)=333.08$$

即生猪饲养到 178 天可出售，除去各种开支后的净利润约为 127 元；饲养到 382 天为最佳售出时机，净利润约为 333 元。

据了解，以上的计算结果与当地的实际情况基本吻合，说明上述模型还是可用的。

假如出现了计算结果与实际有较大误差的情况，则可以对参数 α、β、γ 作适当的修正，直到得出较理想的结果为止。本模型的优点在于它适用于绝大多数的动物饲养业，有着较广泛的实用价值，而且具有一定的可操作性。模型所涉及的参数都是比较容易得到的。例如，饲养物幼仔的重量与价格、允许出售时的最小体重与售价可以通过市场调查得知；饲养物的最大体重可查阅相关的资料；参数 α、β 与 γ 则可以用统计分析的方法获得。

第二节　传染病模型

随着卫生设施的改善、医疗水平的提高以及人类文明的不断发展，诸如霍乱、天花等曾经肆虐全球的传染性疾病已经得到有效的控制，但是一些新的、不断变异着的传染病毒却悄悄地向人类袭来。20 世纪 80 年代，十分险恶的艾滋病毒开始肆虐全球，至今带来极大的危害。还有最近的 SARS 病毒和 H1N1、H7N9 等禽流感病毒，都对人类的生产生活造成了重大的影响，如 2003 年全国大学生数学建模竞赛 A 题与 C 题：*SARS* 的传播。长期以来，探索有效防止传染病蔓延的手段等，一直是各国有关专家和政府官员关注的课题。研究传染病模型的目的是：

(1)描述传染病的传播过程；

(2)分析受感染人数的变化规律；

(3)预报传染病高潮到来的时刻；

(4)控制传染病蔓延的手段。

一、相对封闭环境中的传染病模型

假设 N 个人共同生活在一个相对封闭的环境中，如果其中的一个人感染了某种传染病，而这种传染病又有一定的潜伏期，因而未发病时人们(包括患者自己)是不知道的。一旦患者发病被隔离，这种传染病实际上已经在传播了。在这种情况下，传染病在人群中的传播过程是怎样的呢？

如果我们以 $I(t)$表示发现首例病人后 t 时刻被感染的人数，则 $N-I(t)$就表示此时未被感染的人数。在传染病流行的初期，由于 $I(t)$较小，能接触到感染者的人数少，单位时间内被感染的人数也比较少，因而传播速度较慢；而在传染病流行的后期，由于大多数人已经被感染[$I(t)$较大]，未被感染的人数 $N-I(t)$已经不多了，所以此时单位时间内被感染的人数也不多，因而传播速度也很慢。排除上述两种极端的情况，当有很多的感染者和很多的未感染者时，传染病的传播速度是很快的。因此，传染病的发病率一方面受感染人数的影响，另一方面也受未感染人数的制约。

基于以上的分析，我们就可以建立如下微分方程：

$$\frac{dI}{dt}=kI(N-I) \tag{14.11}$$

其中 k 是比例常数，可根据发病情况的统计数据来确定。

不难求得方程(14.11)的通解为

$$\frac{I}{N-I}=Ce^{Nkt} \tag{14.12}$$

注意到 $I(0)=1$，代入(14.12)式，可求得 $C=\frac{1}{N-1}$，故该方程的特解为

$$\frac{I}{N-I}=\frac{1}{N-1}e^{Nkt}$$

即

$$I=\frac{N}{1+(N-1)e^{-Nkt}} \tag{14.13}$$

这就是该传染病的传播规律。显然，$I(t)$ 单调增，且当 $t\to+\infty$ 时，有 $I\to N$，这表明如果任其发展而不采取积极有效的措施，最终所有的人都将被感染。尽管这与实际情况有一定的差距，但在传染病流行的前期这个模型还是可用的，因而传染病学者曾用它来预报过传染病高潮到来的时刻。

注：假设发现首例病人 24 小时后被感染的人数为 3 人，则将 $t=24$、$I=3$ 代入特解(14.13)，由 N 即可求出比例常数 k 的值。如本章习题 6。

二、传染病的 *SIR* 模型

在上一个模型中，我们实际上只是对人群进行了简单的划分：感染者与健康人。如果我们把病愈免疫和死亡者也考虑在内，情况就会有很大的不同。

首先，我们把人群分成三类：

S 类：称为易感类，该类成员没有染上传染病，但缺乏免疫力，可以被感染；

I 类：称为传染类，该类成员已经染上了传染病，而且可以传播给 S 类成员；

R 类：称为恢复类或排除类，该类成员具有免疫能力或者已经死亡。

记以上三类人员在 t 时刻的人数分别为 $S(t)$、$I(t)$ 和 $R(t)$，总人数为 N，显然在任一时刻，都有：

$$S(t)+I(t)+R(t)=N$$

为了建立数学模型，我们作出以下两点假设：

(1)单位时间内，一个病人传染的人数与当时健康者的人数成正比，比例系数为 k

(称为传染系数);

(2)单位时间内,病愈免疫(包括死亡)的人数与当时感染者的人数成正比,比例系数为 l(称为恢复系数)。

由假设(1)可知 S 类成员中在 t 时刻的单位时间内被感染的人数为 $kS(t)\cdot I(t)$;由假设(2)可知 t 时刻的单位时间内由 I 类成员转化为 R 类的人数为 $lI(t)$。由于 t 时刻单位时间内各类人员的人数就是该类人员总人数的变化率,故有

$$\frac{dI}{dt}=kSI-lI \text{ 且} \frac{dS}{dt}=-kSI$$

如果初始时刻的感染人数为 I_0,即 $I(0)=I_0$,则 $S(0)=N-I_0$[此时 $R(0)=0$],于是我们就可以得到如下的传染病模型:

$$\begin{cases}\dfrac{dI}{dt}=kSI-lI\\[2ex]\dfrac{dS}{dt}=-kSI\end{cases}\tag{14.14}$$

其初始条件为

$$I(0)=I_0,S(0)=N-I_0\tag{14.15}$$

虽然微分方程组(14.14)的解析解难以求得,但是我们可以通过相轨线对 I、S 之间函数关系的研究讨论(14.14)解的性态。为此,将(14.14)中的两个方程相除,得

$$\frac{dI}{dS}=\frac{kSI-lI}{-kSI}=\frac{l}{kS}-1\tag{14.16}$$

若将 $\frac{l}{k}$ 记作 ρ,则称 $\rho=\frac{l}{k}$ 为"特征指数",且对于同一地区同一种传染病,ρ 为常数,于是方程(14.16)可表示为

$$\frac{dI}{dS}=\frac{\rho}{S}-1\tag{14.17}$$

其初始条件为

$$I(S_0)=N-S_0$$

方程(14.17)是一个可分离变量的微分方程,易求得其满足初始条件的解为

$$I(S)=\rho\ln\frac{S}{S_0}+N-S\tag{14.18}$$

(14.18)表示的只是患者数量 I 与健康人数量 S 之间的函数关系,为了建立它们与时刻 t 之间的函数关系以便作进一步的分析,我们可以利用(14.18)式求 $I(S)$ 对 t 的导数:

$$\frac{dI}{dt}=\frac{dI}{dS}\cdot\frac{dS}{dt}=(\frac{\rho}{S}-1)\cdot\frac{dS}{dt}$$

即

$$I'(t)=(\frac{\rho}{S}-1)\cdot S'(t)$$

由于 $S(t)$ 是单调减函数，即 $S'(t)\leqslant 0$，故由上式可以看出：

当 $S>\rho$ 时，$I'(t)\geqslant 0$，从而 $I(t)$ 单调增加，传染病蔓延；

当 $S\leqslant\rho$ 时，$I'(t)\leqslant 0$，这时 $I(t)$ 单调减少，传染病不蔓延。

也就是说，仅当传染病开始流行时健康人数 S_0 超过 ρ 的情况下，传染病才会蔓延。因此 ρ 是一个"阈值"(俗称"门槛")。注意到 $S_0=N-I_0$，而通常 I_0 是很小的，所以可近似地认为 $S_0\approx N$，于是在总人数 N 不变的情况下，提高门槛 ρ 的数值，对制止传染病的蔓延是十分有利的。由于 $\rho=\frac{l}{k}$，因此一方面要及时采取隔离措施，想方设法降低传染系数 k，另一方面要努力增大恢复系数 l，不断提高该地区的医疗水平、免疫水平和卫生保健水平，以避免传染病的大规模爆发和流行。

第十四章习题

1. 在研究江河水质变化情况的过程中，降解系数是一个重要的指标。通常认为，水质污染主要来自本地区的排污和上游的污水。一般来说，江河自身对污染物都有一定的自然净化能力，即污染物在水环境中通过物理降解、化学降解和生物降解等，可使水中污染物的浓度逐渐降低。而反映江河自然净化能力的指标就称为降解系数。

以长江为例，长江干流的自然净化能力可以认为是近似均匀的，根据检测可知，主要污染物氨氮的降解系数通常介于 0.1～0.5(单位:1/天)之间。根据《长江年鉴》中公布的相关资料，2005 年 9 月长江中游两个观测点氨氮浓度的测量数据如下：

湖南岳阳城陵矶 0.41，江西九江河西水厂 0.06

已知从湖南岳阳城陵矶到江西九江河西水厂的长江河段全长 500km，该河段长江水的平均流速为 0.6 m/s。试求：

(1)氨氮浓度随时间变化所满足的微分方程；

(2)研究该河段氨氮浓度随时间变化的规律，并确定该河段氨氮的降解系数；

(3)如果氨氮降解系数的自然值是 0.3，则你计算的降解系数值是高了还是低了？这说明了什么问题？

2. 某湖泊的蓄水量为 V，每年流入和流出的水量都是 $V/3$。而在流入的水量中，含污染物 A 的污水和不含 A 的水各占一半。已知 1999 年底湖中 A 的含量为 $5m_0$，超过了国家规定的标准，为了治理污染，决定从 2000 年起，限定排入湖泊中含 A 污水的浓度不准超过 m_0/V，则需经多少年才能使湖中污物 A 的含量降至 m_0 以内？($\ln 3\approx 1.0986$)

3. 一个 30m×30m×12m 的化工车间，其中空气中含有 0.12%的 CO_2。假设新鲜空气中 CO_2 的含量为 0.04%，则要在 10 分钟之后使车间内 CO_2 的含量不超过 0.06%，每分钟应通入多少 m^3

的新鲜空气？

4.已知一个容器内盛有100升的盐水，含10公斤的盐。如果以每分钟3升的均匀速度向容器内注入淡水，瞬间搅拌后又以每分钟2升的均匀速度将盐水抽出，则一小时后容器内的含盐量是多少？

5.一个冬季的早晨开始下雪，且以恒定的速度不停地下。一台扫雪机从上午8时开始在公路上扫雪，到9时前进了2公里，到10时前进了3公里。假定扫雪机每小时扫去积雪的体积为常数，问:何时开始下雪？

6.在大洋上航行的一艘游船上有800人，一名游客患了某种传染病，12小时后有3人发病。由于这种传染病没有早期症状，故感染者不能被及时隔离。直升机将在60至72小时间运来疫苗。

(1)试估算疫苗运到时患此传染病的人数；

(2)试利用(14.13)式计算传染病高潮到来的时刻；

(3)若初始时刻的患病人数为I_0，即$I(0)=I_0$，试对(14.13)式作相应的修改。

第十五章　饮酒驾车模型

第一节　问题的提出*

据报载，2003 年全国道路交通事故死亡人数为 10.4372 万人，其中因饮酒驾车造成的占有相当的比例。

针对这种严重的道路交通情况，国家质量监督检验检疫局于 2004 年 5 月 31 日发布了新的《车辆驾驶人员血液、呼气酒精含量阈值与检验》国家标准，新标准规定，车辆驾驶人员血液中的酒精含量大于或等于 20 毫克/百毫升，小于 80 毫克/百毫升为饮酒驾车（原标准是小于 100 毫克/百毫升），血液中的酒精含量大于或等于 80 毫克/百毫升为醉酒驾车（原标准是大于或等于 100 毫克/百毫升）。

大李在中午 12 点喝了一瓶啤酒，下午 6 点检查时符合新的驾车标准，紧接着他在吃晚饭时又喝了一瓶啤酒，为了保险起见，他待到凌晨 2 点才驾车回家，又一次遭遇检查时却被定为饮酒驾车，这让他既懊恼又困惑，为什么喝同样多的酒，两次检查结果会不一样呢？

请你参考下面给出的数据（或自己收集资料）建立饮酒后血液中酒精含量的数学模型，并讨论以下问题：

1. 对大李碰到的情况做出解释；

2. 在喝了 3 瓶啤酒或者半斤低度白酒后多长时间内驾车就会违反上述标准，在以

---

* 本节由全国大学生数学建模 2004 年 C 题改编。

下情况下回答：

(1)酒是在很短时间内喝的；

(2)酒是在较长一段时间(比如 2 小时)内喝的。

3. 怎样估计血液中的酒精含量在什么时间最高？

4. 根据你的模型论证：如果天天喝酒，是否还能开车？

5. 根据你做的模型并结合新的国家标准写一篇短文，给想喝一点酒的司机如何驾车提出忠告。

参考数据：

1. 人的体液占人的体重的 65％至 70％，其中血液只占体重的 7％左右；而药物(包括酒精)在血液中的含量与在体液中的含量大体是一样的。

2. 体重约 70kg 的某人在短时间内喝下 2 瓶啤酒后，隔一定时间测量他的血液中的酒精含量(毫克/百毫升)，得到数据，如表 15－1 所示。

表 15－1　　喝两瓶啤酒后血液中酒精的含量　　单位：毫克/百毫升

时间(小时)	0.25	0.5	0.75	1	1.5	2	2.5	3	3.5	4	4.5	5
酒精含量	30	68	75	82	82	77	68	68	58	51	50	41
时间(小时)	6	7	8	9	10	11	12	13	14	15	16	
酒精含量	38	35	28	25	18	15	12	10	7	7	4	

第二节　模型的假设

1. 不同年龄段、不同性别、不同种族人的酒精代谢功能大致相同；

2. 喝的都是同一种酒，酒精含量相同；

3. 血液中的酒精含量与在短时间内喝下的啤酒中的实际酒精含量成正比；

4. 大李的体重大约为 70kg；

5. 假设血液的密度为 1g/ml；

6. 酒精在血液中的含量与在体液中的含量大体相同。

第三节　符号说明

符号的说明见表 15－2。

表 15－2　　　**符号及其意义**

序　号	符　号	意　义
1	G	饮酒者的体重
2	r	血液占体重的比例
3	m_1	酒精的密度
4	m_2	血液的密度
5	a	血液中酒精含量的变化率与单位时间内酒精含量的比例系数
6	b	酒精含量的消失率
7	t	饮酒后的时间
8	$x_n(t)$	表示在短时间内喝下 n 瓶酒后，t 时刻血液中的酒精含量
9	$A(n)$	表示积分常数 C 随着饮酒量变化的系数
10	T	饮酒消耗的时间
11	M	饮酒的次数
12	t_0	血液中酒精含量达到峰值的时刻
13	$x_n(t,T,k)$	表示在 T 时间内第 k 次喝下酒后到 t 时刻血液中的酒精含量
14	N	饮酒的瓶数

第四节　问题的分析

众所周知，司机酒后驾车的危险性非常大，我国道路交通事故中因饮酒驾车造成的占有相当大的比例，如何抑制？找出饮酒后酒精在血液中的变化规律至关重要。我们可以根据题目所给的参考数据作出散点图，找出血液中酒精含量与饮酒后时间的函数关系；也可以由相应的医学、化学以及数学知识，建立微分方程模型，找出血液中酒精含量与时间的函数关系，由这些函数关系分析解决如何控制饮酒、安全驾车的问题。

第五节　模型的建立与求解

一、模型的建立

从某人喝下 2 瓶啤酒后血液中的酒精含量（见表 15－1）中所给的数据可分析出，并不是喝下 2 瓶啤酒后血液中的酒精含量立即达到 2 瓶啤酒中实际的酒精含量。通过查阅医学资料可知，自饮酒后 2～5 分钟酒精开始进入血液，随着身体对酒精的吸收，血液中酒精含量逐渐上升，在某一时刻达到了峰值，由于人体内时刻进行着代谢，所以在达到某一峰值之后血液中的酒精含量将会衰减并逐渐趋向于0。某体重70kg的人喝下2瓶啤酒，通过查阅资料知，1瓶啤酒的酒精含量为3.5%～4%，容量为640ml，酒精的密度为0.8kg/L。在喝下2瓶啤酒后血液中的实际酒精含量代入数据得203毫克/百毫升，表15－1所给数据的酒精含量都小于203毫克/百毫升，因此数据符合由于体内酒精代谢而导致酒精含量变化的规律，所以给出的血液中的酒精含量的数据可信性较高。

1. 模型一。

基于假设3，体重约70kg的某人在短时间内喝下1瓶啤酒后，隔一定时间血液中的酒精含量如表15－3所示。

表15－3　　喝下一瓶啤酒后一定时间间隔内体内血液中的酒精含量变化情况

时间(小时)	0.25	0.5	0.75	1	1.5	2	2.5	3	3.5	4	4.5	5
酒精含量	15	34	37.5	41	41	38.5	34	34	29	25.5	25	20.5
时间(小时)	6	7	8	9	10	11	12	13	14	15	16	
酒精含量	19	17.5	14	12.5	9	7.5	6	5	3.5	3.5	2	

根据表15－3中的数据，运用Excel可作出酒精含量散点图，见图15－1。

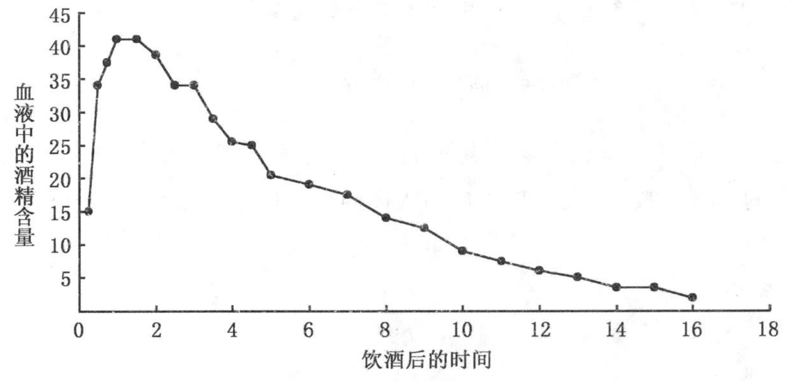

图15－1　喝下一瓶啤酒后体内酒精含量散点图

根据散点图估计血液中酒精含量$x(t)$与时间t的关系为

$$x(t)=B\sqrt{t}e^{-t/2} \tag{15.1}$$

其中B为常数。

为了确定模型(15.1)中的常数B，对该式两边取对数，得：

$$\ln x(t)=\ln B+\frac{1}{2}\ln t-\frac{1}{2}t$$

我们用表 15—3 中的数据通过 Mathematica 计算出 $B=71.199$，这样得到

$$x(t)=71.199\sqrt{t}e^{-t/2} \tag{15.2}$$

分别将不同的时刻代入模型(15.2)，可以求得不同时间间隔内血液中的酒精含量，见表 15—4。

表 15—4 **拟合血液中的酒精含量变化情况** 单位:毫克/百毫升

时间(小时)	0.25	0.5	0.75	1	1.5	2	2.5	3	3.5	4	4.5	5
酒精含量	31	39	42	43	41	37	32	27	23	19	16	13
时间(小时)	6	7	8	9	10	11	12	13	14	15	16	
酒精含量	9	6	4	2	2	0.9	0.6	0.4	0.2	0.2	0.1	

将表 15—3 与表 15—4 中的数据进行比较，可以看出拟合的数据并不理想，运用此模型也不能够合理解释问题 1，所以此模型不够合理，我们将进一步改进。

2. 模型二。

受模型一的启发，并注意到模型一中的 $x(t)$ 满足 $\frac{dx(t)}{dt}=\frac{x(t)}{2t}(1-t)$，而 $\frac{dx(t)}{dt}/\frac{x(t)}{t}$ 是表示血液中酒精含量关于时间的弹性，这一弹性并非像模型一给出的是一常数，而是 $\frac{1}{2}(1-t)$。事实上，酒精在血液中含量的变化规律是这样的：刚开始喝酒的时候时间变化 1%，血液中酒精含量变化的百分数较大，但喝下酒后较长时间血液中酒精含量变化的百分数较小，也就是酒精在人体内变化的弹性系数呈线性下降的变化趋势，所以假设

$$x'(t)/\frac{x(t)}{t}=a-bt$$

从而可得模型

$$\frac{dx(t)}{dt}=(a-bt)\frac{x(t)}{t} \tag{15.3}$$

其中，a，b 均为大于 0 的常数。

(15.3)是一阶微分方程，其通解为：

$$x(t)=Ct^{a}e^{-bt} \tag{15.4}$$

其中，C 为积分常数。

为了确定(15.4)式中的常数 a，b，C，对等式两边取对数，得：

$$\ln x(t)=\ln C+a\ln t-bt$$

利用表15—3中的数据，用最小二乘法拟合出常数$\ln C,a,b$；可决系数R^2达到了0.9789，a,b两参数的t统计量的值分别为8.5056和−20.7408，且统计检验是高度显著的，得：$C=44.1141,a=0.4647,b=-0.2640$

代入(15.4)，得：

$$x(t)=44.1141t^{0.4647}e^{-0.2640t} \tag{15.5}$$

我们将拟合的图形与实际的散点图相比较，如图15—2所示。

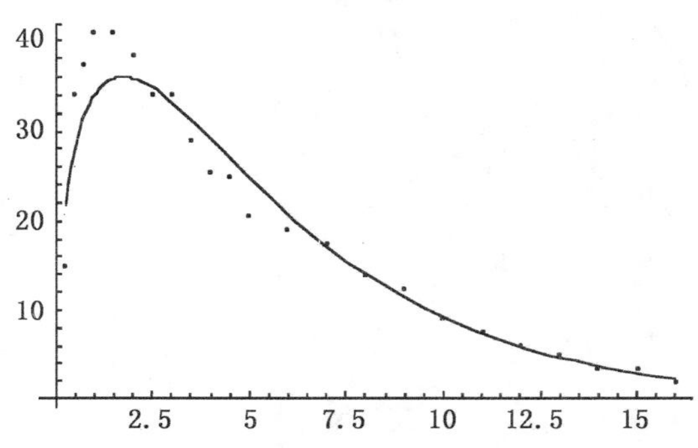

图15—2　拟合曲线与对应的散点图

3. 模型三。

我们认为由模型二确定的常数a,b对于饮酒量来说是不变的，为了表示喝n瓶酒后血液中酒精变化的规律，我们让模型二中的积分常数C随着饮酒量的变化而变化，记为$A(n)$，又假设在短时间内喝下n瓶酒，这样得

$$\begin{cases}x_n(t)=A(n)t^{0.4647}e^{-0.2640t}\\x_n(0.25)=15n\end{cases} \tag{15.6}$$

其中$x_n(t)$表示在短时间内喝下n瓶酒时血液中的酒精含量。

(15.6)式是一个方程组，其中$x_n(0.25)=15n$表示在喝完n瓶酒后0.25小时血液的酒精含量，从而得$A(n)$，应满足方程

$$15n=A(n)0.25^{0.4647}e^{-0.2640\times 0.25} \tag{15.7}$$

4. 模型四。

模型三中没有考虑酒是在一段时间内喝下的，这与实际情况不符。我们在模型三的基础上建立在$[0,T]$时间内连续喝下n瓶酒后血液中的酒精变化规律模型，其中假设在$[0,T]$时间内分M次喝完n瓶啤酒，每次间隔的时间为T/M，每次喝下后进入血液中的酒精含量为$x(T/M,n/M)$，第k次喝下酒后血液中的酒精含量满足下列方程：

$$\begin{cases} x_n(t,T,k)=A(n,T,k)t^{0.4647}e^{-0.2640t} \\ x_n(T/M,T,k)=x_n(2T/M,T,k-1)+x(T/M)\dfrac{n}{M} \end{cases} (k=1,2,3,\cdots,M) \quad (15.8)$$

其中，$x_n(t,T,k)$表示在 T 时间内第 k 次喝下酒后到 t 时刻血液中的酒精含量。

根据题目中的具体情况，假设 $T=2$ 小时，$M=8$，$x(T/M)=15$，代入(15.8)，得：

$$\begin{cases} x_n(t,2,k)=A(n,2,k)t^{0.4647}e^{-0.2640t} \\ x_n(0.25,2,k)=x_n(0.5,2,k-1)+\dfrac{45}{8} \end{cases} \quad (k=1,2,3,\cdots,M) \qquad (15.9)$$

在 2 小时内喝完酒后 t 时刻血液中的酒精含量走势见图 15—3。

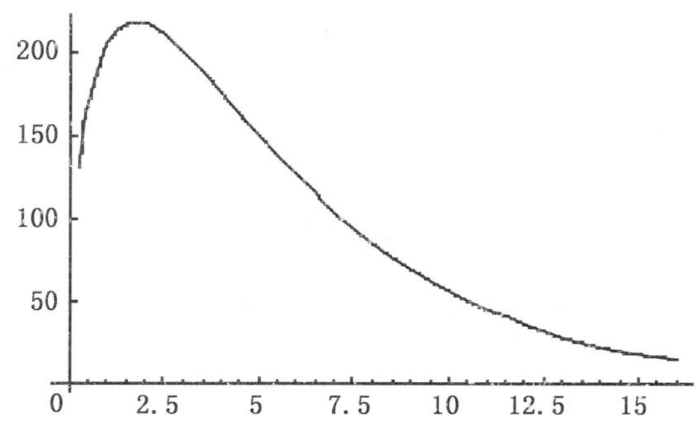

图 15—3　在 2 小时内喝完酒后 t 时刻血液中的酒精含量走势

二、模型的求解

1. 问题 1 的求解。

由模型二的解(15.5)式，我们求出喝一瓶啤酒后血液中酒精含量的拟合值，见表 15—5。

表 15—5　　喝一瓶啤酒后血液中酒精含量的拟合值　　单位：毫克/百毫升

时间(小时)	0.25	0.5	0.75	1	1.5	2	2.5	3
酒精含量	21.18	28.01	31.65	33.87	35.83	35.90	34.89	33.28
时间(小时)	3.5	4	4.5	5	6	7	8	9
酒精含量	31.33	29.21	27.04	24.88	19.91	17.16	14.02	11.37
时间(小时)	10	11	12	13	14	15	16	
酒精含量	9.17	7.36	5.88	4.69	3.78	2.95	2.34	

从表 15—5 中可得出：大李在中午 12 点喝了一瓶啤酒，到下午 6 点时血液中的酒

精含量为 19.91 毫克/百毫升，血液中的酒精含量小于 20 毫克/百毫升，所以在检查时符合新的驾车标准。

如果在 6 点钟又喝一瓶啤酒，则此时血液里不仅含有第 2 瓶啤酒的酒精，同时第 1 瓶的酒精仍然存在，并且同时进行着酒精代谢。这时大李从喝第 2 瓶酒后的 t 时刻，血液中的酒精含量 $x_2(t)$ 应满足：

$$\begin{cases} x_2(t)=At^{0.4647}e^{-0.2640t} \\ x_2(0.25)=x(6.25)+15 \end{cases}$$

其中，由(15.5)式算出 $x(6.25)=19.847$，从而解出常数 $A=66.3625$。因此，大李从喝第 2 瓶酒后的 t 时刻，血液中的酒精含量

$$x_2(t)=66.3625t^{0.4647}e^{0.066-0.2640t} \tag{15.10}$$

大李在凌晨 2 点接受检查时，从喝第 2 瓶酒后已经过了 8 小时，将 $t=8$ 代入(15.10)式，得

$$x_2(8)=22.5371$$

结果表明：此时血液中的酒精含量为 22.5371 毫克/百毫升，超过了 20 毫克/百毫升，所以检查出他是饮酒驾车。

2. 问题 2 的求解。

当 3 瓶啤酒是在较短的时间内喝下时，此时 $n=3$，代入(15.7)式，得：

$$45=A(3)0.25^{0.4647}e^{-0.2640\times 0.25}$$

解得 $A(3)=85.6978$，所以在短时间内喝完 3 瓶酒后血液中的酒精含量 $x_3(t)$ 为：

$$x_3(t)=85.6978e^{0.066-0.2640t}t^{0.4647}$$

当 $x_3(t)=20$，即 $85.6978e^{0.066-0.2640t}t^{0.4647}=20$ 时，解得：$t_1=0.0387$(小时)，$t_2=9.7731$(小时)。

结果表明：如果在短时间内喝下 3 瓶啤酒，那么在酒后 0.0387 小时至 9.7731 小时血液中的酒精含量超过了 20%，即在这一段时间内驾车就会违反标准。

讨论 3 瓶啤酒是在较长的时间内喝下的情况：

如果在较短的时间内喝下 3 瓶啤酒就不需要考虑喝酒的过程中酒精在体内的代谢，但此问题要求在较长的时间内喝下 3 瓶啤酒，所以在喝酒的过程中就需要考虑酒精在体内的代谢。解决此问题时，我们将 2 小时以 0.25 小时为单位分成 8 个时间段，假设每次喝酒的量为 3/8 瓶，每隔 0.25 小时喝一次，喝 8 次。

由(15.9)式求解得：当 $k=8$ 时，即在 2 小时内喝完酒后 t 时刻血液中的酒精含量为

$$x_3(t,2,8)=248.01e^{0.066-0.2640t}t^{0.4647}$$

计算结果表明：当 $t\leqslant 14.4911$ 时血液中的酒精含量超过了 20%，也就是说，在 2 小时内喝完 3 瓶酒后在 14.4911 小时内血液中的酒精含量超过了 20%，即在这一段时间内驾车就会违反标准。

注：此模型只给出了大概的时间范围，如果给出一个比 0.25 更小的单位来划分不同时刻，那么得出的时间范围会更为精确。

3. 问题 3 的求解。

血液中的酒精含量何时达到峰值，与饮酒方式有关，与饮酒量无关，因此不同的饮酒方式使得血液中的酒精含量达到峰值的时间不同。

针对本问题我们只考虑喝一次酒后血液中的酒精含量达到峰值的时间。此时，问题可转化为求 $x(t)$ 的最大值，根据模型一，$x(t)$ 的导数为：

$$\frac{dx(t)}{dt}=(a-bt)\frac{x(t)}{t}$$

令 $\frac{dx(t)}{dt}=(a-bt)\frac{x(t)}{t}=0$，得 $x(t)$ 的唯一驻点 $t_0=\frac{a}{b}$，又 $x''(t_0)=-b\frac{x(t_0)}{t_0}<0$，所以由求极值的理论知，当 $t=t_0=\frac{a}{b}$ 时 $x(t)$ 达到最大值。因此，在喝酒后血液中的酒精含量达到最大值的时刻为 $\frac{a}{b}$。

将数据 $a=0.4647$，$b=0.2640$ 代入，求得 $t_0=1.769$（小时）即为血液中酒精含量达到最高的时刻。

计算结果表明：喝完酒后血液中的酒精含量都在 $t_0=1.769$ 小时达到峰值，这与相关文献中给出了大多数饮酒者在饮完酒后 30～120 分钟血液中的酒精浓度达到峰值的结论是相符的。

4. 问题 4 的求解。

问题 4 要求我们用以上建立的模型论证：天天喝酒，是否还能开车。并未作出具体要求，但此问题的解决需要考虑到一天喝酒的次数和每次的饮酒量。对此，我们做以下详细分析。

首先我们假设一天只喝一次酒并且在短时间内喝完，设喝下的量为 N 瓶。

第一种情况：喝完酒后，一天中的每个时刻都能开车，也就是使 $Nx(t)$ 的峰值小于 20。此时根据问题 3 所估算出的 $x(t)$ 达到峰值时的时刻 t_0，将 $t=t_0$ 代入方程，$Nx(t)\leqslant 20$ 中，求得 N 的最大值为 0.55 瓶（352 毫升），即当 $0\leqslant N<0.55$ 时，一天中的每个时刻都能开车。

第二种情况：喝完酒后，一天中的各个时刻都不能开车。即在喝完酒后的 24 个小

时内 $Nx(t)\geqslant 20$，将 $t=24$ 代入方程 $Nx(t)\geqslant 20$，求得 N 的最小值 8.57 瓶（5484.8 毫升）。即当 $N\geqslant 8.57$（5484.8 毫升）时，一天中的每个时刻都不能开车。

第三种情况：一天之内，有一段时间可以开车。此时 $0.55<N<8.57$，这时随着 N 的增加，可以开车的时间逐渐减少。

其次假设一天喝两次酒，每次的量相同，为 N，且每次的间隔时间也相同，为 $24/2=12$ 小时。此时也可以分为三种情况。

第一种情况：喝完酒后，一天中的各个时刻都能开车。由假设可看出，每天血液中的酒精含量的峰值一定出现在第二次饮酒后，其时刻仍为上述的 t_0，此时将 $t=t_0$ 代入方程 $Nx(t+12)+Nx(t)=20$，求出 $N=0.5003$ 瓶（320.192 毫升）。即一天饮两次，且每次的量 $0\leqslant N<0.5003$ 时，一天之内，各个时刻都能开车。

第二种情况：喝完酒后，一天中的各个时刻都不能开车。根据假设，可以看出每天血液中的酒精含量最低值应在第 12 个小时，即第二次喝酒之前。此时将 $t=12$ 代入方程 $Nx(t)=20$，求出 $N=3.4$（2176 毫升）。即当 $N\geqslant 3.4$（2176 毫升）时，一天之内每个时刻都不能开车。

第三种情况：一天之内，有一段时间可以开车，此时 $0.5<N<3.4$，即随着 N 的增加，可以开车的时间逐渐减少。

我们再讨论一天之内喝 n 次酒、每次饮酒量相同为 N 的情况，且每次饮酒间隔时间相同，为 $24/n$，此时也可以分为三种情况。

第一种情况：喝完酒后，一天中的每个时刻都能开车。此时将上述的 t_0 代入方程：$Nx(t+\frac{24(n-1)}{n})+Nx(t+\frac{24(n-2)}{n})+\cdots+Nx(t)=20$（其中，$\frac{24(n-1)}{n}$ 为最后一次饮酒时刻），于是可从方程中解出 $N=N_1$，即当 $0\leqslant N<N_1$ 时，一天之内，每个时刻都能开车。

第二种情况：喝完酒后，一天中的各个时刻都不能开车。可以看出，每天酒精在血液中含量的最低值应在第二次饮酒之前的瞬时时刻，即 $24/n$，此时将 $t=24/n$ 代入方程 $Nx(t)=20$ 可求出 $N=N_2$，即当 $N\geqslant N_2$ 时，一天之内，每一时刻都不能开车。

第三种情况：一天之内，有一段时间可以开车，此时 $N_1\leqslant N\leqslant N_2$，当 N 增加时，可以开车的时间逐渐减少。但此问题中的第三种情况并未考虑天与天之间酒精残留量的积累。若考虑，则随着残留量的积累，终有一天各个时刻都将不能开车。

第六节　模型的评价

1. 采用散点图方法拟合的模型一，简单、直观，易于接受和掌握。

2. 根据酒精在人体内变化的弹性系数呈线性下降的趋势建立的微分方程模型二，有较充分的理论依据，其结果精确度高。

3. 此模型虽不能给出酒后血液中酒精含量的真值，但在不可能取得真值的情况下，给出了一个近似值，对于判断是否酒后驾驶具有一定意义。

4. 模型一由数据拟合而来，所以结果存在一定的误差。

5. 模型二要求使用者有较强的数学知识，对于专科学生来说，要想很好地掌握此模型，需用一定的时间。

第七节　短文——对酒后驾车说“不”

酒的文化在中国源远流长，得意时喝酒洒脱，忧郁时喝酒解闷，日常时喝酒自在，然而对我们广大的司机朋友来说是：“生命诚可贵，酒后驾车不可取！”

根据 2004 年 8 月 29 日《泰州日报》报道：“当驾驶人员血液中酒精含量达 64 毫克/百毫升水平时，发生交通事故的机会较零点水平高 3.5 倍；达 80 毫克/百毫升时，发生交通事故的机会较零点水平高 7 倍；达 120 毫克/百毫升时，发生交通事故的机会较零点水平高 26 倍。”国家质量监督检验检疫局在 2004 年 5 月 31 日发布的《车辆驾驶人员血液、呼气酒精含量阈值与检验》国家标准中规定，车辆驾驶人员血液中的酒精含量应小于 20 毫克/百毫升。而即使是只喝一瓶啤酒，在酒后 1 小时血液中的酒精也达到 40 毫克/百毫升，违反了规定，但酒精消失的过程却是很缓慢的，因此酒后不能驾车。

当然既想喝酒又能开车的可能性还是有的，关键要看你每天喝几次，每次喝多少，我们建立的数学模型告诉司机朋友，当酒精进入人体 1 个多小时后，血液内的酒精含量达到一个峰值，然后是缓慢的代谢。因此建议你分多次饮酒，每次啤酒饮用量不宜超过 350 毫升，一天不超过 700 毫升；若你喝白酒，每次饮用量不宜超过 35 毫升，一天不超过 70 毫升。

不过，我们还是提醒司机朋友：当你拿起酒杯准备觥筹交错、开怀畅饮时，当你酒足饭饱后打开车门预备启动时，但愿家人的期盼能让你感受到自己的责任，但愿已经发生的悲剧能让你放下手中的酒杯。为了您和他人的安全，为了您对家人的责任，让我们对酒后驾车说“不”！

第五篇

图论网络模型及应用

第十六章　图论模型及其算法

第一节　基本概念

一、无向图与有向图

一个无向图(undirected graph)G 是由一个非空有限集合 $V(G)$ 和 $V(G)$ 中某些元素的无序对集合 $E(G)$ 构成的二元组，记为 $G=(V(G),E(G))$。其中，$V(G)=\{v_1, v_2,\cdots,v_n\}$ 称为图 G 的顶点集(vertex set)或节点集(node set)，$V(G)$ 中的每一个元素 $v_i(i=1,2,\cdots,n)$ 称为该图的一个顶点(vertex)或节点(node)；$E(G)=\{e_1,e_2,\cdots,e_m\}$ 称为图 G 的边集(edge set)，$E(G)$ 中的每一个元素 e_k(即 $V(G)$ 中某两个元素 v_i，v_j 的无序对)记为 $e_k=(v_i,v_j)$ 或 $e_k=v_iv_j=v_jv_i(k=1,2,\cdots,m)$，被称为该图的一条从 v_i 到 v_j 的边(edge)。当边 $e_k=v_iv_j$ 时，称 v_i，v_j 为边 e_k 的端点(vertices)，并称 v_j 与 v_i 相邻(adjacent)；边 e_k 称为与顶点 v_i，v_j 关联(incident)。如果某两条边至少有一个公共端点，则称这两条边在图 G 中相邻。若两条边有公共的端点，就称为重边(multi-edges)或平行边(parallel edges)。

图 G 的顶点数用符号 $|V|$ 或 $\nu(G)$ 表示，也可称为阶(order)，边数用 $|E|$ 或 $\varepsilon(G)$ 表示。一个图如果它的顶点集和边集都有限，则称为有限图(finite graph)。阶数为 1 的简单图称为平凡图(trivial graph)，边数为 0 的图称为空图(empty graph)。两端点重合为一点的边称为环(loop)。一个图如果它既没有环也没有两条边连接同一对顶点，则称为简单图(simple graph)。在图论符号中我们常略去字母 G，例如，分别用 V，E，ν 和 ε 代替 $V(G)$，$E(G)$，$\nu(G)$ 和 $\varepsilon(G)$。

如图 16－1 所示，图 G 为有限无向图，顶点集 $V=\{v_1,v_2,v_3,v_4,v_5\}$，$|V|=5$，边集 $E=\{e_1,e_2,e_3,e_4,e_5,e_6,e_7,e_8\}$，$|E|=8$，边 e_2 是环，边 e_4，e_5 是重边。

一个有向图(directed graph 或 digraph)D 是由一个非空有限集合 V 和 V 中某些元素的有序对集合 A 构成的二元组，记为 $D=(V,A)$。其中，$V=\{v_1,v_2,\cdots,v_n\}$ 称为

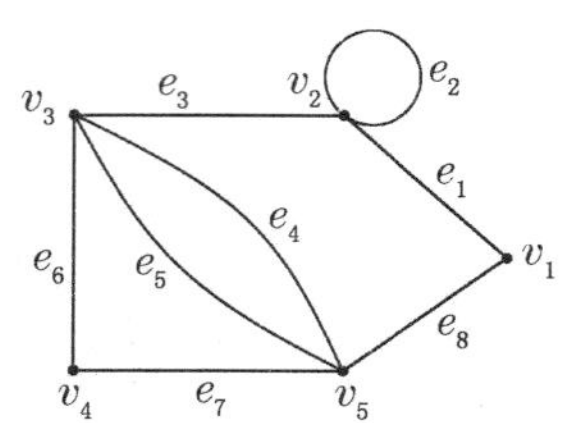

图 16—1　无向图的顶点与边

图 D 的顶点集或节点集，V 中的每一个元素 $v_i(i=1,2,\cdots,n)$ 称为该图的一个顶点或节点；$A=\{a_1,a_2,\cdots,a_m\}$ 称为图 D 的弧集(arc set)，A 中的每一个元素 a_k(即 V 中某两个元素 v_i,v_j 的有序对)记为 $a_k=(v_i,v_j)$ 或 $a_k=v_iv_j(k=1,2,\cdots,n)$，被称为该图的一条从 v_i 到 v_j 的弧(arc)。当弧 $a_k=v_iv_j$ 时，称 v_i 为 a_k 的尾(tail)，v_j 为 a_k 的头(head)，并称弧 a_k 为 v_i 的出弧(outgoing arc)，为 v_j 的入弧(incoming arc)。

对应于每个有向图 D，可以在相同顶点集上作一个图 G，使得对于 D 的每条弧，G 有一条有相同端点的边与之相对应，这个图称为 D 的基础图(underlying graph)；反之，给定任意图 G，对于它的每个边，给其端点指定一个顺序，从而确定一条弧，由此得到一个有向图，这样的有向图称为 G 的一个定向图(oriented graph)。

如图 16—2 所示，图 D 为有向图，顶点集 $V=\{v_1,v_2,v_3,v_4,v_5\}$，边集 $A=\{a_1,a_2,a_3,a_4,a_5,a_6,a_7,a_8\}$，图 16—1 为图 16—2 的基础图。

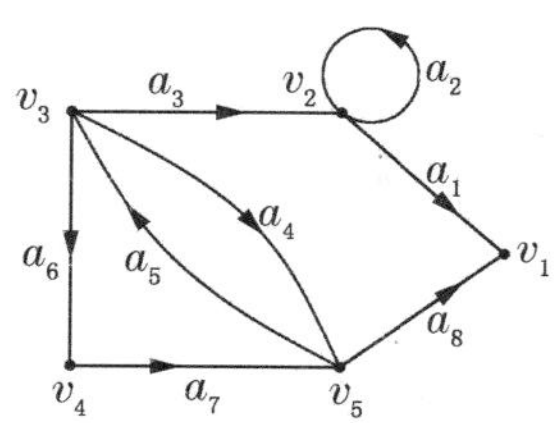

图 16—2　有向图的顶点与边

以下若未注明“有向图”三个字，“图”字皆指无向图。

二、顶点的度

在无向图中，与顶点 v 关联的边的数目称为 v 的次数，记为 $d(v)$。在有向图中，从顶点 v 引出的弧的数目称为 v 的出度，记为 $d^+(v)$；从顶点 v 引入的弧的数目称为 v 的入度，记为 $d^-(v)$；$d(v)=d^+(v)+d^-(v)$ 称为 v 的次数。在图 16—2 中，$d^+(v_1)=0,d^+(v_2)=2,d^+(v_3)=3,d^+(v_4)=1,d^+(v_5)=2,d^-(v_1)=2,d^-(v_2)=2,d^-(v_3)=1,d^-(v_4)=1,d^-(v_5)=2$。

定理 16.1　对于任何有向图 D 均有 $\sum\limits_{x\in V} d_D^+(x)=\sum\limits_{x\in V} d_D^-(x)=\varepsilon(D)$。

推论 16.1　(Euler,1736)对于任何无向图 G 均有 $\sum\limits_{x\in V} d_D(x)=2\varepsilon(D)$。

推论 16.2　任何无向图 G 都有偶数个奇度点。

三、图的矩阵表示

网络优化研究的是网络上的各种优化模型与算法。为了在计算机上实现网络优化的算法，首先我们必须用一种方法（即数据结构）在计算机上来描述图与网络。一般来说，算法的好坏与网络的具体表示方法，以及中间结果的操作方案是有关系的。这里我们介绍计算机上用来描述图与网络的两种常用表示方法：邻接矩阵表示法和关联矩阵表示法。在下面数据结构的讨论中，我们首先假设 $G=(V,A)$ 是一个简单有向图，$|V|=n$，$|A|=m$，并假设 V 中的顶点用自然数 $1,2,\cdots,n$ 表示或编号，A 中的弧用自然数 $1,2,\cdots,m$ 表示或编号。首先考虑简单图。

1. 邻接矩阵表示法。

邻接矩阵表示法是将图以邻接矩阵（adjacency matrix）的形式存储在计算机中。图 $G=(V,A)$ 的邻接矩阵是如此定义的：C 是一个 $n\times n$ 的 $0-1$ 矩阵，即

$$C=(c_{ij})_{n\times n}\in\{0,1\}^{n\times n},c_{ij}=\begin{cases}1, & (i,j)\in A\\ 0, & (i,j)\notin A\end{cases}$$

也就是说，如果两顶点之间有一条边，则邻接矩阵中对应的元素为 1；否则为 0。可以看出，这种表示法非常简单、直接。但是，在邻接矩阵的所有 n^2 个元素中，只有 m 个为非零元。如果网络比较稀疏，这种表示法浪费大量的存储空间，从而增加了在网络中查找边的时间。

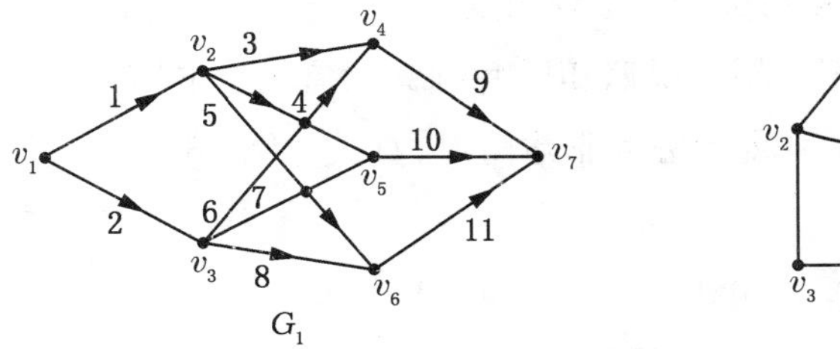

图 16—3　有向图和无向图

如图 16—3 所示，图 G_1，G_2 的邻接矩阵分别为：

$$C_1=\begin{pmatrix}0&1&1&0&0&0&0\\0&0&0&1&1&1&0\\0&0&0&1&1&1&0\\0&0&0&0&0&0&1\\0&0&0&0&0&0&1\\0&0&0&0&0&0&1\\0&0&0&0&0&0&0\end{pmatrix},C_2=\begin{pmatrix}0&1&0&0&1\\1&0&1&0&1\\0&1&0&1&0\\0&0&1&0&1\\1&1&0&1&0\end{pmatrix}$$

由此可知，无向图的邻接矩阵是对称矩阵，而有向图则不是，在有向图中，行和表示点的出度，列和则表示点的入度。

2. 关联矩阵表示法。

关联矩阵表示法是将图以关联矩阵（incidence matrix）的形式存储在计算机中。无向图 $G=(V,E)$ 的关联矩阵 B 是如此定义的：B 是一个 $n\times m$ 的矩阵，即

$$B=(b_{ik})_{n\times m}\in\{0,1\}^{n\times m}$$

$$b_{ik}=\begin{cases}1 & \exists j\in V,k=(i,j)\in A,\text{or},k=(j,i)\in A\\0 & \text{其他}\end{cases}$$

有向图 $D=(V,A)$ 的关联矩阵 B 是如此定义的：B 是一个 $n\times m$ 的矩阵，即

$$B=(b_{ik})_{n\times m}\in\{-1,0,1\}^{n\times m}$$

$$b_{ik}=\begin{cases}1 & \exists j\in V,k=(i,j)\in A\\-1 & \exists j\in V,k=(j,i)\in A\\0 & \text{其他}\end{cases}$$

也就是说，在关联矩阵中，每行对应于图的一个节点，每列对应于图的一条弧。如果一个节点是一条弧的起点，则关联矩阵中对应的元素为 1；如果一个节点是一条弧的终点，则关联矩阵中对应的元素为－1；如果一个节点与一条弧不关联，则关联矩阵中对应的元素为 0。对于简单图，关联矩阵每列只含有两个非零元（一个为“1”，一个为“－1”）。可以看出，这种表示法也非常简单、直接。图 16－3 的两个关联矩阵分别是：

$$B_1=\begin{pmatrix}1&1&0&0&0&0&0&0&0&0&0\\-1&0&1&1&1&0&0&0&0&0&0\\0&-1&0&0&0&1&1&1&0&0&0\\0&0&-1&0&0&-1&0&0&1&0&0\\0&0&0&-1&0&0&-1&0&0&1&0\\0&0&0&0&-1&0&0&-1&0&0&1\\0&0&0&0&0&0&0&0&-1&-1&-1\end{pmatrix},$$

$$B_2=\begin{pmatrix}1&0&0&0&1&0\\1&1&0&0&0&1\\0&1&1&0&0&0\\0&0&1&1&0&0\\0&0&0&1&1&1\end{pmatrix}$$

对于有向图的关联矩阵中，每行中 1 的个数表示该点的出度，-1 的个数表示入度，每列元素和都为 0。无向图的关联矩阵中，每行元素和表示点的度，每列元素和都是 2。

此外，还有邻接表表示法、弧表示法、星形表示法等。

四、图的路与连通

$W=v_0e_1v_1e_2\cdots e_kv_k$，其中 $e_i\in E(G)$，$1\leqslant i\leqslant k$，$v_j\in V(G)$，$0\leqslant j\leqslant k$，e_i 与 v_{i-1}，v_i 关联，称 W 是图 G 的一条道路(walk)，k 为路长，顶点 v_0 和 v_k 分别称为 W 的起点和终点，而 $v_1,v_2,\cdots,v_{k-1}$ 称为它的内部顶点。

若道路 W 的边互不相同，则 W 称为迹(trail)。若道路 W 的顶点互不相同，则 W 称为路(path)，记为 P。

称一条道路是闭的，如果它有正的长且起点和终点相同。起点和终点重合的路叫做圈(cycle)，记为 C。

若图 G 的两个顶点 u，v 间存在道路，则称 u 和 v 连通(connected)。u，v 间的最短路的长叫做 u，v 间的距离，记作 $d(u,v)$。若图 G 的任意两个顶点均连通，则称 G 是连通图。

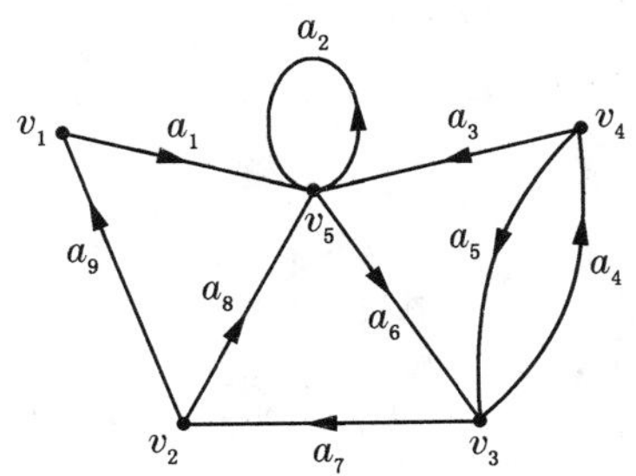

图 16—4　图的路与连通性

在图 16—4 中，从 v_1 到 v_3 的 $W=v_1a_1v_5a_2v_5a_6v_3a_4v_4a_3v_5a_6v_3$ 是一条长度为 6 的道路；$W=v_1a_1v_5a_2v_5a_6v_3$ 是一条长度为 3 的迹；$P=v_1a_1v_5a_6v_3$ 是长度为 2 的路；$C=v_1a_1v_5a_6v_3a_7v_2a_9v_1$ 是长度为 4 的圈。

显然有：

(1)图 P 是一条路的充要条件是 P 是连通的，且有两个 1 度的顶点，其余顶点的度为 2；

(2)图 C 是一个圈的充要条件是 C 是各顶点的度均为 2 的连通图。

五、图的运算

1. 子图。

设 $G=(V(G),E(G))$，$H=(V(H),E(H))$ 是两个图，如果 $V(H)\subset V(G)$，$E(H)\subset E(G)$，图 H 叫做图 G 的子图(subgraph)，记作 $H\subset G$。若 H 是 G 的子图，则 G 称为 H 的母图(supergraph)。若 $V(H)=V(G)$，则称子图 H 是图 G 的支撑子图(spanning subgraph，又称生成子图)。

如图 16—5 所示，图 G_1，G_2 均是图 G 的子图，但图 G_2 是图 G 的支撑子图。

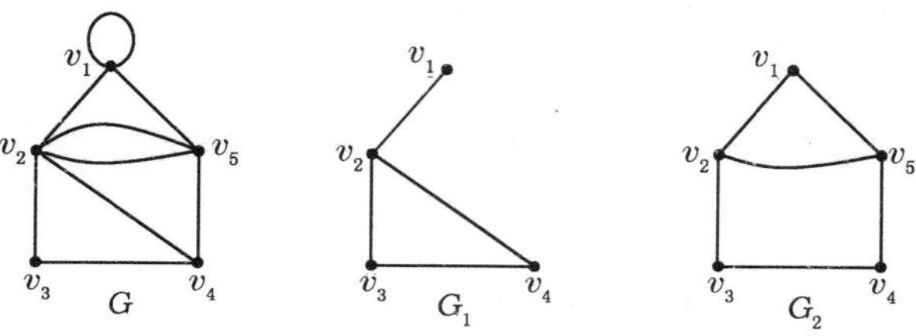

图 16—5　子图与支撑子图

若 $V_1\subset V(G)$，$V_1\neq\phi$，以 V_1 为顶点集，两个端点都在 V_1 中的边为边集的 G 的子图，称为 G 的由顶点集 V_1 导出的子图，记为 $G[V_1]$。

若 $E_1\subset E(G)$，$E_1\neq\phi$，以 E_1 边集，E_1 的端点集为顶点集的图 G 的子图，称为 G 的由边集 E_1 导出的子图，记为 $G[E_1]$，如图 16—6 所示。

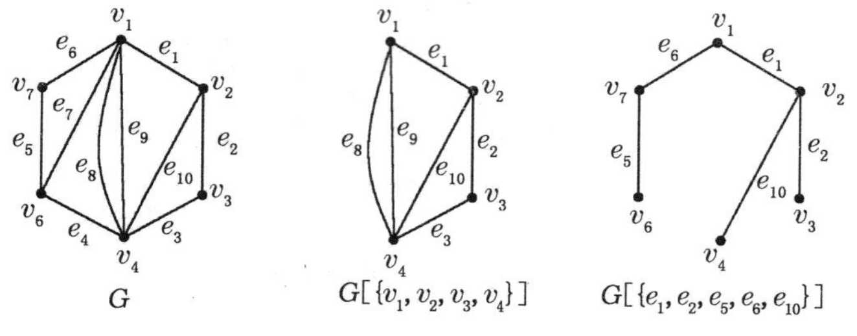

图 16—6　图的顶点集和边集导出的子图

2. 图的交与并。

设 G_1，G_2 是两简单图，若存在图 H，使得 $V(H)=V(G_1)\cup V(G_2)$，且 $E(H)=$

$E(G_1)\cup E(G_2)$，则称图 H 是 G_1,G_2 的并(union)，记为 $G_1\cup G_2$；若 G_1,G_2 点不交，则记 $G_1\cup G_2=G_1+G_2$；若 G_1,G_2 边不交，则记 $G_1\cup G_2=G_1\otimes G_2$。

设 G_1,G_2 是两简单图且 $V(G_1)\cap V(G_2)\neq\phi$，若存在图 H，使得 $V(H)=V(G_1)\cap V(G_2)$，且 $E(H)=E(G_1)\cap E(G_2)$，则称图 H 是 G_1,G_2 的交(intersection)，记为 $G_1\cap G_2$，如图 16—7 所示。

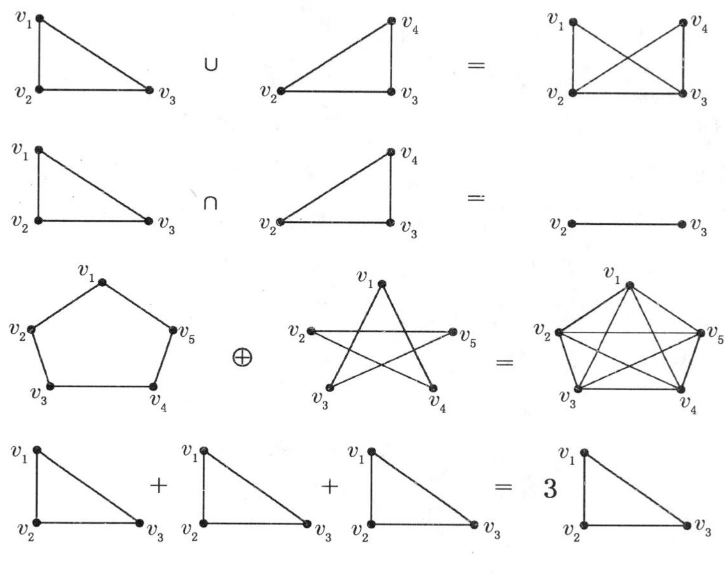

图 16—7　图的基本运算

第二节　最短路

图中具有最大长度的路称为最长路(longest path)，包含每个顶点的路称为 Hamilton 路。两点间长度等于距离的路称为最短路(shortest path)。

一、单源最短路

问题的提出：给定一个加权图 G 和源点 u_0，求 u_0 到 G 中其他每个顶点的最短路，假设各边上的权值均大于等于 0。

求最短路已有成熟的算法——Dijkstra 算法，其基本思想是按距 u_0 从近到远为顺序，依次求得 u_0 到 G 的各顶点的最短路和距离，直至 G 的所有顶点，算法结束。为了避免重复并保留每一步的计算信息，采用了标号算法。下面是该算法。

(1)令 $l(u_0)=0$,对 $v\neq u_0$,令 $l(v)=\infty$,$S_0=\{u_0\}$,$i=0$。

(2)对每个 $v\in\overline{S}_i(\overline{S}_i=V\backslash S_i)$,用

$$\min_{u\in S_i}\{l(v),l(u)+w(uv)\}$$

代替 $l(v)$。计算 $\min\limits_{v\in\overline{S}_i}\{l(v)\}$,把达到这个最小值的一个顶点记为 u_{i+1},令 $S_{i+1}=S_i\cup\{u_{i+1}\}$。

(3)若 $i=|V|-1$,停止;若 $i<|V|-1$,用 $i+1$ 代替 i,转(2)。

算法结束时,从 u_0 到各顶点 v 的距离由 v 的最后一次的标号 $l(v)$ 给出。在 v 进入 S_i 之前的标号 $l(v)$ 叫 T 标号,v 进入 S_i 时的标号 $l(v)$ 叫 P 标号。算法就是不断地修改各顶点的 T 标号,直至获得 P 标号。若在算法运行过程中,将每一顶点获得 P 标号的边在图上标明,则算法结束时,u_0 至各顶点的最短路也在图上标示出来了。

例 1　某公司在六个城市 $c_1,c_2,\cdots,c_6$ 中有分公司,从 c_i 到 c_j 的直接航程票价记在下述矩阵的 (i,j) 位置上(∞表示无直接航路)。请帮助该公司设计一张城市 c_1 到其他城市间的票价最便宜的路线图。

$$\begin{pmatrix} 0 & 50 & \infty & 40 & 25 & 10 \\ 50 & 0 & 15 & 20 & \infty & 25 \\ \infty & 15 & 0 & 10 & 20 & \infty \\ 40 & 20 & 10 & 0 & 10 & 25 \\ 25 & \infty & 20 & 10 & 0 & 55 \\ 10 & 25 & \infty & 25 & 55 & 0 \end{pmatrix}$$

解:用矩阵 $a_{n\times n}$(n 为顶点个数)存放各边权的邻接矩阵,行向量 pb、$index_1$、$index_2$、d 分别用来存放 P 标号信息、标号顶点顺序、标号顶点索引、最短通路的值。其中分量

$$pb(i)=\begin{cases}1 & \text{当第 } i \text{ 顶点已标号} \\ 0 & \text{当第 } i \text{ 顶点未标号}\end{cases};$$

$index_2(i)$存放始点到第 i 点最短通路中第 i 顶点前一顶点的序号;

$d(i)$存放由始点到第 i 点最短通路的值。

求第一个城市到其他城市的最短路径的 MATLAB 程序如下:

```
clear;
clc;
M=10000;
a(1,:)=[0,50,M,40,25,10];
a(2,:)=[zeros(1,2),15,20,M,25];
```

```
a(3,:)=[zeros(1,3),10,20,M];
a(4,:)=[zeros(1,4),10,25];
a(5,:)=[zeros(1,5),55];
a(6,:)=zeros(1,6);
a=a+a';
pb(1:length(a))=0;pb(1)=1;index1=1;index2=ones(1,length(a));
d(1:length(a))=M;d(1)=0;temp=1;
whilesum(pb)<length(a)
  tb=find(pb==0);
  d(tb)=min(d(tb),d(temp)+a(temp,tb));
  tmpb=find(d(tb)==min(d(tb)));
  temp=tb(tmpb(1));
  pb(temp)=1;
  index1=[index1,temp];
  index=index1(find(d(index1)==d(temp)-a(temp,index1)));
  if length(index)>=2
      index=index(1);
  end
  index2(temp)=index;
end
d, index2
```

运行后显示结果为

```
d=
    0    35    45    35    25    10
index2=
    1     6     5     6     1     1
```

二、两指定顶点间的距离

例 2　如图 16－8 所示，现有七个城市 A,B_1,B_2,C_1,C_2,C_3,D，点与点之间的连线表示城市有道路相连，连线上的数字表示道路长度。现计划从 A 到 D 铺设一条输油管道，请设计出最小距离的管道铺设方案。

解：该题为有向赋权图

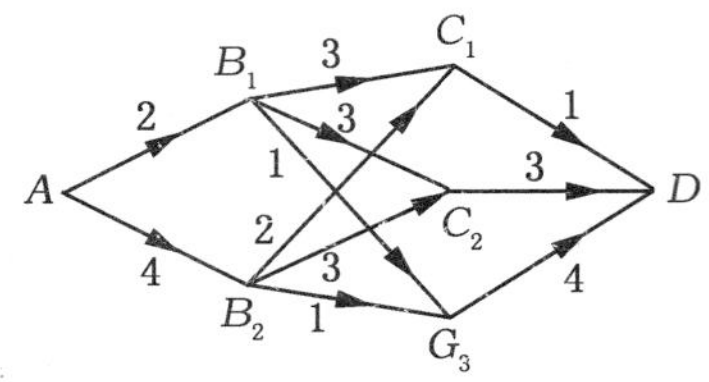

图 16—8 七个城市间的道路图

设决策变量为 $x_{ij}=\begin{cases}1,\text{弧 } v_iv_j \text{ 在最短路上}\\0,\text{弧 } v_iv_j \text{ 不在最短路上}\end{cases}$，$W=(w_{ij})_{n\times n}$ 赋权邻接矩阵，建立模型

$$\min \sum_{v_iv_j\in A} w_{ij}x_{ij}$$

$$s.t.\begin{cases}\sum\limits_{\substack{j=1\\v_iv_j\in A}}^{n} x_{ij}-\sum\limits_{\substack{j=1\\v_jv_i\in A}}^{n} x_{ji}=\begin{cases}1 & i=1\\-1 & i=n\\0 & i\neq 1,n\end{cases}\\x_{ij}=0 \text{ or } 1\end{cases}$$

LINGO 程序如下：

```
model:
sets:
cities/A,B1,B2,C1,C2,C3,D/;
roads(cities,cities)/A B1,A B2, B1 C1, B1 C2, B1 C3, B2 C1, B2 C2, B2 C3,
C1 D, C2 D, C3 D/:w,x;
endsets
data:
w=2 4 3 3 1 2 3 1 1 3 4;
enddata
n=@size(cities);
min=@sum(roads:w * x);
@for(cities(i)|i #ne#1 #and# i #ne#n:
    @sum(roads(i,j):x(i,j))=@sum(roads(j,i):x(j,i)));
@sum(roads(i,j)|i #eq#1: x(i,j))=1;
@sum(roads(i,j)|j #eq#n: x(i,j))=1;
end
```

运行结果为：

Objective value:		6.000000
Total solver iterations:		0
Variable	Value	Reduced Cost
X(A,B1)	1.000000	0.000000
X(A,B2)	0.000000	0.000000
X(B1,C1)	1.000000	0.000000
X(B1,C2)	0.000000	2.000000
X(B1,C3)	0.000000	1.000000
X(B2,C1)	0.000000	1.000000
X(B2,C2)	0.000000	4.000000
X(B2,C3)	0.000000	3.000000
X(C1,D)	1.000000	0.000000
X(C2,D)	0.000000	0.000000
X(C3,D)	0.000000	0.000000

最小距离的管道铺设方案为 $A \to B_1 \to C_1 \to D$，最小距离为 6。

三、任意两顶点间的最短路

计算加权图中各对顶点之间的最短路径，显然可以调用 Dijkstra 算法。具体方法是：每次以不同的顶点作为起点，用 Dijkstra 算法求出从该起点到其余顶点的最短路径，反复执行 n 次这样的操作，就可以得到从每一个顶点到其他顶点的最短路径。这种算法的时间复杂度为 $O(n^3)$。解决这一问题的第二种方法是由 R. W. Floyd 提出的算法，称为 Floyd 算法。

假设图 G 权的邻接矩阵为 A_0，

$$A_0=\begin{pmatrix} a_{11} & a_{12} & \cdots & a_{1n} \\ a_{21} & a_{22} & \cdots & a_{2n} \\ \vdots & \vdots & \cdots & \vdots \\ a_{n1} & a_{n2} & \cdots & a_{nn} \end{pmatrix}$$

来存放各边长度，其中：

$a_{ii}=0 \qquad i=1,2,\cdots,n$；

$a_{ij}=\infty$　i,j 之间没有边，在程序中以各边都不可能达到的充分大的数代替；

$a_{ij}=w_{ij}$　　w_{ij} 是 i,j 之间边的长度，$i,j=1,2,\cdots,n$。

对于无向图，A_0 是对称矩阵，$a_{ij}=a_{ji}$。

Floyd 算法的基本思想是：递推产生一个矩阵序列 $A_0, A_1, \cdots, A_k, \cdots, A_n$，其中 $A_k(i,j)$表示从顶点 v_i 到顶点 v_j 的路径上所经过的顶点序号不大于 k 的最短路径长度。

计算时用迭代公式：

$$A_k(i,j)=\min(A_{k-1}(i,j), A_{k-1}(i,l)+A_{k-1}(l,j))$$

k 是迭代次数，$i,j,l=1,2,\cdots,n$。

最后，当 $k=n$ 时，A_n 就是各顶点之间的最短通路值。

例 3　用 Floyd 算法求出例 1 中任意两个城市间最便宜的航行路线。

MATLAB 算法如下：

```
clear; clc;
M=10000;
a(1,:)=[0,50,M,40,25,10];
a(2,:)=[zeros(1,2),15,20,M,25];
a(3,:)=[zeros(1,3),10,20,M];
a(4,:)=[zeros(1,4),10,25];
a(5,:)=[zeros(1,5),55];
a(6,:)=zeros(1,6);
b=a+a';path=zeros(length(b));
fork=1:6
  for i=1:6
    for j=1:6
      if b(i,j)>b(i,k)+b(k,j)
        b(i,j)=b(i,k)+b(k,j);
        path(i,j)=k;
      end
    end
  end
end
b, path
```

运行结果为：

```
b=
0     35    45    35    25    10
35    0     15    20    30    25
```

45	15	0	10	20	35
35	20	10	0	10	25
25	30	20	10	0	35
10	25	35	25	35	0

path=

0	6	5	5	0	0
6	0	0	0	4	0
5	0	0	0	0	4
5	0	0	0	0	0
0	4	0	0	0	1
0	0	4	0	1	0

第三节　树与最小生成树

一、基本概念

连通的无圈图叫做树，记为 T。若图 G 满足 $V(G)=V(T)$，$E(T)\subset E(G)$，则称 T 是 G 的生成树。图 G 连通的充分必要条件为 G 有生成树。一个连通图的生成树的个数很多，用 $\tau(G)$ 表示 G 的生成树的个数，则有公式

公式 1　(Caylay，凯莱)$\tau(K_n)=n^{n-2}$

公式 2　$\tau(G)=\tau(G-e)+\tau(G\cdot e)$

其中 $G-e$ 表示从 G 上删除边 e，$G\cdot e$ 表示把 e 的长度收缩为零得到的图。

定理 16.2　设 T 为一棵树，则下面 5 个命题等价

(1)T 为树当且仅当 T 中任意两顶点之间有且仅有一条路；

(2)T 为树当且仅当 T 无圈，且 $\varepsilon=v-1$；

(3)T 为树当且仅当 T 连通，且 $\varepsilon=v-1$；

(4)T 为树当且仅当 T 连通，且 $\forall e\in E(T)$，$T-e$ 不连通；

(5)T 为树当且仅当 T 无圈，$\forall e\notin E(T)$，$T+e$ 恰有一个圈。

二、最小生成树

欲修筑连接 n 个城市的铁路，已知 i 城市与 j 城市之间的铁路造价为 C_{ij}，设计一个线路图，使总造价最低。连线问题的数学模型是在连通赋权图上求权最小的生成

树。赋权图的具有最小权的生成树叫做最小生成树。

构造最小生成树的两种常用算法：普利姆(Prim)算法和克鲁斯卡尔(Kruskal)算法。

1. Prim 算法。

设置两个集合 P 和 Q，其中 P 用于存放 G 的最小生成树中的顶点，集合 Q 存放 G 的最小生成树中的边。令集合 P 的初值为 $P=\{v_1\}$（假设构造最小生成树时，从顶点 v_1 出发），集合 Q 的初值为 $Q=\varnothing$。Prim 算法的思想是，从所有 $p\in P, v\in V-P$ 的边中，选取具有最小权值的边 pv，将顶点 v 加入集合 P 中，将边 pv 加入集合 Q 中，如此不断重复，直到 $P=V$ 时，最小生成树构造完毕，这时集合 Q 中包含了最小生成树的所有边。

Prim 算法如下：

(i) $P=\{v_1\}, Q=\varnothing$;

(ii) while $P\sim=V$

$pv=\min(w_{pv}, p\in P, v\in V-P)$

$P=P+\{v\}$

$Q=Q+\{pv\}$

end

例 4　用 Prim 算法求图 16－9 的最小生成树。

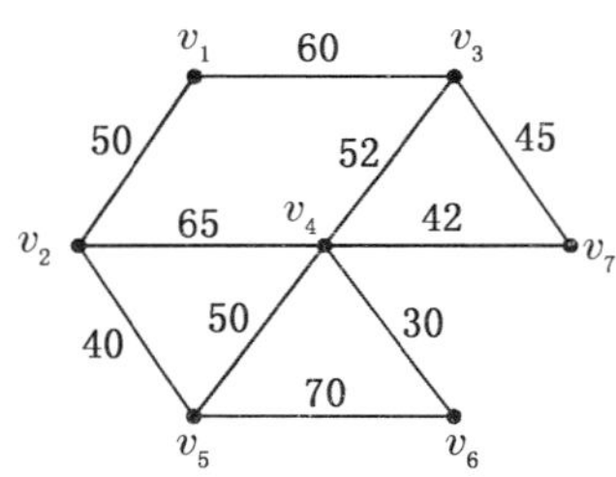

图 16－9　连通的无向图

解：用矩阵 $result_{3\times n}$ 的第一、二、三行分别表示生成树边的起点、终点、权集合。

MATLAB 程序如下：

```
clc;clear;
M=1000;
a(1,2)=50; a(1,3)=60;
a(2,4)=65; a(2,5)=40;
a(3,4)=52;a(3,7)=45;
```

```
a(4,5)=50; a(4,6)=30;a(4,7)=42;
a(5,6)=70;
a=[a;zeros(2,7)];
a=a+a';a(find(a==0))=M;
result=[];p=1;tb=2:length(a);
whilelength(result)~=length(a)-1
  temp=a(p,tb);temp=temp(:);
  d=min(temp);
  [jb,kb]=find(a(p,tb)==d);
  j=p(jb(1));k=tb(kb(1));
  result=[result,[j;k;d]];p=[p,k];tb(find(tb==k))=[];
end
result
```

运行结果为：

```
result=
1    2    5    4    4    7
2    5    4    6    7    3
50   40   50   30   42   45
```

最小生成树如图 16—10 所示。

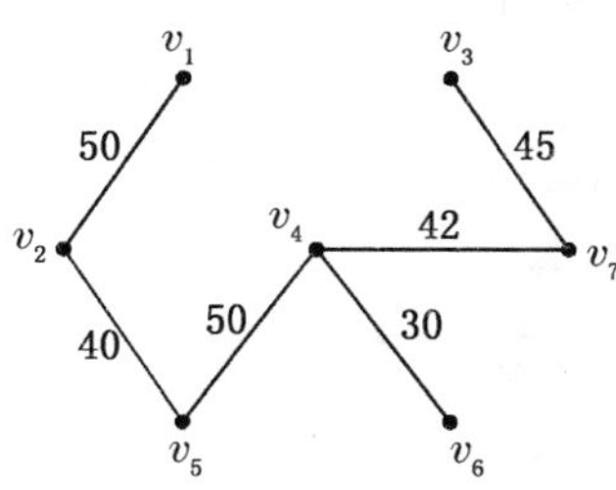

图 16—10　最小生成树

2. Kruskal 算法。

(1)选取边 $e_1 \in E(G)$，使得 $w(e_1)=\min$；

(2)若边$\{e_1,e_2,\cdots,e_i,e_{i+1}\}$已选好，则从 $E(G)-\{e_1,e_2,\cdots,e_i\}$中选取边 e_{i+1}，使得

①$G[\{e_1,e_2,\cdots,e_i,e_{i+1}\}]$中无圈；

②$w(e_{i+1})=\min$。

(3)直至选取 e_{v-1} 为止。

例 5 利用 Kruskal 算法计算例 4 的最小生成树。

```
clc;clear;
a(1,2)=50;a(1,3)=60;
a(2,4)=65;a(2,5)=40;
a(3,4)=52;a(3,7)=45;
a(4,5)=50;a(4,6)=30;a(4,7)=42;
a(5,6)=70;
[i,j,b]=find(a);
data=[i';j';b'];
index=data(1:2, :);
loop=max(size(a))-1;
result=[ ];
while length(result)<loop
temp=min(data(3,: ));
flag=find(data(3,: )==temp);
flag=flag(1);
v1=data(1,flag); v2=data(2, flag);
if index(1, flag)~=index(2, flag)
result=[result, data(: , flag)];
end
index (find(index==v2))=v1;
data(:, flag)=[ ];
index(:, flag)=[ ];
end
result
```

运行后结果：

```
result=
4    2    4    3    1    4
6    5    7    7    2    5
30   40   42   45   50   50
```

第四节　最大流

一、基本概念

在有向图 $D=(V,A)$上定义如下权函数：

1. $L:A\to R$ 为弧上的权函数，弧$(i,j)\in A$ 对应的权 $L(i,j)$记为 l_{ij}，称为弧(i,j)的容量下界(lower bound)；

2. $U:A\to R$ 为弧上的权函数，弧$(i,j)\in A$ 对应的权 $U(i,j)$记为 u_{ij}，称为弧(i,j)的容量上界，或直接称为容量(capacity)；

3. $D:A\to R$ 为顶点上的权函数，顶点 $i\in V$ 对应的权 $D(i)$记为 d_i，称为顶点 i 的供需量(supply/demand)。

此时所构成的网络称为流网络，记为 $N=(V,A,L,U,D)$。

对于流网络 $N=(V,A,L,U,D)$，其上一个流 f(flow)是指从弧集 A 到 R 的一个函数，即对每条弧(i,j)赋予一个实数 f_{ij}，若流 f 满足：

(1) $\sum\limits_{j:(i,j)\in A} f_{ij}-\sum\limits_{j:(j,i)\in A} f_{ji}=d_i \quad \forall i\in V$

(2) $l_{ij}\leqslant f_{ij}\leqslant u_{ij} \quad \forall (i,j)\in A$

则称 f 为可行流(feasible flow)。至少存在一个可行流的流网络称为可行网络(feasible network)。约束(1)称为流量守恒条件(也称流量平衡条件)，约束(2)称为容量约束。

在流网络 $N=(V,A,L,U,D)$中，对于流 f，若 $f_{ij}=0\ \forall (i,j)\in A$，则称 f 为零流，否则为非零流。

若每条弧(i,j)上的流量等于其容量($f_{ij}=u_{ij}$)，则称该弧为饱和弧(saturated arc)；若每条弧(i,j)上的流量小于其容量($f_{ij}<u_{ij}$)，则称该弧为非饱和弧；若某条弧(i,j)上的流量为 0($f_{ij}=0$)，则称该弧为空弧(void arc)。

二、求最大流问题的数学模型

最大流问题(maximum flow problem)就是在流网络中找到流值最大的可行流。用线性规划方法，最大流问题模型为：

$$\max v$$
$$s.t.\begin{cases}\sum\limits_{j:(i,j)\in A} f_{ij}-\sum\limits_{j:(j,i)\in A} f_{ji}=\begin{cases}v & i=s\\ -v & i=t\\ 0 & i\neq s,t\end{cases}\\ 0\leqslant f_{ij}\leqslant u_{ij}\ \forall(i,j)\in A\end{cases}$$

其中，s 表示流网络中唯一的源点，t 为唯一的收点（汇点），其余顶点都为中间点。

例 6　现需要将城市 s 的石油通过管道运送到城市 t，中间有 4 个转运站 v_1，v_2，v_3，v_4，城市与中转站的连接以及管道容量如图 16－11 所示，求城市 s 到城市 t 的最大流。

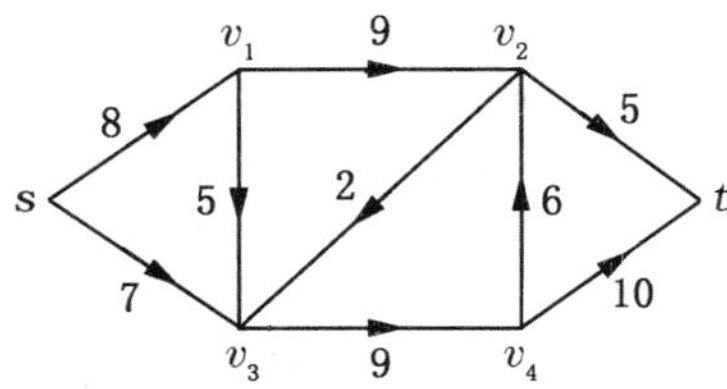

图 16－11　石油管道

解：建立最大流线性规划模型，LINGO 程序如下：

```
model:
sets:
nodes/s,1,2,3,4,t/;
arcs(nodes,nodes)/s 1, s 3, 1 2, 1 3, 2 3, 2 t, 3 4, 4 2, 4 t/: c, f;
endsets
data:
c=8 7 9 5 2 5 9 6 10;
enddata
n=@size(nodes);
max=flow;
@for(nodes(i)| i #ne#1 #and# i #ne# n:
@sum(arcs(i, j):f(i, j))=@sum(arcs(j,i):f(j,i)));
@sum(arcs(i, j)| i #eq# 1: f(i, j))=flow;
@sum(arcs(i, j)| j #eq# n: f(i, j))=flow;
@for(arcs: @bnd(0, f, c));
end
```

运行结果为：

Objective value：		14.00000
Total solver iterations：		5
Variable	Value	Reduced Cost
F(S,1)	7.000000	0.000000
F(S,3)	7.000000	0.000000
F(1,2)	5.000000	0.000000
F(1,3)	2.000000	0.000000
F(2,3)	0.000000	0.000000
F(2,T)	5.000000	−1.000000
F(3,4)	9.000000	−1.000000
F(4,2)	0.000000	1.000000
F(4,T)	9.000000	0.000000

城市 s 到城市 t 的最大流为 14，具体流量安排如图 6－12 所示。

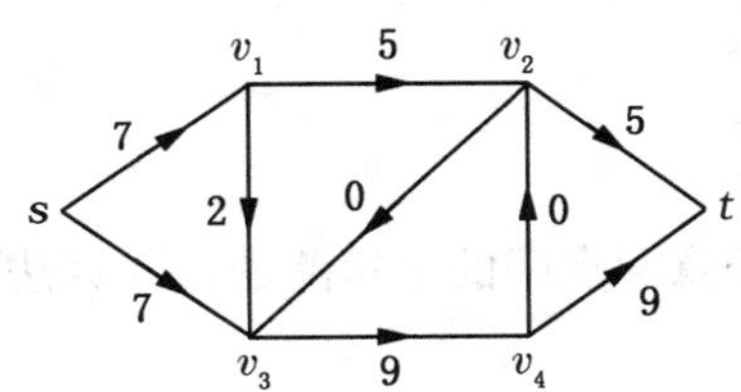

图 16—12　石油管道的最大流

第五节　图与网络综合例题：网络中的服务及设施布局

一、问题的提出

长虹街道近年来新建了 11 个居民小区，各小区的大致位置及相互间的距离（单位：100m）如图 16－13 所示。各居民小区的居民数为：①3000，②3500，③3700，④5000，⑤3000，⑥2500，⑦2800，⑧4500，⑨3300，⑩4000，⑪3500。试帮助决策。

(1)在 11 个小区内准备共建一套医务所、邮局、储蓄所、综合超市等服务设施，应建于哪一居民小区，使对居民来说感到方便？

(2)电信部门拟建宽带网铺设到各小区，应如何铺设最为经济？

(3)一个考察小组从小区①出发，经⑤、⑧、⑩小区(考察顺序不限)，最后到小区⑨

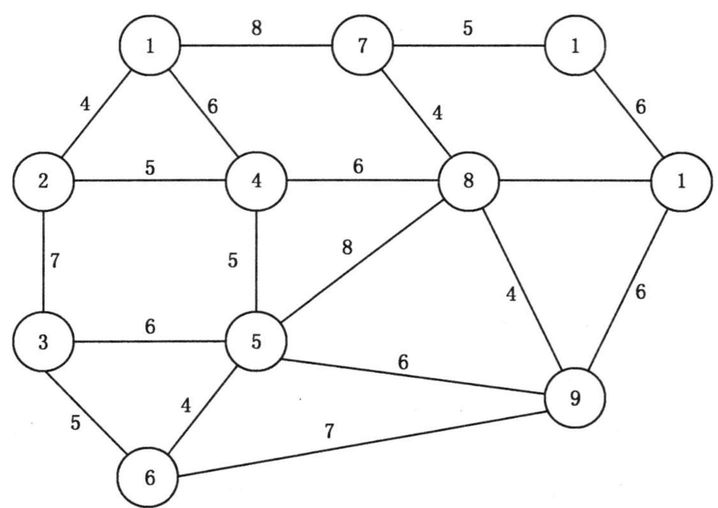

图 16－13　长虹街道 11 个居民小区位置及相互间道路

再离去，试帮助选择一条最短的考察路线。

二、问题的解决

首先用 MATLAB 求任意两点间的最短路的矩阵算法，求出任意两个小区之间的最短路。

```
clear;
clc;
M=10000;
a(1,:)=[0,4,M,6,M,M,8,M,M,M,M];
a(2,:)=[zeros(1,2),7,5,M,M,M,M,M,M,M];
a(3,:)=[zeros(1,3),M,6,5,M,M,M,M,M];
a(4,:)=[zeros(1,4),5,M,M,6,M,M,M];
a(5,:)=[zeros(1,5),4,M,8,6,M,M];
a(6,:)=[zeros(1,6),M,M,7,M,M];
a(7,:)=[zeros(1,7),4,M,5,M];
a(8,:)=[zeros(1,8),4,M,5];
a(9,:)=[zeros(1,9),M,6];
a(10,:)=[zeros(1,10),6];
a(11,:)=zeros(1,11);
```

```
b=a+a';path=zeros(length(b))
for i=1:11
for j=1:11
for k=1:11
if b(i,j)>b(i,k)+b(k,j)
b(i,j)=b(i,k)+b(k,j);
path(i,j)=k;
end
end
end
end
b,path
```

根据求解结果，11个居民小区之间的最短距离结果如下：

小区＼小区	①	②	③	④	⑤	⑥	⑦	⑧	⑨	⑩	⑪
①	0	4	11	6	11	15	8	12	16	13	17
②	4	0	7	5	10	12	12	11	15	17	16
③	11	7	0	11	6	5	19	14	12	24	18
④	6	5	11	0	5	9	10	6	10	15	11
⑤	11	10	6	5	0	4	12	8	6	17	12
⑥	15	12	5	9	4	0	16	11	7	21	13
⑦	8	12	19	10	12	16	0	4	8	5	9
⑧	12	11	14	6	8	11	4	0	4	9	5
⑨	16	15	12	10	6	7	8	4	0	12	6
⑩	13	17	24	15	17	21	5	9	12	0	6
⑪	17	16	18	11	12	13	9	5	6	6	0

三、问题(1)的求解

问题(1)：在11个小区内准备共建一套医务所、邮局、储蓄所、综合超市等服务设施，应建于哪一居民小区，使对居民来说感到方便？

由于在1个小区建立一套公共设施，应该考虑所有居民都使用公共设施最方便，即所有居民都赶往公共设施所在地，行驶的路程最小即为最方便。

以各小区的人数作为权数，乘以到各个小区的距离，然后按列求和，总和最小的那个小区建公共设施最合适。

	①	②	③	④	⑤	⑥	⑦	⑧	⑨	⑩	⑪
①	0	12000	33000	18000	33000	45000	24000	36000	48000	39000	51000
②	14000	0	24500	17500	35000	42000	42000	38500	52500	59500	56000
③	40700	25900	0	40700	22200	18500	70300	51800	44400	88800	66600
④	30000	25000	55000	0	25000	45000	50000	30000	50000	75000	55000
⑤	33000	30000	18000	15000	0	12000	36000	24000	18000	51000	36000
⑥	37500	30000	12500	22500	10000	0	40000	27500	17500	52500	32500
⑦	22400	33600	53200	28000	33600	44800	0	11200	22400	14000	25200
⑧	54000	49500	63000	27000	36000	49500	18000	0	18000	40500	22500
⑨	52800	49500	39600	33000	19800	23100	26400	13200	0	39600	19800
⑩	52000	68000	96000	60000	68000	84000	20000	36000	48000	0	24000
⑪	59500	56000	63000	38500	42000	45500	31500	17500	21000	21000	0
Σ	395900	379500	457800	300200	324600	409400	358200	285700	339800	480900	388600

因此，一套医务所、邮局、储蓄所、综合超市等服务设施应该建在第 8 小区，使对居民总体来说感到方便。

四、问题(2)的求解

问题(2)：电信部门拟建宽带网铺设到各小区，应如何铺设最为经济？

这是最小生成树问题，因此求该网络的最小生成树。用 LINGO11.0 编程如下：

```
sets:
cities/1..11/:level; ! level(i)= the level of city;
link(cities, cities):
distance, ! The distance matrix;
x;          ! x(i,j)=1 if we use link i,j;
endsets
data:  ! Distance matrix, it need not be symmetirc;
distance =  0    4   100   6    100    100    8     100    100    100    100
4     0     7     5    100    100    100    100    100    100    100
100     7     0    100    6    5    100    100    100    100    100
6     5    11    0    5    100    100    6    100    100    100
```

```
100   100   6     5     0     4     100   8     6     100   100
100   100   5     100   4     0     100   100   7     100   100
8     100   100   100   100   100   0     4     100   5     100
100   100   100   6     8     100   4     0     4     100   5
100   100   100   100   6     7     100   4     0     100   6
100   100   100   100   100   100   5     100   100   0     6
100   100   100   100   100   100   100   5     6     6     0;
enddata
n=@size(cities); ! The model size;
! Minimize total distance of the links;
min=@sum(link(i,j)|i #ne# j: distance(i,j) * x(i,j));
! There must be an arc out of city 1;
@sum(cities(i)|i #gt# 1: x(1,i))>=1;
! For city i, except the base (city 1);
@for(cities(i) | i #gt# 1 :
!    It must be entered;
@sum(cities(j)| j #ne# i: x(j,i))=1;
! level(j)=levle(i)+1, if we link j and i;
@for(cities(j)| j #gt# 1 #and# j #ne# i :
level(j) >= level(i) + x(i,j)
- (n-2) * (1-x(i,j)) + (n-3) * x(j,i);
);
!    The level of city is at least 1 but no more n-1,
and is 1 if it links to base (city 1);
@bnd(1,level(i),999999);
level(i)<=n-1-(n-2) * x(1,i);
);
! Make the x's 0/1;
@for(link : @bin(x));
```

主要计算结果：

```
Global optimal solution found.
Objective value:                    47.00000
Objective bound:                    47.00000
```

Infeasibilities: 0.000000

Extended solver steps: 0

Total solver iterations: 61

X(1, 2)	1.000000	4.000000
X(2, 4)	1.000000	5.000000
X(4, 5)	1.000000	5.000000
X(4, 8)	1.000000	6.000000
X(5, 6)	1.000000	4.000000
X(6, 3)	1.000000	5.000000
X(7, 10)	1.000000	5.000000
X(8, 7)	1.000000	4.000000
X(8, 9)	1.000000	4.000000
X(8, 11)	1.000000	5.000000

其余皆为零,画出最小生成树图,如图 16—14 所示:

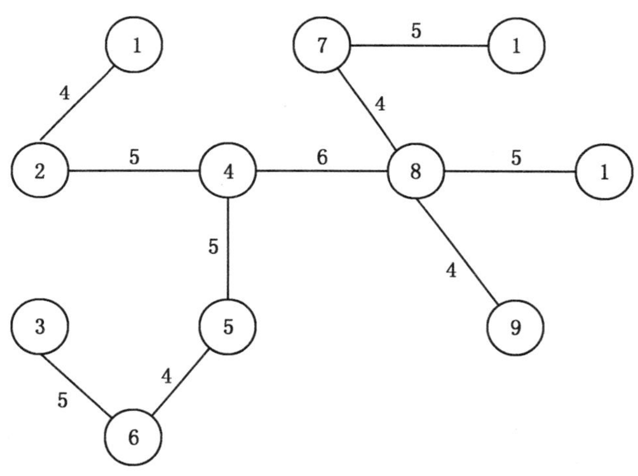

图 16—14 最小生成树图

电信部门拟建宽带网铺设到各小区,应按照最小生成树的线路铺设最为经济,所要铺设的长度为 4700m。

五、问题(3)的求解

问题(3):一个考察小组从小区①出发,经⑤、⑧、⑩小区(考察顺序不限),最后到小区⑨再离去,试帮助选择一条最短的考察路线。

这是一个哈密顿圈的问题。先用 LINGO11.0 编程求出哈密顿圈。

```
sets:
cities/1..11/:level; ! level(i)= the level of city;
link(cities, cities):
distance, ! The distance matrix;
x;          ! x(i,j)=1 if we use link i,j;
endsets
data:  ! Distance matrix, it need not be symmetric;
distance =  0   4   100   6   100   100  8   100   100   100  100
  4   0   7   5   100   100   100   100   100   100   100
  100   7   0   100   6   5   100   100   100   100   100
  6   5   11   0   5   100   100   6   100   100   100
  100   100   6   5   0   4   100   8   6   100   100
  100   100   5   100   4   0   100   100   7   100   100
  8   100   100   100   100   100   0   4   100   5   100
  100   100   100   6   8   100   4   0   4   100   5
  100   100   100   100   6   7   100   4   0   100   6
  100   100   100   100   100   100   5   100   100   0   6
  100   100   100   100   100   100   100   5   6   6   0;
enddata
n=@size(cities); ! The model size;
! Minimize total distance of the links;
min=@sum(link(i,j)|i #ne# j: distance(i,j) * x(i,j));
! For city i;
@for(cities(i) :
!    It must be entered;
@sum(cities(j)| j #ne# i: x(j,i))=1;
!    It must be departed;
@sum(cities(j)| j #ne# i: x(i,j))=1;
! level(j)=level(i)+1, if we link j and i;
@for(cities(j)| j #gt# 1 #and# j #ne# i :
level(j) >= level(i) + x(i,j)
            - (n-2) * (1-x(i,j)) + (n-3) * x(j,i);
  );
```

```
);
! Make the x's 0/1;
@for(link : @bin(x));
! For the first and last stop;
@for(cities(i) | i #gt# 1 :
level(i)<=n-1-(n-2) * x(1,i);
level(i)>=1+(n-2) * x(i,1);
);
```

求解基本结果如下：

```
Global optimal solution found.
Objective value:                    59.00000
Objective bound:                    59.00000
Infeasibilities:                    0.000000
Extended solver steps:                     0
Total solver iterations:                 547
X( 1, 2)       1.000000      4.000000
X( 2, 3)       1.000000      7.000000
X( 3, 6)       1.000000      5.000000
X( 4, 1)       1.000000      6.000000
X( 5, 9)       1.000000      6.000000
X( 6, 5)       1.000000      4.000000
X( 7, 8)       1.000000      4.000000
X( 8, 4)       1.000000      6.000000
X( 9, 11)      1.000000      6.000000
X( 10, 7)      1.000000      5.000000
X( 11, 10)     1.000000      6.000000
```

其余变量皆为零。

哈密顿圈：①→②→③→⑥→⑤→⑨→⑪→⑩→⑦→⑧→④→①

综合考虑可得考察路线如图 16—15 所示：

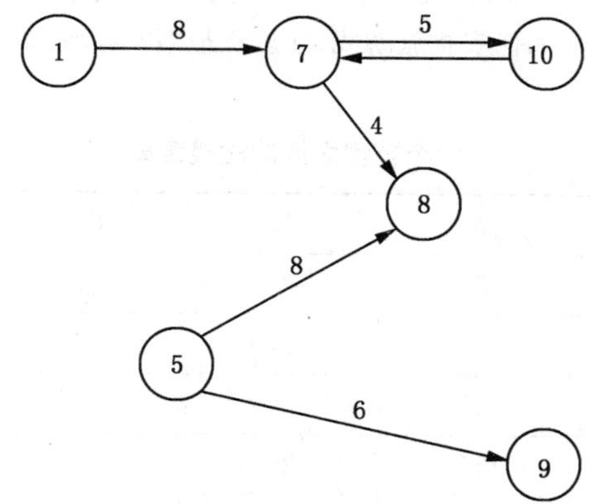

图 16—15　考察路线图

考察路线：从小区①出发，先到小区⑦，再到小区⑩，再回到小区⑦，顺次到小区⑧，再到小区⑤，最后到小区⑨，然后离开。考察总距离为 3600m。

第十六章习题

1. 某城市要建立一个消防站，为该市所属的七个区服务，如图 16—16 所示，应设在哪个区，才能使它至最远区的路径最短？

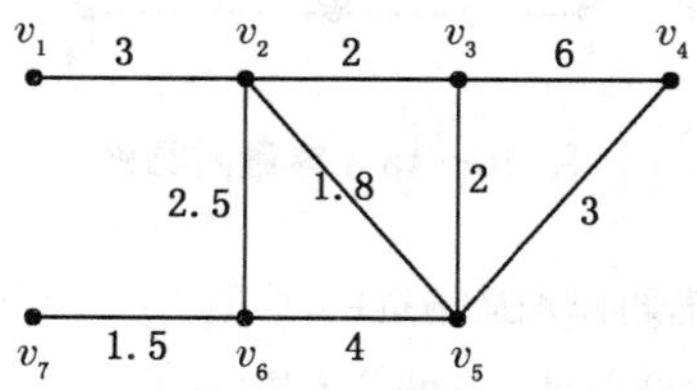

图 16—16　七个服务区的交通图

2. 给定连通的无向图，见图 16—17，求最小生成树。

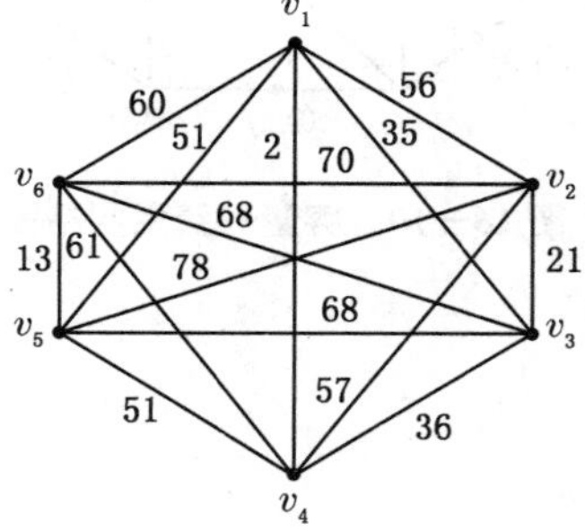

图 16—17　连通的无向图

3. 从北京(Pe)乘飞机到东京(T)、纽约(N)、墨西哥城(M)、伦敦(L)、巴黎(Pa)五城市旅游,每个城市仅去一次再回北京,应如何安排旅游线,使旅程最短?各城市之间的航线距离如表 16－1 所示。

表 16－1　　六个首都之间的航线距离

	L	M	N	Pa	Pe	T
L		56	35	21	51	60
M	56		21	57	78	70
N	35	21		36	68	68
Pa	21	57	36		51	61
Pe	51	78	68	51		13
T	60	70	68	61	13	

4. 给定容量网络图(见图 16－18),图中弧旁的数字表示网络容量,求起点 s 到终点 t 的最大流。

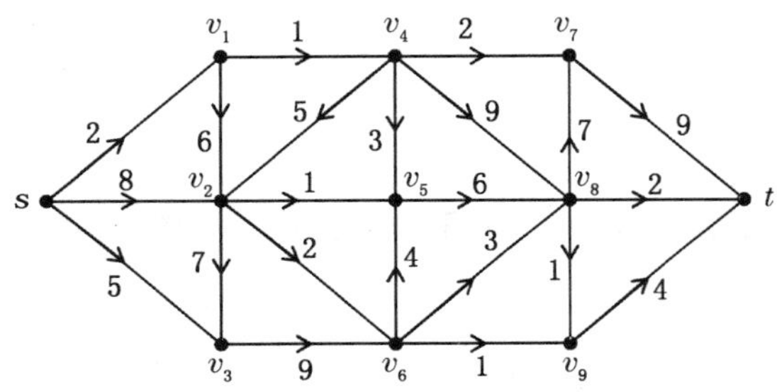

图 16－18　容量网络图

5. 在例 5 的网络流问题中,若再添加运输费用,如图 16－19 所示,其中第一个数字表示网络容量,第二个数字表示运输费用,求最小费用下的最大流问题。

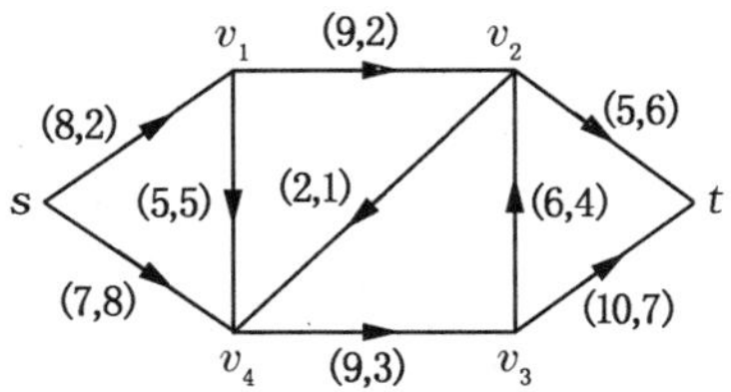

图 16－19　容量—费用网络图

第十七章　图论建模案例：灾情巡视路线的分析*

第一节　问题的提出

某县今年夏天遭受了百年不遇的水灾，为了考察灾情、组织自救，县领导决定带领有关部门负责人前往全县各乡(镇)村巡视，如巡视区域简图(见图 17－1)。巡视汽车从县政府出发走遍所有的乡(镇)村后又回到县政府。现在的问题如下：

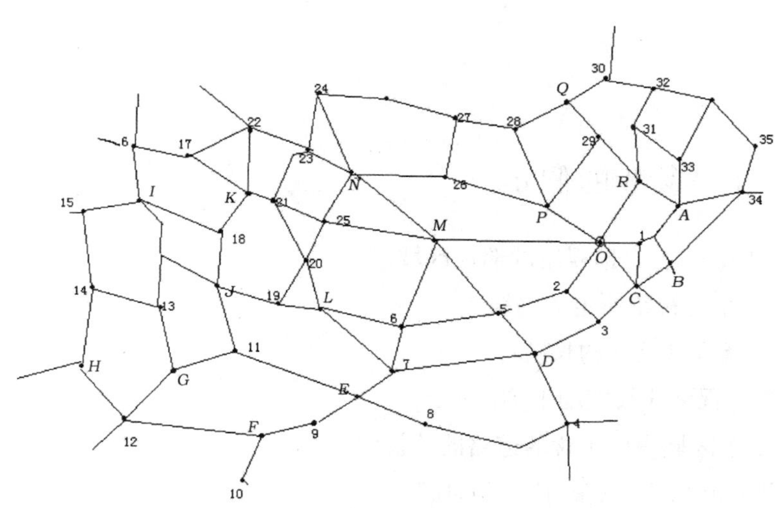

图 17－1　巡视区域简图

(1)如果分三组巡视，如何实现总路程最短，且各组所走路线尽量均衡；

(2)已知巡视人员在每个乡(镇)停留时间 $T=2$ 小时，在每个村停留时间 $t=1$ 小时，汽车行驶速度为 $V=35$ 公里/小时，则至少要分几组，才能在 24 小时内完成巡视，且找出在此条件下的最佳路线；

---

* 1998 年全国大学生数学建模竞赛 B 题。

(3)在问题(2)中 T、t、V 的假定条件下，若巡视人员足够多，求出完成此巡视的最短时间，给出在这种最短时间内完成巡视的要求下，你认为最佳的巡视路线；

(4)若给定三组巡视，要想尽快完成巡视，则讨论 T、t、V 三个参数的变化对最佳巡视路线的影响。

第二节 问题的假设

(1)假定目前该县所有公路上车辆都可以顺利通过，且路面条件均相同；

(2)车辆在所有公路上的速度恒定，道路的曲折、转弯等因素不会对车速产生影响；

(3)对于某些至少要经过两次的乡(镇)村，认为仅在第一次经过时应该停留，以后再次经过时不停留；

(4)对于某两个区域的公共乡(镇)村，若某个巡视组停留过了，其余巡视组经过时则不再停留。

第三节 参数的假定

Ⅰ,Ⅱ,Ⅲ,…:各个巡视组的巡视区域；

H_i:第 i 个巡视组所走的路线；

L_i:第 i 条巡视路线的长度；

L:各条巡视路线长度的平均值；

S_i:第 i 个区域中所包含的道路的总长度；

T:巡视组在每个乡(镇)停留的时间；

t:巡视组在每个村停留的时间；

V:汽车行驶速度；

T_i:第 i 巡视组巡视所在区域的时间；

N:巡视组组数；

O:县政府所在地；

$A,B,C,\cdots,R$:17 个乡镇；

1,2,3,…,35: 35 个行政村；

$S,T,\cdots,Z,a,b,c,\cdots,z,0$:35 个行政村代码(为编程而设定)。

第四节　问题的分析及模型的建立和求解

由于需解决的三个问题较复杂，模型较多，各个问题的假设、分析以及建模过程均按不同的问题分别讨论。

一、问题一

1. 问题的分析。

问题一分为三组巡视，要求总路线最短，且各组巡视路线尽量均衡。对于整个区域，可以设计算法，求出一个最小生成树，由此可以求出一个走遍所有点的路线，总长度为 776.8km。对于分三组巡视整个区域，要求巡视路线尽量均衡，可认为每组巡视路线的长度近似为 776.8km 的 1/3，即 259km。

2. 模型的建立和求解。

本题是图 17－1 上点的行遍性问题，并与多推销员问题类似。

设三组的巡视路线长度从小到大为 L_1, L_2, L_3，则我们要达到的目标表示为

$$\min(L_1+L_2+L_3) \tag{1}$$

以及

$$\min(L_3-L_1) \tag{2}$$

这是一个多目标规划问题数学模型，可称为模型一。下面考虑求解该模型的方法。

根据每个区的平均巡视路线长度近似为 259km 来划分三个巡视区域时，应该考虑对路程进行优化，采用的求解方法是最小生成树法。

划分成三个子区域的原则：在每个区域中，路线长度达到 170km 左右（即理论巡视路线长度的 2/3）时，就应该考虑寻找是否有较近的路线返回起点，以构成一个巡视回路；若是找不到，则可尝试沿原路线退回一个点，再寻找是否有较近的路线返回（针对问题二、三的模型二和模型三划分区域时也采用该方法）。

根据这一原则进行搜索，可以得到三个巡视区域的划分，如图 17－2 所示。

在各个子区域内，运用最小生成树法，找出该区域的最佳巡视路线，近似解见表 17－1。

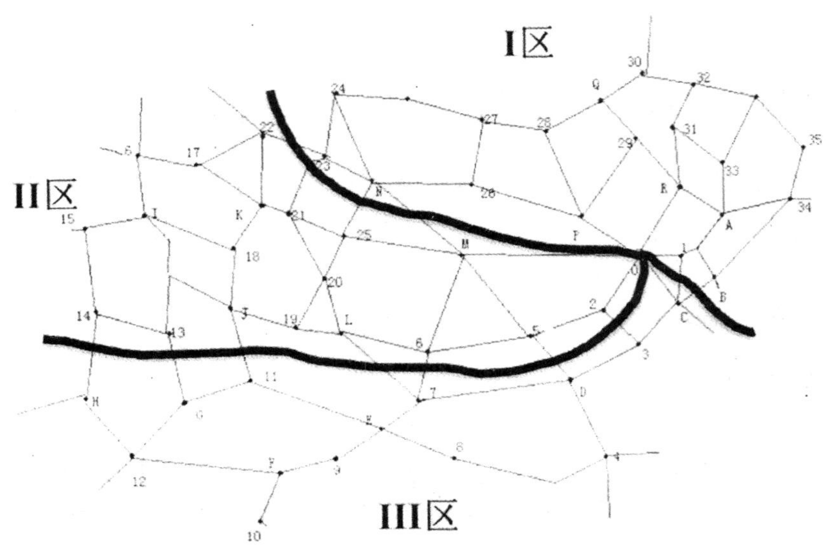

图 17—2　三个巡视区域划分图

表 17—1　　**三条巡视路线分区方案(问题一)**

小组名称	路　线	路线长度(km)	路线总长度
Ⅰ区	O—1—B—34—35—32—31—33—A—R—29—Q—30—Q—28—27—24—23—N—26—P—O	197.6	
Ⅱ区	O—M—25—20—21—K—22—17—16—I—15—14—13—J—18—J—19—L—6—5—2—O	193.2	590.2
Ⅲ区	O—C—3—D—7—E—11—G—12—H—12—F—10—F—9—E—8—4—D—3—2—O	199.4	

3.模型的检验。

下面对三条巡视路线进行误差分析,三条巡视路线平均长度为 196.73km,三条巡视路线长度与平均长度相对误差见表 17—2。

表 17—2　　**三条巡视路线长度与平均长度相对误差(问题一)**

	Ⅰ区	Ⅱ区	Ⅲ区
巡视路线长度(km)	197.6	193.2	199.4
误差(%)	0.44	−1.79	1.36

由于所求的巡视路线总长度比运用最小生成树法所求得的长度要减少

186.6km，并且由表 17—2 可知，三条巡视路线平均长度误差均较小，因此可以满足问题一的条件。

二、问题二

1.问题的分析。

对于问题二，考虑到需经过 17 个乡(镇)、35 个村，由于在每个乡(镇)、村停留的时间分别是 $T=2$ 小时、$t=1$ 小时，这样在所有的乡(镇)、村总共需停留的时间为(17×2+35×1=)69 小时。若假定仍然采用三条巡视回路，需在 24 小时内完成巡视，则仅剩余(3×24－69=)3 小时。相当于平均每组只有 1 小时的行路时间，只能走 35 km，显然无法在规定时间内走完所有的乡(镇)村。因此，考虑到行路时间，至少要分为四个巡视组。此时，每组平均行路时间为(24－69÷4=)6.75 小时，均可以走完相应的巡视回路(因为速度 $V=35$ 公里/小时前提下，6.75×35=236.25 公里，236.25×4=945 公里，而模型一所求路线总长度为 590.2 公里)，从而分四组是可行的。

分组的依据是：各个组在乡(镇)、村停留的时间总和 $\sum T+\sum t$ 大致相等。

2. 问题的假设。

(1)由于行驶在路上所需的时间与在乡(镇)、村停留的时间相比数值较小，因此可作为次要因素考虑；

(2)经过某一点停留时，才可以加权，否则不能加权；

(3)Ⅱ区中经 P 点不停留，Ⅲ区中经 2、5、6、7、E 等点不停留。

3. 模型二的建立和求解。

由问题二的分析可知，至少应分为四组才能在 24 小时内完成巡视任务。相对而言，在乡(镇)停留时间较长，所以首先考虑乡(镇)作为划分四块区域的主要依据。把 17 个乡(镇)大致分成四块，使四个区域的停留时间大致相近。再把 35 个村大致均匀地划分为四块，并通过对村的调整提高划分均匀程度。对于汽车行驶时间，由于数值较小，可作为次要因素考虑，由此得到的四个区域的划分状况如图 17—3 所示。

Ⅰ区中包括点：A、B、P、R、Q、1、28、29、30、31、32、33、34、35；在乡(镇)村共停留：2×5+1×9=19(小时)

Ⅱ区中包括点：M、K、N、16、17、20、21、22、23、24、25、26、27；在乡(镇)村共停留：2 ×3+1×10=16(小时)

Ⅲ区中包括点：G、H、I、J、L、11、12、13、14、15、18、19；在乡(镇)村共停留：2×5+1×7=17(小时)

Ⅳ区中包括点：C、D、E、F、2、3、4、5、6、7、8、9、10；在乡(镇)村共停留：2×4+1×9=17(小时)

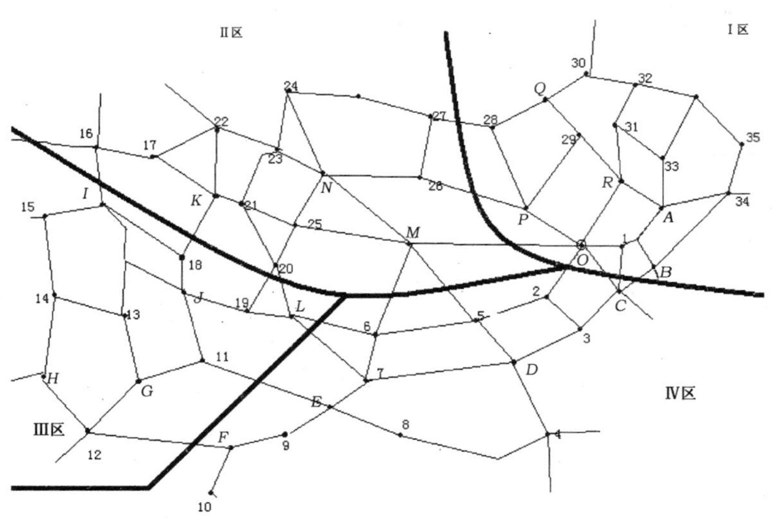

图 17—3 四个巡视区域划分图

求解时，在每个区域中采用最小生成树法，求出区域的最佳巡视路线，并对于最小生成树算法形成改进模型，称为模型二。

改进算法求解步骤如下：

(1)求出完全图的一个最小生成树 T，从而求出从 O 点出发的最小生成树；

(2)根据最小生成树 T 得到闭合回路 CO；

(3)按生成树形成闭合回路的先后顺序检查 CO，删除以后重复出现的节点(最后一个点除外，以保证能回到出发点)，得到节点不重复的回路 C；

(4)最小生成树算法适用于完全图(图中任意两点均直接相连)，本问题所给的图不是完全图，因此运用该法得到的解需进一步修正。在原来算法的基础上改进如下：

①当两点间没有直线连接时，应改进为使其两点间距离最短(两点间可以经过若干个点)；

②对于遇到两点间不直接相连，如果由这两点组成的最短路径与后面有重复，则必须把后面的路径中重复的部分删除。通过上述修正，可以运用改进的最小生成树算法得到一个不是完全图的最优解 H。

4. 求解结果及分析。

根据上述区域划分及最小生成树改进算法，对问题二的求解结果见表 17—3 和表 17—4。

表 17—3　　四个区域最优巡视路线(问题二)

小组名称	路线(CO)	路线(1)
Ⅰ区	O—1—B—1—A—34—35—34—A—33—31—32—30—32—31—33—A—R—29—Q—29—R—A—1—O—P—O	O—1—B—A—34—35—33—31—32—30—R—29—Q—28— P—O
Ⅱ区	O—M—25—20—25—21—K—21—25—N—23—22—17—16—17—22—23—24—23—N—26—27—N—25—M—O	O—M—25—20—21—K—N—23—22—17—16—24—26—27—O
Ⅲ区	O—2—5—6—L—19—J—18—I—15—I—18—J—13—14—H—14—13—G—12—G—11—7—6—5—2—O	O—2—5—6—L—19—J—18—I—15—13—14—H—G—12—11—7—O
Ⅳ区	O—2—5—6—7—E—9—F—10—F—9—E—8—E—7—6—5—2—O—C—3—D—4—D—3—C—O	O—2—5—6—7—E—9—F—10—8— C—3—D—4—O

表 17—4　　最优四条巡视路线方案(问题二)(路程单位:公里;时间单位:小时)

	路线(H)	路线长度	停留时间	行走时间	每组完成巡视时间
Ⅰ区	O—1—B—1—A—34—35—33—31—32—30—Q—29—R—29—Q—28—P—O	158.2	19	4.52	23.52
Ⅱ区	O—M—25—20—25—21—K—21—25—N—23—22—17—16—17—22—23—24—23—N—26—27—N—25—M—O	151.4	16	4.33	20.33
Ⅲ区	O—2—5—6—L—19—J—18—I—15—I—18—J—13—14—H—14—13—G—12—G—11—7—6—5—2—O	202.3	17	5.78	22.78
Ⅳ区	O—2—5—6—7—E—9—F—10—F—9—E—8—4—D—3—C—O	158.8	17	4.54	21.54

由表 17—4 知,四条巡视路线均小于 24 小时,满足问题要求条件。

5.模型的检验。

比较巡视时间,其中理论巡视时间为:(776.8+69×35)÷(35×4)=22.8(小时)。

表 17—5　　实际巡视路线所需时间与理论巡视路线所需时间的比较

	Ⅰ区	Ⅱ区	Ⅲ区	Ⅳ区
实际巡视时间	23.52	20.33	22.78	21.54
理论巡视时间	22.8	22.8	22.8	22.8
比较值	1.03	0.89	1.00	0.95

由表 17—5 可知,虽然Ⅰ区的平均长度超过了理论平均值(比较值大于 1),但是巡视路线方案满足问题假设,所以仍是最优方案。

三、问题三

1.问题的分析。

问题三就是求在巡视人员足够多的情况下完成巡视的最短时间 T_{min} 以及此时的最佳巡视路线，可先求出最远点所需的最短时间 T_{min}（由 O 点出发到达最远点，巡视后再原路返回的时间），使得各组巡视时间不超过 T_{min}。

2.问题的假设。

(1)由于问题中的参数 T、t、V 均与问题二相同，为了简化计算，在路上行驶所花费的时间次要考虑；

(2)经过某一点停留时才可以加权，否则不能加权。

3.模型的建立与求解。

(1)首先，建立动态规划模型求出最远点所需的最短时间 T_{min}。可求得最远点 H，则从 O 点到 H 点的回路为 O—M—25—20—19—J—13—14—H（停留 2 小时）—14—13—J—19—20—25—M—O，其距离为 155 公里。由此算出所需的最短时间 T_{min} 为(155/35+2=)6.43(小时)。这说明：当 $T=2$ 小时，$t=1$ 小时，以及 $V=35$ 公里/小时，若巡视人员足够多，则各组巡视时间不能超过 6.43 小时。

(2)建立模型、算法，寻求各组的最优巡视路线。

应满足的条件：各组巡视时间不超过 T_{min}；所有的站点都必须巡视到；所需巡视组数少为好。

建立算法步骤如下：

第一步：用最小生成树法得出决策树，求出从 O 点到每一点的最短距离；

第二步：找出其中最大的一个，算出从 O 点到最短路线所需巡视时间，设为 $t(i)$，并求 $\Delta t=t-t(i)$；

第三步：若 $\Delta t<1$，则这组只能巡视这一点；若 $\Delta t>1$，则在余下的点中找出距 O 点最远的点，根据条件，判别该组能否巡视这一点；

第四步：若能巡视该点，算出 Δt，转到第三步；

第五步：否则，进一步判断次远点、第三点……，当满足总巡视时间不超过 t 时，让此组巡视该点，直到 $\Delta t<1$，然后返回第二步。

(3)经求解，可得最优解为 22 组，如表 17－6 所示。

表 17—6　　最优巡视路线分组表(问题三)

编号	最优巡视路线	停留地点	所需时间	时间差
1	O—M—25—20—19—J—13—14—H—14—13—J—19—20—25—M—O	H	6.43	0
2	O—2—5—6—L—19—J—13—14—13—J—19—L—6—5—2—O	13,14	6.15	0.28
3	O—M—25—21—K—18—I—15—I—16—17—K—21—25—M—O	15,16	6.31	0.12
4	O—2—5—6—7—E—9—F—12—G—11—E—7—6—5—2—O	12,11	5.94	0.49
5	O—2—5—6—7—E—8—E—9—F—10—F—9—E—7—6—5—2—O	8,10	6.22	0.21
6	O—2—5—6—7—E—11—G—11—E—7—6—5—2—O	G	5.58	0.85
7	O—2—5—6—7—E—9—F—9—E—7—6—5—2—O	9,F	6.14	0.29
8	O—2—5—6—L—19—J—18—K—21—25—M—O	J,18	6.29	0.14
9	O—M—25—21—K—18—I—18—K—21—25—M—O	I	5.49	0.94
10	O—M—25—21—K—17—22—23—N—26—P—O	17,22,23	6.12	0.31
11	O—2—5—6—L—19—L—6—5—O	L,19	5.64	0.79
12	O—M—25—20—21—23—24—N—26—P—O	20,21,24	6.10	0.33
13	O—M—25—21—K—21—25—M—O	25,K	5.50	0.93
14	O—2—5—6—7—E—7—6—5—2—O	6,7,E	6.38	0.05
15	O—R—31—32—35—34—A—1—O	31,32,34,35	6.30	0.13
16	O—R—29—Q—30—Q—30—Q—28—P—O	Q,30,28	6.11	0.32
17	O—P—26—27—26—N—26—P—O	26,27,N	6.23	0.20
18	O—2—3—D—4—D—3—2—O	3,D,4	5.99	0.44
19	O—1—A—33—31—R—29—R—O	A,33,29	5.97	0.46
20	O—2—5—M—O	2,5,M	5.40	1.03
21	O—1—B—C—O	1,B,C	5.98	0.45
22	O—P—O—R—O	P,R	5.32	1.11

第五节　灵敏度分析

因为总的巡视完成时间按最长的时间计算，所以要想尽快完成巡视，应使各组完成的巡视时间均衡。现在讨论的是巡视组数确定后，T、t、V 三个参数的变化对最佳巡视路线的影响。显然，当组数不变，无论 T、t、V 如何改变，对每组内的最佳路线没有影响，但可能会影响各组巡视时间的均衡。因此，本问题讨论的是：在保证原来分组情况不变的条件下，确定 T、t、V 的允许变化范围，进行 T、t、V 的灵敏度分析。

1. V 对最佳巡视路线的影响（T，t 视为参数）。

针对县级乡（镇）、村公路状况，不妨假设 V 在 10～40km/h 之间，由图 17－1 知，所有相邻的节点间最长的距离是 20.4km。

若 V 在 10～20km/h 之间，在路上消耗的时间不能忽略不计。

若 V 在 20～30km/h 之间，可视 T、t 的时间而定。若 T、t 较大，则可忽略；否则，时间不可忽略。

若 V 在 30～40km/h 之间，根据 T、t 的值，在路上消耗的时间可以忽略。

2. T、t 对最佳巡视路线的影响（V 视为参数）。

显然，乡（镇）停留的时间 T 大于村停留的时间 t，考虑到灾情紧急，停留时间不宜过长，假设 T 为 1～3 小时，t 为 0.5～1.5 小时。

若 T、t 相差较大，可以忽略 t；若 T、t 相差不大，则应同时考虑。

3. T、t、V 同时变化，较难分析综合作用产生的影响结果，上机进行数值模拟计算，可能会得到较好的结果。

第六节　模型的评价

一、模型的优点

适用于同类可以用图论建模求解的多推销员问题，运用相应的算法用计算机求解，易于推广到节点较多的情况。

二、模型的缺点

所求得的最佳巡视路线是近似最优解，而类似的近似最优解可以不止一个，未能在理论上证明本问题最优解的情况。

参考文献

[1]胡运权等.运筹学基础及应用(第五版)[M].北京:高等教育出版社,2008.6.

[2]姜启源,谢金星,叶俊.数学模型(第五版)[M].北京:高等教育出版社,2018.5.

[3]胡守信,李柏年.基于MATLAB的数学实验[M].北京:科学出版社,2004.6.

[4]杨桂元,黄己立.数学建模[M].合肥:中国科学技术大学出版社,2008.8.

[5]杨桂元,朱家明.数学建模竞赛优秀论文评析[M].合肥:中国科学技术大学出版社,2013.9.

[6]吴礼斌.经济数学实验与建模[M].北京:国防工业出版社,2013.6.

[7]谢金星,薛毅编著.优化建模与LINDO/LINGO软件[M].北京:清华大学出版社,2005.7.

[8]李柏年.模糊数学及其应用[M].合肥:合肥工业大学出版社,2007.11.

[9]司守奎,孙玺菁.数学建模算法与应用[M].北京:国防工业出版社,2011.8.

[10]章绍辉.数学建模[M].北京:科学出版社,2010.8.

[11]陈华友.运筹学[M].合肥:中国科学技术大学出版社,2008.8.

[12]杨桂元,李天胜.《数学建模入门——125个有趣的经济管理问题》[M].合肥:中国科学技术大学出版社,2013.6.

[13]谢季坚,刘承平.模糊数学方法及其应用(第4版)[M].武汉:华中科技大学出版社,2013.2.

[14]刘合香.模糊数学理论及其应用[M].北京:科学出版社,2012.8.

[15]张炳江.层次分析法及其应用案例[M].北京:电子工业出版社,2014.1.

[16]张先迪,李正良.图论及其应用[M].北京:高等教育出版社,2005.2.

[17]杨桂元.运输问题"悖论"存在的条件及解决方法[J].运筹与管理,2007,16(1):37－40＋57.

[18]杨桂元.资源影子价格的灵敏度分析[J].数量经济技术经济研究,1999(4):65－68.

[19]杨桂元.影子价格及其在经济管理中的应用[J].财贸研究,1996(2):27－29.